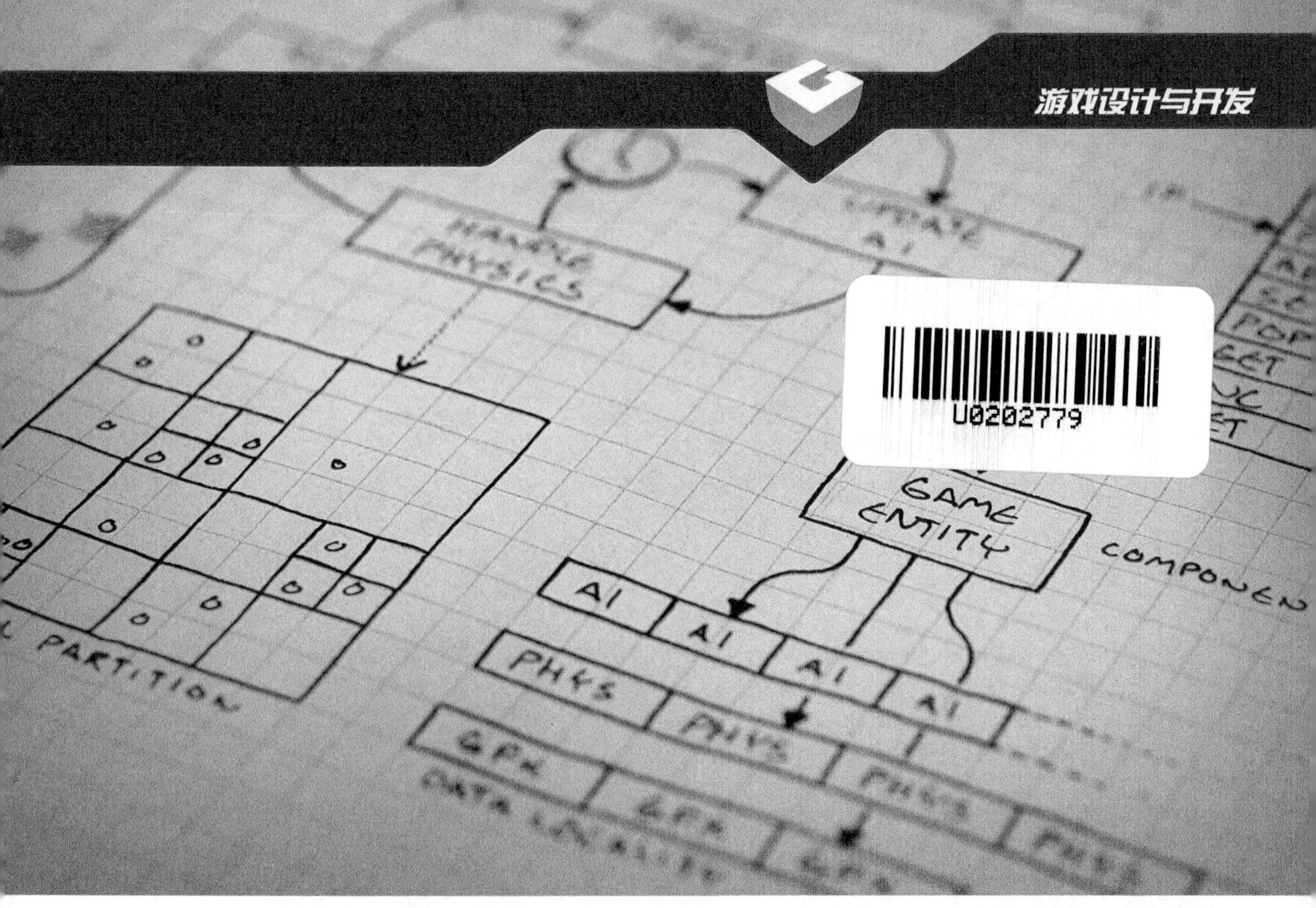

游戏编程模式

[美] Robert Nystrom　著
GPP翻译组　译

人 民 邮 电 出 版 社
北 京

图书在版编目（CIP）数据

游戏编程模式 / (美) 尼斯卓姆 (Robert Nystrom) 著 ; GPP翻译组译. -- 北京 : 人民邮电出版社, 2016.9
ISBN 978-7-115-42688-8

Ⅰ. ①游… Ⅱ. ①尼… ②G… Ⅲ. ①游戏程序一程序设计 Ⅳ. ①TP311.5

中国版本图书馆CIP数据核字(2016)第160703号

版权声明

♦ 著 [美] Robert Nystrom
译 GPP 翻译组
责任编辑 陈冀康
责任印制 焦志炜
♦ 人民邮电出版社出版发行 北京市丰台区成寿寺路 11 号
邮编 100164 电子邮件 315@ptpress.com.cn
网址 http://www.ptpress.com.cn
北京九州迅驰传媒文化有限公司印刷
♦ 开本：800×1000 1/16
印张：20.75 2016 年 9 月第 1 版
字数：437 千字 2025 年 4 月北京第 34 次印刷
著作权合同登记号 图字：01-2015-1268 号

定价：69.00 元

读者服务热线：(010) 81055410 印装质量热线：(010) 81055316
反盗版热线：(010) 81055315

内容提要

游戏开发一直是热门的领域，掌握良好的游戏编程模式将是开发人员的必备技能。本书细致地讲解了游戏开发需要用到的各种编程模式，并提供了丰富的示例。

全书共 6 篇 20 章。第 1 篇概述了架构、性能和游戏的关系，第 2 篇回顾了 GoF 经典的 6 种模式。第 3 篇到第 6 篇，按照序列型模式、行为型模式、解耦型模式和优化型模式的分类，详细讲解了游戏编程中常用的 13 种有效的模式。

本书提供了丰富的代码示例，通过理论和代码示例相结合的方式帮助读者更好地学习。无论是游戏领域的设计人员、开发人员，还是想要进入游戏开发领域的学生和普通程序员，都可以阅读本书。

作者简介

Robert Nystrom 是一位具备超过 20 年职业编程经验的开发者，而其中大概一半时间用于从事游戏开发。在艺电（Electronic Arts）的 8 年时间里，他曾参与劲爆美式足球（Madden）系列这样庞大的项目，也曾投身于亨利·海茨沃斯大冒险（Henry Hatsworth in the Puzzling Adventure）这样稍小规模的游戏开发之中。他所开发的游戏遍及 PC、GameCube、PS2、XBox、X360 以及 DS 平台。但最傲人之处在于，他为开发者们提供了开发工具和共享库。他热衷于寻求易用的、漂亮的代码来延伸和增强开发者们的创造力。

Robert 与他的妻子和两个女儿定居于西雅图，在那里你很有可能会见到他正在为朋友们下厨，或者在为他们上啤酒。

译者简介

GPP 翻译组是一群游戏开发技术爱好者为了翻译本书简体中文版而成立的一个兴趣小组。GPP 小组的成员如下：

赵卫兵（ChildhoodAndy）

游戏开发爱好者，曾从事游戏开发，《Chipmunk2D Physics》官方文档译者，泰然网成员之一。崇尚开源、分享精神，目前就职于 58 同城。

屈光辉（子龙山人）

Cocos2d-x 核心开发者，Cocos Creator 核心开发者，《Cocos2D 权威指南》第二作者，泰然网早期创始成员之一，Cocos2d 社区知名博主，emc-china，org 创始人。专注于移动游戏开发和游戏 UI 框架开发及优化。

郑炯彬

"90 后"，香港科技大学研究生在读，视觉算法程序员，户外爱好者，自认为最离不开三样东西：书、音乐、NULL。

陈侃

游戏开发者、游戏爱好者。同样热爱文字和美术，致力于富有创造力和艺术性的工作。

姜召阳

从事移动游戏开发行业，一枚文艺帝都程序员，平时喜欢参与开源项目、读书和切磋篮球。

特别感谢其他的译者：许新星、唐宏洋、张植臻和洪孝强。

前言

在五年级的时候，我和我的小伙伴们获准使用一个放置着几台非常破旧的 TRS-80s[1]的闲置教室。为了激励我们，一位老师找到了一份印有一些简单 BASIC 程序的打印文档给我们。

当时，计算机上的音频磁带驱动器是坏掉的，所以每次我们想要运行一些代码的时候，都不得不仔细地从头开始键入代码。这使得我们更喜欢那些只有几行代码的程序：

```
10 PRINT "BOBBY IS RADICAL!!!"
20 GOTO 10
```

如果计算机打印足够多的次数，或许它会神奇的变成现实哦[2]。

即便如此，整个过程还是充满了艰辛。我们不懂得如何编程，所以一个小的语法错误便让我们感到很费解。程序出毛病是家常便饭，而此时我们只能重头再来。

在这叠文档的最后部分，是一个真正的“怪物”：一个代码量占据几页篇幅的程序。我们思量良久，这才鼓起勇气去尝试它，不过它极为诱人——标题写着“巨魔洞穴”。我们不知道它是做什么的，不过听起来像是个游戏，还有什么能比亲手写一款计算机游戏更酷呢？

我们从没让这个程序真正运行起来过。一年后，我们搬出了那个教室（后来当我了解了一点 BASIC 时，才知道那只是一个供桌面游戏使用的角色生成器，而并非一款完整的游戏）。命中注定，从那之后，我立志要成为一个游戏程序员。

在我十几岁时，我的家人搞了一台装有 QuickBASIC 的 Macintosh，之后又装了 THINKC。我几乎整个暑假都在那上面倒腾游戏。自学是缓慢而痛苦的。我能轻松地让一些代码运行起来（也许是一张屏幕地图或者一

[1] 见[维基百科 TRS-80s]（http://en.wikipedia.org/wiki/TRS-80）。译者注：TRS-80s 于 1977 年诞生，是第一批问世的微型计算机之一。

[2] 这里指的是计算机反复打印第 10 行代码的语句“BOBBY IS RADICAL!!!”，作者开玩笑地说会变成现实。

我的许多夏天都是在路易斯安那州南部的沼泽中捕蛇和乌龟来度过的。如果户外不是那么酷热的话，这将很可能是一本爬虫学的书，而不是讲游戏编程的书。

个小型猜谜游戏），但随着程序增大，编码变得越来越难。

起初，我的挑战在于让程序运行起来。后来，我开始琢磨如何编写超出我大脑思考范围的更大些的程序。我开始试图寻找一些关于如何组织程序的书籍，而不只是读一些关于“如何用 C++编程”之类的书籍。

几年很快过去，一位朋友给了我一本书：《设计模式：可复用面向对象软件的基础》（Design Patterns: Elements of Reusable Object-Oriented Software）。终于来了！这就是我从青少年开始便一直寻找的那本书！我一口气将它一字不漏地读完了。虽然我仍纠结于自己的程序，但是看到别人也如此挣扎并提出了解决方案，也如释重负。原本赤手空拳的我终于有工具可使了。

这是我和这位朋友第一次见面，在 5 分钟自我介绍之后，我坐在他的沙发上，在接下来的几个小时里，我聚精会神地阅读而完全忽视了他。我感觉从那以后自己的社交能力还是至少有那么一丁点儿提升的。

在 2001 年，我得到了自己梦寐以求的工作：EA（Electronic Arts）的软件工程师。我迫不及待地想看一下真正的游戏，以及工程师们是如何组织它们的。像 Madden Football 这样的大型游戏到底是个什么样的架构？不同系统之间是怎么交互的？他们是怎么让一套代码库在不同平台上运行的？

分解阅读源码是一种震撼人心且令人惊奇的体验。图形、人工智能、动画和视觉效果方面，都有十分出众的代码。我们公司有人懂得如何榨取 CPU 的每一个周期并加以善用。一些我甚至不知道能否实现的东西，这些家伙一个早上就能搞定。

但是这些优秀代码所依托的架构往往是事后想出来的。他们太专注于功能以至于忽视了组织架构。模块之间的耦合现象很普遍，新功能往代码库里见缝插针，而不顾其是否契合。这些所见令我幻想破灭，看起来许多程序员，就算他们心血来潮地翻开过《设计模式》一书，恐怕能看完单例就很不错了。

当然，也不是真的那么糟糕。我曾设想游戏程序员们坐在放满白板的象牙塔中，连续几周冷静地讨论代码架构的细节。实际情况是，我眼前这份代码是别人在紧张的期限里赶工出来的。他们尽了自己最大的努力，同时，我逐渐认识到，他们竭尽全力的结果通常是编写出了十分优秀的代码。我写游戏代码的时间越长，就越能发现隐藏在这些代码之下的可贵之处。

遗憾的是，“隐藏”一词往往说明了问题。宝藏埋在代码深处，而许多人正在它们之上路过（优秀的代码被许多人视而不见）。我看到过同事努力想改造出一个好的解决方案，那时，他们所需要的示例代码就隐藏在他们脚下的代码库之中。

这个问题正是本书力图解决的。我挖掘并打磨出自己在游戏代码中所发现的最好的设计模式，在此一一呈现给大家，以便我们将时间节省下来创造新事物，而不是重新造轮子。

市面上已有的书籍

目前市面已经有数十多本游戏编程的书籍。为什么还要再写一本？

我见过的大多数游戏编程书籍无非两类。

- **关于特定领域的书籍**。这些针对性较强的书籍带领你深入地探索游戏开发的一些特定方面。它们会教你 3D 图形、实时渲染、物理仿真、人工智能或音频处理。这些是众多游戏程序员在自己的职业生涯中所专注的领域。

- **关于整个游戏引擎的书籍**。相反，这些图书试图涵盖整个游戏引擎的各个部分。它们的目标是构建一整套适合某个特殊游戏类型的引擎系统，这类通常是 3D 第一人称射击游戏。

我喜欢这两类书，但我觉得它们仍留下了一些空白。讲特定领域的书很少会谈及你的代码块如何与游戏的其他部分交互。你可能擅长物理和渲染，但是你知道如何优雅地将它们拼合起来吗？

这种分类讲解风格的另外一个例子，就是广受大家喜爱的《游戏编程精粹》系列。

第二类书籍涵盖了这类问题，但我往往发现这类书通常都太过庞大、太过空泛。特别是随着移动和休闲游戏的兴起，我们正处在众多类型的游戏共同发展的时代。我们不再只是照搬 Quake[1]了。当你的游戏不适合这个模型时，这类阐述单一引擎的书籍就不再合适了。

相反，这里我想要做的，更倾向于分门别类。本书的每个章节都是一个独立的思路，你可以将它应用到你的代码里。你也可以针对自己制作的游戏来决定以最恰当的方式将它们进行混搭。

本书和设计模式有什么联系

任何名字中带有“模式”的编程书籍都和经典图书《设计模式：可复用面向对象软件的基础》有所联系。这本书由 Erich Gamma、Richard Helm、Ralph Johnson 和 John Vlissides 编著（这 4 人也称为“Gang of Four”，即本书所提到的“GoF”四人组）。

[1] 《雷神之锤》，第一个真 3D 实时演算的 FPS 游戏。

设计模式一书本身也源自前人的灵感。创造一种模式语言来描述问题的开放性解决方案，该想法来自《A Pattern Language》，由 Christopher Alexander（和 Sarah Ishikawa、Murray Silverstein 一起）完成。

这是一本关于框架结构的书（就像真正的建筑结构中建筑与墙体和材料之间的关系），作者希望他人能够将其运用作其他领域问题的解决方案。设计模式（Design Patterns）正是 GoF 在软件领域的一个尝试。

本书的英文原名是 Game Programming Design Patterns，并不是说 GoF 的书不适用于游戏。恰恰相反，在本书第 2 篇中介绍了众多来自 GoF 著作的设计模式，同时强调了在它们游戏开发中的运用。

从另一面说，我觉得这本书也适用于非游戏软件。我也可以把这本书命名为《More Design Patterns》，但我认为游戏开发有更多迷人的例子。难道你真的想要阅读的另外一本关于员工记录和银行账户例子的设计模式图书吗？

也就是说，尽管这里介绍的模式在其他软件中也是有用的，但我觉得它们特别适合应对游戏工程中普遍会遇到的挑战，例如：

- 时间和顺序往往是一个游戏的架构的核心部分。事情必须依照正确的顺序和正确的时间发生。
- 开发周期被高度压缩。众多程序员必须在不牵涉他人代码、不污染代码库的前提下对一套庞大而错杂的行为体系进行快速的构建与迭代。
- 所有这些行为被定义后，游戏便开始互动。怪物撕咬英雄，药水混合在一起，炸弹炸到敌人和朋友……诸如此类。这些交互必须很好地进行下去，可不能把代码库给搅成一团毛线球。
- 最后，性能在游戏中至关重要。游戏开发者永远在榨取平台性能这件事上赛跑。多削掉一个 CPU 周期，你的游戏就有可能从掉帧和差评迈入 A 级游戏和百万销量的天堂。

如何阅读本书

本书大致分为三大部分。第一篇是介绍和框架。这包括前言和第 1 章。

第二篇，再探设计模式，回顾了 GoF 中的一些设计模式。在这个部分的每一章中，我都会试图给出自己对该模式的认识，以及对模式与游戏开发之间关联的看法。

最后部分是这本书的重头戏。这部分呈现了我认为十分有用的 13 种设计模式。它们分为 4 篇：序列型模式、行为型模式、解耦型模式和优化型模式。

这些模式使用一致的文本组织结构来讲述，以便你将该书作为参考并能快速找到你所需要的内容。

- **目的**部分简单介绍了该模式以及其力图解决的问题。以此作为开篇，以便你能够快速翻阅本书并根据自己眼下的问题对号入座。
- **动机**部分描述了一个可引用该模式的示例问题。不同于具体的算法，模式只有运用到具体问题中时方能见其真章。教模式而不举具体例子，就像教烤面包而不提面团一样。这个部分提供“面团”，之后的部分将会教你如何“烘培”。

- **模式**部分会提炼出前面示例中的模式本质。如果你想了解该模式枯燥的书面描述，就是这部分了。如果你已经熟悉了该模式，这部分也是一个很好的复习，确保你没有忘记该模式的要素。
- 到目前为止，该模式只是就一个单一的例子来解释的。但你怎么知道该模式是否适用于其他问题呢？**使用情境**对模式何时使用以及何时不该使用提供了一些指导。**使用须知**部分会指出使用该模式时带来的后果和风险。
- 如果你也像我一样，需要借助具体的实例才能真正的理解，那么**示例**部分正满足你的需要。它一步一步地展示这个模式的完整实现，以便你可以看到模式究竟是如何工作的。
- 模式和单一的算法不同，因为模式是开放式的。每次使用模式的时候，你实现的方式有可能会有不同。接下来**设计决策**部分，会探讨这个问题，并告诉你在应用模式时可供考虑的不同选项。
- 每章以一个短小的参考部分作为结束，它会告诉你该模式和其他模式的关联并指出使用该模式的一些真实的开源代码。

关于示例代码

这本书中的示例代码用 C++编写，但是这并不意味着这些模式仅能在 C++下发挥作用或者说 C++比其他语言要好。几乎所有的语言都适用，虽然有些模式确实倾向于有对象和类的语言。

我选择 C++有几个原因。首先，它是现行商业游戏中最流行的语言，是该行业的通用语言。另外，作为 C++基石的 C 语言的语法也是 Java、C#、JavaScript 和许多其他语言的基础。即使你不懂 C++，也没有关系，这里的示例代码基本上是你无需花太多力气就足以能够理解的。

这本书的目的不是教你学习 C++。示例会尽可能保持简单，但它可能并不符合优良的 C++编码风格或用法。阅读代码时要理解代码所传达的思想，而不是代码本身的表达。

特别一提的是，示例代码没有采用“现代”C++（C++11）或更高版本风格。它没使用标准库并很少使用模板。这是“糟糕”的 C++代码，但我仍希望保留这一特色，这样会对那些从 C、Objective-C、Java 和其他语言转来的读者更加的友好。

为了避免浪费篇幅，你已经看过的或者和模式不相关的代码，有时会在例子中省略，通常用省略号来表示省去的代码。

例如有一个函数，它完成某项工作并返回一个值。同时讲解的模式只关心返回值，不关心其具体的工作内容。在这种情况下，示例代码看起来会像这样：

```
bool update()
{
  // Do work...
  return isDone();
}
```

何去何从

设计模式是软件开发中一个不断变化和扩展的部分。这本书延续了 GoF 的文献所开启的过程，并分享他们眼中的那些软件设计模式，而这一进程也不会因本书的完成而就此终止。

你是这个过程的核心之一。只要你开发了你自己的模式或提炼（或者反驳!）这本书中提到的模式，你就是在为软件社区贡献力量。如果你对书中的内容有任何建议、修正或者其他反馈，请与我联系。

致谢

我估计只有写过书的人才知道写书的过程中会遇到多少麻烦，但是还有另外一些人也知道写书的负担究竟有多重——那就是那些不幸和作者关系亲密的人。我是在妻子 Megan 煞费苦心地为我节省的空余时间里写完这本书的。洗盘子和为孩子洗澡或许不能叫做“写作”，但是没有她的这些付出，这本书也不会出版。

当我还是 EA（Electronic Arts）的一名程序员时，便开始写这本书了。我认为公司的同事们并不完全了解这本书的技术细节，但是我对 Michael Malone、Olivier Nallet 和 Richard Wifall 的支持表示感谢，感谢他们为前几章提供了详细、深刻的反馈。

我并不是没有文字编辑。Lauren Briese 在我需要的时候帮助了我，并出色地完成了工作。

写到大约一半的时候，我决定不做一名传统的出版者。我知道这意味着会失去编辑的指导，但是我收到了许多读者发送的电子邮件，他们告诉我希望这本书怎么写。我没有校对者，但是我收到了超过 250 份的 bug 报告，来帮助我改进写作。我也曾缺乏按计划写作的动力，但当我完成每一章并收到来自读者的鼓励的时候，我又有了充足的精神动力。

他们称这为“自出版”，但是“众包出版”更加贴切。写作是一份孤独的工作，但是我从未孤单过。即使整个写作过程持续了两年时间，但我总能不断得到鼓励。如果没有一堆人不断提醒我他们在期待着更多的章节，我绝不会想要继续写作并完成这本书。

特别感谢 Colm Sloan，他仔细地把每个章节阅读了两遍，并给了我大量出色的反馈。这都出自他内心的善意。我欠他一份人情。

对每一位发邮件的或者评论过的，点赞的或者收藏的，发微博的或者转发了的，任何帮助过我的，或者将本书告诉朋友的，或者给我提交一份 bug 报告的朋友们：我内心充满了对你们的感激。完成这本书是我人生中最大的目标之一，是你们帮我实现了它。

感谢你们！

多数游戏程序员所面临的最大挑战就是完成他们的游戏。许多游戏止步于其高度复杂的代码库面前，而最终没能问世。游戏编程设计模式正是为解决此问题而生。带着多年上市 3A 级大作的经验，本书收集了许多已经实证的设计模式来帮助解构、重构以及优化你的游戏，书中将各大模式以菜单的形式分立以便开发者们各取所需。

你将学会如何编写一个健壮的游戏循环，如何应用组件来组织实体，并利用 CPU 缓存来提升游戏性能。本书将带你深入了解脚本引擎如何对行为进行编码，以及四叉树和其他空间划分等优化引擎的手段，并为你展示其他经典的设计模式是如何应用于游戏之中的。

目录

第 1 篇　概述

第 2 篇　再探设计模式

第3篇 序列型模式

第4篇 行为型模式

第 5 篇 解耦型模式

第 6 篇 优化型模式

第 1 篇　概述

第 1 章　架构、性能和游戏

1

在我们一头扎进一堆模式之前，我想为你介绍一些关于我如何看待软件架构以及它是如何应用到游戏的一些背景，这可能会帮助你更好地理解这本书的其余部分。至少，当你陷入关于设计模式和软件架构是多么糟糕（或者很棒）的一场争论中时，它会给你一些论据来使用。

请注意，我没有假设你站在争论中的哪一方。就像任何军火商一样，我为所有战斗方提供武器。

1.1　什么是软件架构

如果你从头到尾阅读了这本书，那么你并不会了解到 3D 图形背后的线性代数或者游戏物理背后的演算。这本书也不会告诉你如何一步步改进你的 AI 搜索树或者模拟音频播放中的房间混响。

哇，此段简直为这本书打了一个糟糕的广告。

相反，这本书是关于上面这一切要使用的代码的组织方式。这里少谈代码，多谈代码组织。每个程序都具有一定的组织性，即使它只是“把所有东西扔到 `main()` 函数里然后看看会发生什么”，所以我认为讨论如何形成好的组织性会更有趣些。我们如何分辨一个架构的好坏呢？

我大概有 5 年时间一直在思索这个问题。当然，像你一样，我对好的设计有着一种直觉。我们都遇见过非常糟糕的代码库，最希望做的就是剔除它们，结束自己的痛苦。

不得不承认，我们大多数人只接触到一部分这样的工作。

少数幸运儿有相反的经验，他们有机会与设计精美的代码共事。那种代码库，感觉就像在一个完美的豪华酒店里站了很多礼宾在翘首等待你的光临。两者之间有什么区别呢？

1.1.1　什么是好的软件架构

对于我来说，好的设计意味着当我做出一个改动时，就好像整个程序都在期待它一样。我可以调用少量可选的函数来完美地解决一个问题，而不会为软件带来副作用。

这听起来不错，但还不够切实。“只管写你的代码，架构会为你收拾一切。”没错!。

让我解释下。第一个关键部分是，架构意味着变化。人们不得不修改代码库。如果没人接触代码（不管是因为代码非常完美，又或者糟糕到人人都懒得打开文本编辑器来编辑它），那么它的设计就是无法体现其意义的。衡量一个设计好坏的方法就是看它应对变化的灵活性。如果没有变化，那么这就像一个跑步者从来没有离开过起跑线一样。

1.1.2 你如何做出改变

在你打开编辑器添加新功能，修复 bug 或者由于其他原因要修改代码之前，你必须要明白现有的代码在做什么。当然，你不必知道整个程序，但是你需要将所有相关的代码加载到你的大脑中。

这在字面上是一个 OCR1 过程，不过这个想法有些奇怪。

我们倾向于略过这一步，但它往往是编程中最耗时的部分。如果你认为从磁盘加载一些数据到 RAM 很慢的话，试着通过视觉神经将这些数据加载到你的大脑里。

一旦你的大脑有了一个全面正确的认识，则只需稍微思考一下就能提出解决方案。这观点值得反复斟酌，但通常这是比较明确的。一旦你理解了这个问题和它涉及的代码，则实际的编码有时是微不足道的。

你的手指游走于键盘间，直到右侧的彩色灯光在屏幕上闪烁时，你就大功告成了，是吗？还没有！在你编写测试，并将它发送给代码审查之前，你通常有一些清理工作要做。

我说“测试”了吗？哦，是的，我说了。为一些游戏代码编写单元测试比较难，但是大部分代码是可以完全测试的。

我这里不是要慷慨陈词，不过，如果你之前没有考虑过多做自动化测试的话，我希望你多做一些。难道没有比一遍一遍手动验证东西更好的事情要做吗？

你在游戏中加入了一些代码，但是你不想后面处理代码的人花大量时间理解或修改你的代码。除非变动很小，通常都会做些重新组织工作来让你新加的代码无缝集成到程序中。如果你做得很好，那么下一个人在添加代码的时候就不会察觉到你的代码变动。

简而言之，编程的流程图如图 1-1 所示。

现在想想，流程图的环路中没有出口有点小惊悚。

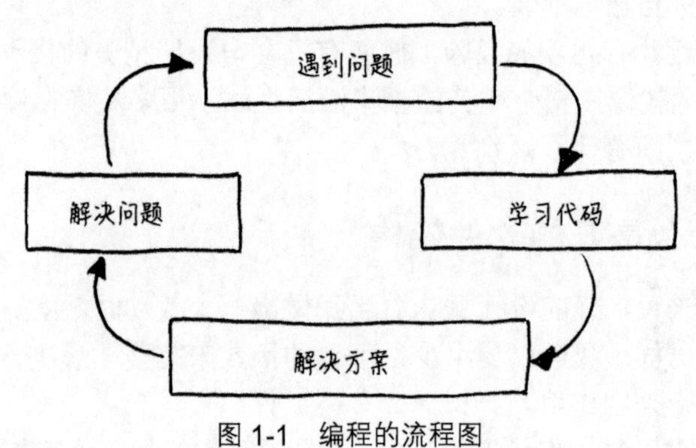

图 1-1 编程的流程图

1.1.3 我们如何从解耦中受益

虽然不是很明显，但我认为很多软件架构师还处于学习阶段。将代码加载到脑中如此痛苦缓慢，得自己寻找策略来减少装载代码的体积。这本书有一整章（第 5 章）是关于解耦模式的，许多的设计模式也有相同的思想。

你可以用一堆方式来定义“解耦”，但我认为如果两块代码耦合，意味着你必须同时了解这两块代码。如果你让它们解耦，那么你只需了解其一。这很棒，因为如果只有一块代码和你的问题相关，则你只需要将这块代码装载到你的脑袋中，而不用把另外一块也装载进去。

对我来说，这是软件架构的一个关键目标：在你前进前，最小化你脑海中的知识储存量。

当然，对解耦的另一个定义就是当改变了一块代码时不必更改另外一块代码。很明显，我们需要更改一些东西，但是耦合得越低，更改所波及的范围就会越小。

1.2 有什么代价

这听起来很不错，不是吗？对一切进行解耦，你就可以迅速编写代码。每一次变化意味着只会涉及某一个或两个方法，然后你就可以在代码库上行云流水地编写代码。

这种感觉正是为什么人们会为抽象、模块化、设计模式和软件架构感到兴奋的原因。一个架构良好的程序工作起来真的会令人愉悦，每个人都会更加高效。良好的架构在生产力上会产生巨大的差异。怎么夸大它带来的效果是如何深远都不为过。

但是，天下没有免费的午餐。良好的架构需要很大的努力及一系列准则。每当你做出一个改变或者实现一个功能时，你必须很优雅地将它们融入到程序的其余部分。你必须非常谨慎地组织代码并保证其在开发周期中经过数以千计的小变化之后仍然具有良好的组织性。

这小节的下半部分（维护你的设计）需要特别注意。我曾见过许多程序在开始时写得很漂亮，但死于一个又一个“一个小补丁而已”。

就像园艺一样，只种植是不够的。你必须要除草、修剪。

你必须要考虑程序的哪一部分应该要解耦然后在这些地方引入抽象。同样地，你要确定在哪里做一些扩展以便将来很容易应对变化。

人们对此非常兴奋。他们设想着，未来的开发者（或者是他们自己）进入代码库，发现代码库开放、强大，只等着被加些扩展。他们想象一个游戏引擎便可统治一切。

但是，事情就在这里开始变得棘手。当你添加了一个抽象层或者支持可扩展的地方，你猜想到你以后会需要这种灵活性，于是你便为你的游戏增加了代码和复杂性，这需要时间来开发、调试和维护。

有人杜撰了"YAGNI"一词（You aren't gonna need it你不需要它）作为口头禅，用它来与猜测未来的自己会想要什么这种冲动进行斗争。

如果你猜对了，那么你之前的辛苦就没白费，而且也无须再对代码进行任何修改。但是猜测未来是很难的，并且当模块最终没起到作用时，很快它就变得有害。毕竟，你必须处理这些多出来的代码。

当你过度关注这点时，便会得到一个架构已经失控的代码库。你会看到接口和抽象无处不在。插件系统、抽象基类、虚方法众多，还有各种的扩展点。

你将花费大量时间去找到有实际功能的代码。当你需要做出改变时，当然有可能有接口能帮上忙，但你会很难找到它。从理论上讲，解耦意味着在你进行扩展时仅需理解少量代码，然而抽象却增加了理解代码的难度。

像这样的代码库正是让人们反对软件架构尤其是设计模式的原因。对代码进行包装很容易，以至于让你忽视了你要推出一款游戏的事实。一味地追求可扩展性让无数开发者在一个"引擎"上花费数年却没有搞清楚引擎究竟是用来做什么的。

1.3 性能和速度

一个有趣的范例是C++模板。模板元编程有时可以让你获得抽象接口而没有任何运行时开销。

对灵活的定义，不同人有不同的看法，当你在某些类中调用一个具体方法时，你相当于将这个类固定（很难做出改变）。当你使用一个虚方法或者接口时，被调用的类将直到真正运行起来才能被追踪到，这样的程序更具灵活性但是会增加额外的运行成本。

模板元编程介于两者之间。在模板元编程中，在编译期间你就能决定在模板实例化时调用哪个类。

你有时候会听到关于软件架构和相关概念的批评声，尤其在游戏开发中：它会影响到游戏的性能。许多模式让你的代码更加灵活，但是它依赖于虚函数派发、接口、指针、消息以及其他至少有一些运行成本的机制。

还有一个原因。很多软件架构的目标是使你的程序更加灵活，这样只需较少的代价便可对代码进行改变，这也意味着在程序中更少的编码。你使用接口，以便代码可以与任何实现这些接口的类进行工作，而不是使用具体类。你使用观察者模式（第 4 章）和通信模式（第 15 章）使得游戏的两部分互相沟通，而将来它们自身就会成为另外两个需要沟通的部分。

但是性能优化总是在某些假设下进行的。优化的方法在特定的条件下进行更好。我们能肯定地假设永远不会有超过 256 个敌人吗？好极了，我们可以将 ID 打包成一个单字节。在这里我们只会在一个具体类型上调用方法吗？好，我们就静态调度或者对它内联。所有的实体都是同一个类吗？太好了，我们可以将它们做成一个很棒的连续排列（第 17 章）。

这并不意味着它的灵活性很差！它可以让我们快速地进行游戏更新，

开发速度是让游戏变得有趣的关键性因素。没有人，哪怕是 Will Wright[1]，可以在纸上设计出一个平衡的游戏。这需要迭代和实验。

你越快地对想法付诸实践并观察效果，你就能越多地尝试并越有可能找到一些很棒的东西。即便在你已经找到合适的技术之后，你也要用充足的时间来进行调整。一个细小的不平衡就会破坏掉游戏的乐趣。

这里没有简单的答案。将你的程序做得更具有灵活性，以便能够更快速地进行原型编写，但这会带来一些性能损失。同样地，对你的代码进行优化会降低它的灵活性。

根据我的经验，将一款有趣的游戏做得高效要比将一款高性能的游戏做的有趣更简单些。一种折中的办法是保持代码的灵活性，直到设计稳定下来，然后去除一些抽象，以提高游戏的性能。

1.4 坏代码中的好代码

这使我想到的下一个点是，编码风格讲求天时地利。本书的很多部分是关于编写可维护的、干净的代码，所以我的意图很明确，就是用“正确”的方式做事情，但是也存在一些草率的代码。

编写架构良好的代码需要仔细的思考，这是需要时间的。更多的是，在项目的生命周期内维护一个良好的架构需要很大的努力。你必须把你的代码库看作一个好的露营者在寻找营地一样：总是试着寻找比眼下更好的扎营点。

当你准备要长期和那份代码打交道时，这样是好的。但是，就像我之前提到的，游戏设计需要大量的试验和探索，特别是在早期，编写一些你知道迟早要扔掉的代码是很稀松平常的。

如果你只是想验证一些游戏想法是否能够正确工作，那么对其精心设计架构就意味着在想法真正显示到屏幕并得到反馈之前需要花费更多时间。如果它最终没有工作，那么当你删除代码时，花费在编写优雅代码上的时间其实都浪费掉了。

原型（把那些仅仅在功能上满足一个设计问题的代码融合在一起）是一个完全正确的编程实践。然而，特别提醒下，如果你编写一次性的代码，那么你必须要确保能将之扔掉。我不止一次看到一些糟糕的经理重演以下场景。

老板：“嘿，我们已经有想法了，准备尝试下。只是一个原型，所以

---

[1] 译者注：威尔·赖特，著名游戏制作工程师。

不必感觉必须要做得正确。大概多久能实现？”

开发：“嗯，如果我简化很多，不测试，不写文档，不管 bug，我几天内就可以给你一些临时的代码。”

老板：“太好了！”

有一个小技巧确保你的原型代码不会变成真正的代码，就是使用不同于你游戏使用的语言来编写。这样的话，你就必须用游戏使用的语言重写一遍了。

几天后……

老板：“嘿，原型写得很不错。你能花几个小时清理下代码然后开始真枪实弹的干么？”

你需要确保这些使用一次性代码的人们明白这种一次性代码看起来能够运行，但是它却不可维护，必须被重写。如果可能，最终你也许会保留它们，但需要后续修改得特别好。

1.5 寻求平衡

开发中我们有几个因素需要考虑。

我认为一个有趣的地方是这些都是关于某种速度：我们的长期开发速度，游戏的执行速度，以及我们短期内的开发速度。

1．我们想获得一个良好的架构，这样在项目的生命周期中便会更容易理解代码。

2．我们希望获得快速的运行时性能。

3．我们希望快速完成今天的功能。

这些目标至少部分是相冲突的。好的架构从长远来看，改进了生产力，但维护一个良好的架构就意味着每一个变化都需要更多的努力来保持代码的干净。

最快编写的代码实现却很少是运行最快的。相反，优化需要消耗工程时间。一旦完成，也会使代码库僵化：高度优化过的代码缺乏灵活性，很难改变。

完成今日的工作并担心明天的一切总伴随着压力。但是，如果我们尽可能快的完成功能，我们的代码库就会充满了补丁、bug 和不一致的混乱，会一点点地消磨掉我们未来的生产力。

你绝对没听到过某人在挖掘水沟上的卓越事迹。也许你有，我却没有研究过这个领域。据我所知，那里也许有热衷于水沟挖掘的爱好者，水沟挖掘准则，并且有一个自己的文化圈子。我们凭什么去评判呢？

这里没有简单的答案，只有权衡。从我收到的电子邮件中，看得出来，这让很多人头疼。特别是对于想做一个游戏的新手们来说，听到这样说挺恐吓人的，“没有正确答案，只是错误口味不同”。

但是，对于我而言，这令人兴奋！看看人们从事致力的领域，在这中心，你总能找到一组相互交织的约束。毕竟，如果有一个简单的答案，每个人都会这么做。在一周内便可掌握的领域最终是无聊的。你不会接触到在别人的杰出职业生涯中所挖掘出的东西。

对于我而言，这和游戏本身有很多共同点。就像国际象棋永远无法掌握，因为它是如此完美的平衡。这意味着你可以穷尽一生来探索可行的战略空间。设计不当的游戏如果用一个稳赢的战术一遍遍玩，会让你厌倦并退出。

1.6 简单性

最近，我觉得如果有任何方法来缓解这些限制，那便是简单性了。在今天我所写的代码中，我非常努力地尝试着编写最干净、最直接的函数来解决问题。这种代码在你阅读之后，就会明白它究竟做了什么，并且不敢想象还有其他可能的解决方案。

我致力于保持数据结构和算法的正确性（在这个顺序下），然后继续往下做。我觉得如果我能保持简单性，代码量就会变少。这意味着更改代码时，我的脑袋里只需装载更少的代码。

它通常运行速度快，因为根本就没有那么多的开销，也没有太多的代码要执行（这当然并非总是如此，你可以在小部分代码中进行很多的循环和递归）。

但是，请注意，我并不是说简单的代码会花费较少的时间来编写。你会觉得最终的总代码量更少了，但是一个好的解决方案并不是更少的实际代码量，而是对代码的升华。

Blaise Pascal 用了一句名言作为了一封信的结尾：“我会写一封更简短的信，但我没有足够的时间。”

另一种引用来自 Antoine de Saint- Exupery：“极臻完美，并非无以复加，而是简无可减。”

言归正传，我注意到，每次我修改这本书的章节时，它都会变得更短。一些章节在完成时要比原来缩短 20%。

我们很少会遇到一个非常复杂的问题，用例反而有一大堆，例如，你想让 X 在 Z 的情况下执行 Y 而在 A 的情况下执行 W，以此类推。换句话说，是一个不同实例行为的长列表。

最省脑力的方法就是只编写一次测试用例。看一下新手程序员，这是他们经常做的：为每个需要记住的用例构建大量的条件逻辑。

在那里面毫无优雅性，当程序有输入或者编码者稍微考虑得跟用例有些不一样时，这种风格的代码就最终会沦陷。当我们考虑优雅的解决方案时，浮现脑海中的就有一个：一小块逻辑就能正确地处理一大片用例。

你会发现这有点像模式匹配或解谜。它需要努力识破测试用例的分散点，以找到它们背后隐藏的秩序。当你把它解决时，会感觉很棒。

1.7 准备出发

几乎每个人都会跳过介绍章节，所以在这里我祝贺你能够阅读到这里。我没有太多的东西来回报你的这份耐心，但是这里我能给你提供一些建议，希望对你有用。

- 抽象和解耦能够使得你的程序开发变得更快和更简单。但不要浪费时间来做这件事，除非你确信存在问题的代码需要这种灵活性。
- 在你的开发周期中要对性能进行思考和设计，但是要推迟那些降低灵活性的、底层的、详尽的优化，能晚则晚。
- 尽快地探索你的游戏的设计空间，但是不要走得太快留下一个烂摊子给自己。毕竟你将不得不面对它。

相信我，在游戏发布前的两个月并不是你开始担心“游戏的FPS只有1帧”问题的时候。

- 如果你将要删除代码，那么不要浪费时间将它整理得很整洁。摇滚明星把酒店房间弄得很乱是因为他们知道第二天就要结账走人。
- 但是，最重要的是，若要做一些有趣的玩意，那就乐在其中地做吧。

第 2 篇
再探设计模式

《设计模式：可复用面向对象软件的基础》(Design Patterns: Elements of Reusable Object-Oriented Software）一书已经出版了将近 20 年。如果你并不认为自己比我更为高瞻远瞩，那么现在正是阅读《设计模式：可复用面向对象软件的基础》这本经典的好时机。对于软件这个发展迅速的行业来说，这本书确实有些古老了。但是，这本书的经久不衰说明比起许多框架和方法论而言，设计模式更加永恒。

尽管我认为《设计模式：可复用面向对象软件的基础》一书到今天仍然适用，但是我们从过去几十年中学习到了许多新的知识。在本章节中，我们将回顾一遍 GoF 记载的几个最初的设计模式。对每一种模式，我希望都能说出一些实用或者有趣的东西来。

我认为有些模式被滥用了（单例模式），而另一些又被冷落了（命令模式）。同时我想要阐述另一对设计模式（享元模式和观察者模式）在游戏开发中的联系。最后，我认为发掘那些在更为广泛的编程领域背后所潜藏的设计模式（原型模式和状态模式）是件很有趣的事。

本篇模式

- 命令模式
- 享元模式
- 观察者模式
- 原型模式
- 单例模式
- 状态模式

第 2 章　命令模式　2

“将一个请求（request）封装成一个对象，从而允许你使用不同的请求、队列或日志将客户端参数化，同时支持请求操作的撤销与恢复。”

命令模式是我最喜爱的模式之一。在我开发的绝大多数大型游戏或其他程序中，最终都用到了它。正确地使用它，你的代码会变得更加优雅。关于这个重要的模式，GoF 做了上述具有预见性的深奥描述。

我想你也和我一样觉得这句话晦涩难懂。首先，它的比喻不够形象。在软件界之外，一词往往多义。“客户（client）”指代同你有着某种业务往来的一类人。据我查证，人类（human beings）是不可“参数化”的。

其次，句子的剩余部分只是列举了这个模式可能的使用场景。而万一你遇到的用例不在其中，那么上面的阐述就不太明朗了。我对命令模式的精练（pithy）概括如下：

命令就是一个对象化（实例化）的方法调用（A command is a reified method call）。

当然，“精炼”通常意味着“简洁到令人费解”，所以这里我的定义可能显得不够好。让我解释一下：你可能没听过“Reify”一词，意即“具象化”（make real）。另一个术语 reifying 的意思是使一些事物成为“第一类”（first-class）。[1]

“Reify”出自拉丁文“res”，意思为“thing”，加上英语后缀“-fy”，所以就成为了“thingify”，坦白说，我认为直接使用这个词会更有趣。

这两个术语都意味着，将某个概念（concept）转化为一块数据（data）、一个对象，或者你可以认为是传入函数的变量等。所以说命令模式是一个“对象化的方法调用”，我的意思就是封装在一个对象中的一个方法调用。

你可能对“回调（callback）”、“头等函数（first-class function）”、“函数指针（function pointer）”、“闭包（closure）”和“局部函数（partially applied function）”更熟悉，至于熟悉哪个取决于你所使用的语言，而它们本质上具有共性。GoF 后面这样补充到：

[1] 译者注：你可能在其他书籍中也见到过“第一类值”、“头等”、“一等”等类似说法。

命令就是面向对象化的回调（Commands are an object-oriented replacement for callbacks）。

一些语言的反射系统（Reflection system）[1]可以让你在运行时命令式地处理系统中的类型。你可以获取到一个对象，它代表着某些其他对象的类，你可以通过它试试看这个类型能做些什么。换句话说，反射是一个对象化的类型系统。

这个说法比他们上面那句概括要好得多。

但是这些听起来都比较抽象和模糊。正如我所推崇的那样，我喜欢用一些具体点的东西来作为开篇讲解。为弥补这点，现在开始我将举例说明命令模式的使用场景。

2.1 配置输入

每个游戏都有一处代码块用来读取用户原始输入：按钮点击、键盘事件、鼠标点击，或者其他输入等。它记录每次的输入，并将之转换为游戏中一个有意义的动作（action），如图 2-1 所示。

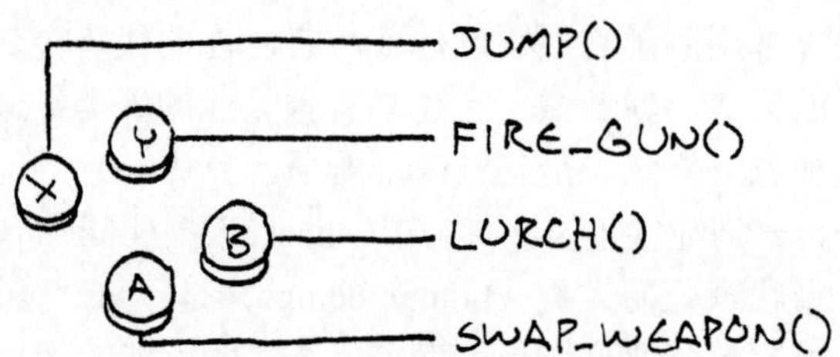

图 2-1 按钮与游戏行为的映射

下面是一个简单的实现：

专业级提示，请勿常按 B 键。

```
void InputHandler::handleInput()
{
  if (isPressed(BUTTON_X)) jump();
  else if (isPressed(BUTTON_Y)) fireGun();
  else if (isPressed(BUTTON_A)) swapWeapon();
  else if (isPressed(BUTTON_B)) lurchIneffectively();
}
```

这个函数通常会在每一帧中通过游戏循环（第 9 章）被调用，我想你能理解这段代码的作用。如果我们将用户的输入硬编码到游戏的行为（game actions）中去，上面的代码是有效的，但是许多游戏允许用户配置他们的按钮与游戏行为之间的映射关系。

为了支持自定义配置，我们需要把那些对 jump() 和 fireGun() 方法的直接调用转换为我们可以更换（swap out）的东西。“可更换的（swapping out）”听起来会让人联想到分配变量，所以我们需要个对象来代表一个游

[1] 译者注：如.NET。

戏动作。这就用到了命令模式。

我们定义了一个基类用来代表一个可触发的游戏命令：

```
class Command
{
public:
  virtual ~Command() {}
  virtual void execute() = 0;
};
```

当某个接口中仅剩一个返回值为空的方法时，命令模式便很可能适用。

然后，我们为每个不同的游戏动作创建一个子类：

```
class JumpCommand : public Command
{
public:
  virtual void execute() { jump(); }
};

class FireCommand : public Command
{
public:
  virtual void execute() { fireGun(); }
};

// You get the idea...
```

在我们的输入处理中，我们为每个按钮存储一个指向它的指针。

```
class InputHandler
{
public:
  void handleInput();

  // Methods to bind commands...

private:
  Command* buttonX_;
  Command* buttonY_;
  Command* buttonA_;
  Command* buttonB_;
};
```

现在输入处理便通过这些指针进行代理：

```
void InputHandler::handleInput()
{
  if (isPressed(BUTTON_X)) buttonX_->execute();
```

```
  else if (isPressed(BUTTON_Y)) buttonY_->execute();
  else if (isPressed(BUTTON_A)) buttonA_->execute();
  else if (isPressed(BUTTON_B)) buttonB_->execute();
}
```

注意，我们这里没有检查命令是否为 NULL。因为这里假设了每个按钮都有某个命令对象与之对应关联。

如果你想要支持不处理任何事情的按钮，而不用明确检查按钮对象是否为 NULL，我们可以定义一个命令类，这个命令类中的 execute() 方法不做任何事情。然后，我们将按钮处理器（button handler）指向一个空值对象（null object），就好像它指向了 NULL 一样。这便是应用了空值对象模式。

以前每个输入都会直接调用一个函数，现在则增加了一个间接调用层，如图 2-2 所示。

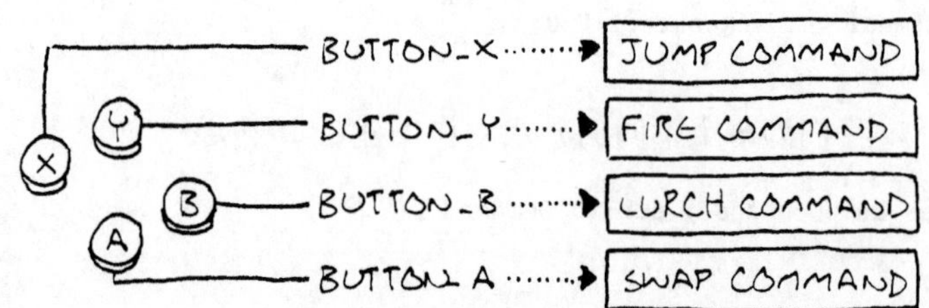

图 2-2 按钮与可分配命令的映射

简而言之，这就是命令模式。如果你已经看到了它的优点，不妨看完本章的剩余部分。

2.2 关于角色的说明

我们刚才定义的命令类在上个例子中是有效的，但它们却有局限性。问题在于它们做了这样的假定：存在 jump()、fireGun() 等这样的顶级函数，这些函数能够隐式地获知玩家游戏实体并对其进行木偶般的操控。

这种对耦合性的假设限制了这些命令的使用范围。JumpCommand 类的跳跃命令只能作用于玩家对象。让我们放宽限制，传进去一个我们想要控制的对象而不是让命令自身来确定所控制的对象：

```
class Command
{
public:
  virtual ~Command() {}
  virtual void execute(GameActor& actor) = 0;
};
```

这里，GameActor 是我们用来表示游戏世界中的角色的“游戏对象”类。我们将它传入 execute() 中，以便命令的子类可以针对我们选择的角色进行调用，如下所示：

```
class JumpCommand : public Command
{
public:
```

```
  virtual void execute(GameActor& actor)
  {
    actor.jump();
  }
};
```

现在，我们可以使用这个类让游戏中的任何角色来回跳动。但是，在输入处理（Input Handler）和接受命令并针对指定对象进行调用的命令之间，我们缺还少了一些东西。

首先，我们修改一下 handleInput()方法，像下面这样返回一个命令（commands）：

```
Command* InputHandler::handleInput()
{
  if (isPressed(BUTTON_X)) return buttonX_;
  if (isPressed(BUTTON_Y)) return buttonY_;
  if (isPressed(BUTTON_A)) return buttonA_;
  if (isPressed(BUTTON_B)) return buttonB_;

  // Nothing pressed, so do nothing.
  return NULL;
}
```

它不能立即执行命令，因为它并不知道该传入哪个角色对象。这里我们所利用的是命令即具体化（reified）的函数调用这一点——我们可将命令的调用延迟到 handleInput 被调用之时。

然后，我们需要一些代码来接收命令并让象征着玩家的角色执行命令。代码如下所示：

```
Command* command = inputHandler.handleInput();
if (command)
{
  command->execute(actor);
}
```

假设 actor 是对玩家角色的一个引用，那么上面的代码将会基于用户的输入来驱动角色，于是我们赋予了角色与前例一致的行为。而在命令和角色之间加入的间接层使得我们可以让玩家控制游戏中的任何角色，只需通过改变命令执行时传入的角色对象即可。

在实际情况中，上述问题的特征并不具有普遍性，而另一种相似的状况却很常见。迄今为止，我们只考虑了玩家驱动角色（player-driven character），但是对于游戏世界中的其他角色呢？它们由游戏的 AI 来驱动。我们可以照搬上面的命令模式来作为 AI 引擎和角色之间的接口；AI 代码简单地提供命令（Command）对象以供执行。

选择命令的 AI 和表现玩家的代码之间的解耦为我们提供了很大的灵活性。我们可以对不同的角色使用不同的 AI 模块。或者我们可以针对不同种类的行为将 AI 进行混搭。你想要一个更加具有侵略性的敌人？只需要插入一段更具侵略性的 AI 代码来为它生成命令。事实上，我们甚至可以将 AI 使用到玩家的角色身上，这对于实现自动演算的游戏演示模式（demo mode）是很有用的。

关于队列的更多信息，见事件队列（第 15 章）。

将控制角色的命令作为头等对象，我们便解除了函数直接调用这样的紧耦合。把它想象成一个队列（queue）或者一个命令流（stream of commands）如图 2-3 所示。

为什么我感觉有必要通过图片来解释“流”呢？为什么它看起来就像一个管道？

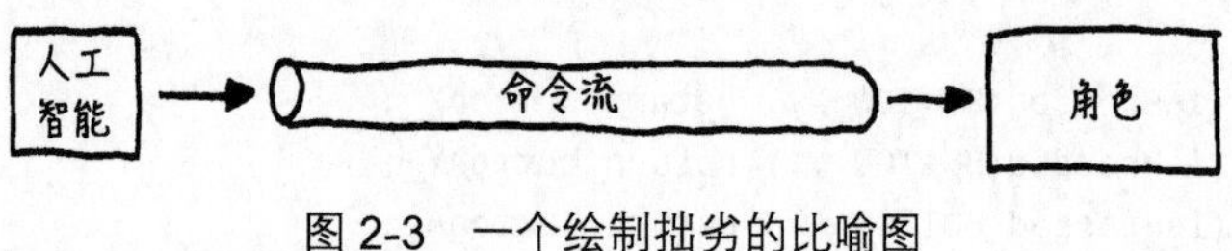

图 2-3　一个绘制拙劣的比喻图

一些代码（输入处理或者 AI）生成命令并将它们放置于命令流中，一些代码（发送者或者角色自身）执行命令并且调用它们。通过中间的队列，我们将生产者端和消费者端解耦。

如果我们把这些命令序列化，我们便可以通过网络发送数据流。我们可以把玩家的输入，通过网络发送到另外一台机器上，然后进行回放。这是多人网络游戏很重要的一部分。

2.3　撤销和重做

最后这个例子（撤销和重做）是命令模式的成名应用了。如果一个命令对象可以做（do）一些事情，那么就应该可以很轻松地撤销（undo）它们。撤销这个行为经常在一些策略游戏中见到，在游戏中可以回滚一些你不满意的步骤。在创建游戏时这是一个很常见的工具。如果你想让你的游戏设计师们讨厌你，最可靠的办法就是不在关卡编辑器中提供撤销命令，让他们对自己无意犯的错误束手无策。

这里可能是我的经验之谈。

如果没有命令模式，那么实现撤销是很困难的。有了它，这简直是小菜一碟啊。假定一个情景，我们在制作一款单人回合制的游戏，我们想让玩家能够撤销一些行动以便他们能够更多地专注于策略而不是猜测。

我们已经对使用命令模式来抽象输入处理很上手了，所以角色的每个行动都要封装起来。例如，像下面这样来移动一个单位：

```
class MoveUnitCommand : public Command
{
public:
  MoveUnitCommand(Unit* unit, int x, int y)
```

```
  : unit_(unit),
    x_(x),
    y_(y)
  {}

  virtual void execute()
  {
    unit_->moveTo(x_, y_);
  }

private:
  Unit* unit_;
  int x_;
  int y_;
};
```

注意这和我们前面的命令都不太相同。在上个例子中，我们想要从被操控的角色中抽象出命令，以便将角色和命令解耦。在这个例子中，我们特别希望将命令绑定到被移动的单位上。这个命令的实例不是一般性质的“移动某些物体”这样适用于很多情境下的的操作，在游戏的回合次序中，它是一个特定具体的移动。

这凸显了命令模式在实现时的一个变化。在某些情况下，像我们第一对的例子，一个命令代表了一个可重用的对象，表示一件可完成的事情（a thing that can be done）。我们前面的输入处理程序仅维护单一的命令对象，并在对应按钮被按下的时候调用其 execute() 方法。

这里，这些命令更加具体。它们表示一些可在特定时间点完成的事情。这意味着每次玩家选择一个动作，输入处理程序代码都会创建一个命令实例。如下所示：

当然了，在没有垃圾回收机制的语言（如 C++）中，这意味着执行命令的代码也要负责释放它们申请的内存。

```
Command* handleInput()
{
  Unit* unit = getSelectedUnit();

  if (isPressed(BUTTON_UP)) {
    // Move the unit up one.
    int destY = unit->y() - 1;
    return new MoveUnitCommand(
        unit, unit->x(), destY);
  }

  if (isPressed(BUTTON_DOWN)) {
    // Move the unit down one.
    int destY = unit->y() + 1;
```

```
    return new MoveUnitCommand(
        unit, unit->x(), destY);
  }

  // Other moves...

  return NULL;
}
```

一次性命令的特质很快能为我们所用。为了使命令变得可撤销，我们定义了一个操作，每个命令类都需要来实现它：

```
class Command
{
public:
  virtual ~Command() {}
  virtual void execute() = 0;
  virtual void undo() = 0;
};
```

undo()方法会反转由对应的 execute()方法改变的游戏状态。下面我们针对上一个移动命令加入了撤销支持：

```
class MoveUnitCommand : public Command
{
public:
  MoveUnitCommand(Unit* unit, int x, int y)
  : unit_(unit), x_(x), y_(y)
    xBefore_(0), yBefore_(0),
  {}

  virtual void execute()
  {
    // Remember the unit's position before the move
    // so we can restore it.
    xBefore_ = unit_->x();
    yBefore_ = unit_->y();
    unit_->moveTo(x_, y_);
  }

  virtual void undo()
  {
    unit_->moveTo(xBefore_, yBefore_);
  }

private:
  Unit* unit_;
  int x_, y_;
```

```
  int xBefore_, yBefore_;
};
```

注意到我们在类中添加了一些状态。当单位移动时，它会忘记它刚才在哪。如果我们要撤销移动，就必须记录单位的上一次位置，这正是xBefore_和 yBefore_变量的作用。

为了让玩家能够撤销一次移动，我们保留了他们执行的上一个命令。当他们敲击 Control-Z 时，我们便会调用该命令的 undo()方法。（如果他们已经撤销了，那么会变为“重做”，我们会再次执行原命令。）

支持多次撤销并不难。这次我们不再保存最后一个命令，取而代之的是，我们维护一个命令列表和一个对“当前”（current）命令的一个引用。当玩家执行了一个命令，我们将这个命令添加到列表中，并将“current”指向它（见图 2-4）。

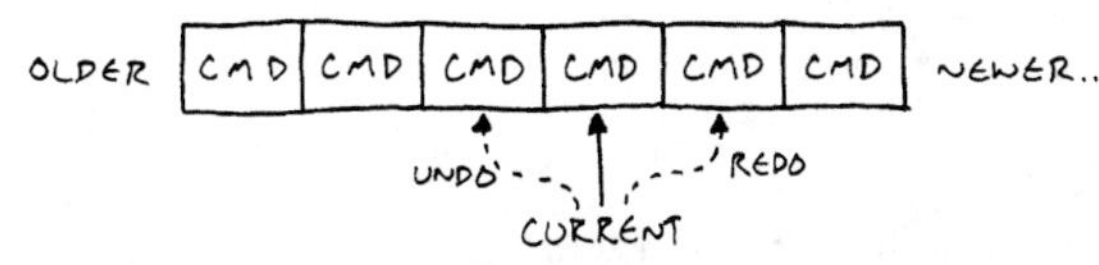

图 2-4　遍历 undo 栈

当玩家选择“撤销”时，我们撤销当前的命令并且将当前的指针移回去。当他们选择“重做”时，我们将指针前移然后执行它所指向的命令。如果他们在撤销之后选择了一个新的命令，那么列表中位于当前命令之后的所有命令都被舍弃掉。

我第一次在一个关卡编辑器中实现了这一点，顿时自我感觉良好。我很惊讶它是如此的简单而且高效。我们需要制定规则来确保每个数据的更改都经由一个命令实现，但只要定了规则，剩下的就容易得多。

这看起来挺像备忘录模式 1 的，但是我发现备忘录模式用在这里并不能有效的工作。因为命令试图去修改一个对象状态的一小部分，而为对象的其他数据创建快照是浪费内存。只手动存储被修改的部分相对来说就节省很多内存了。

持久化数据结构 2 是另一个选择。通过它们，每次对一个对象进行修改都会返回一个新的对象，保留原对象不变。通过这样明智的实现，这些新对象与原对象共享数据，所以比拷贝整个对象的代价要小得多。

使用持久化数据结构，每个命令存储着命令执行前对象的一个引用，所以撤销意味着切换到原来先前的对象。

重做在游戏中并不常见，但回放却很常见。一个很简单的实现方法就是记录每一帧的游戏状态以便能够回放，但是这样会使用大量的内存。

实际上，许多游戏会记录每一帧每个实体所执行的一系列命令。为了回放游戏，引擎只需要模拟正常游戏的运行，执行预先录制的命令即可。

2.4　类风格化还是函数风格化

此前，我说命令和头等函数或者闭包相似，但是这里我举的每个例子都用了类定义。如果你熟悉函数式编程，你可能想知道如何用函数式风格实现命令模式。

我用这种方式写例子是因为 C++对于头等函数的支持非常有限。函数指针是无状态的，仿函数看起来比较怪异，它需要定义一个类，C++11 中的闭包因为要手动管理内存，所以使用起来比较棘手。

这并不是说在其他语言中你不应该使用函数来实现命令模式。如果你使用的语言中有闭包的实现，毫无疑问，使用它们！在某些方面，命令模式对于没有闭包的语言来说是模拟闭包的一种方式。

举个例子，如果我们在用 JavaScript 编写游戏，那么我们可以像下面这样创建一个单位移动命令：

我说在某些方面，是因为即使在有闭包的语言中为命令构建实际的类或结构仍然是有用的。如果你的命令有多个操作（如可撤销命令），那么映射到一个单一函数是比较尴尬的。

定义一个实际的附带字段的实体类也有助于读者分辨该命令中包含哪些数据。闭包自动包装一些状态的方式是比较简洁，但它们太过于自动化了以至于很难分辨出它们实际上持有的状态。

```
function makeMoveUnitCommand(unit, x, y) {
  // This function here is the command object:
  return function() {
    unit.moveTo(x, y);
  }
}
```

我们也可以通过闭包来添加对撤销的支持：

```
function makeMoveUnitCommand(unit, x, y) {
  var xBefore, yBefore;
  return {
    execute: function() {
      xBefore = unit.x();
      yBefore = unit.y();
      unit.moveTo(x, y);
    },
    undo: function() {
      unit.moveTo(xBefore, yBefore);
    }
  };
}
```

如果你熟悉函数式风格，上面这么做你会感到很自然。如果不熟悉，我希望这个章节能够帮助你了解一些。对于我来说，命令模式真实地展现出了函数式编程在解决许多问题时的高效性。

2.5 参考

1. 你可能最终会有很多不同的命令类。为了更容易地实现这些类，可以定义一个具体的基类，里面有着一些实用的高层次的方法，这样便可以通过对派生出来的命令组合来定义其行为，这么做通常是有帮助的。它会将命令的主要方法 execute() 变成子类沙盒（第 12 章）。

2. 在我们的例子中，我们明确地选择了那些会执行命令的角色。在某些情况下，尤其是在对象模型分层的情况下，它可能没这么直观。一个对象可以响应一个命令，而它也可以决定将命令下放给其从属对象。如果你这样做，你需要了解下责任链（Chain of Responsibility）[1]。

你可以用单例模式（第 6 章）实现它，但作为朋友，我奉劝你别这么做。

3. 一些命令如第一个例子中的 JumpCommand 是无状态的纯行为的代码块。在类似这样的情况下，拥有不止一个这样命令类的实例会浪费内存，因为所有的实例是等价的。享元模式（第 3 章）就是解决这个问题的。

[1] 责任链模式【维基百科】 http://en.wikipedia.org/wiki/Chain-of-responsibility_pattern。

第 3 章 享元模式

3

“使用共享以高效地支持大量的细粒度对象。”

迷雾升起，一片雄伟、古老而茂盛的森林在眼前展现。数不尽的远古铁杉迎面扑来，宛如一座绿色的大教堂。漫天树叶像是褪色的巨大玻璃穹顶，将阳光滤碎成细密的水雾。透过高大树干的间隙，你能感到这庞大的森林往远方渐逝。

这是每一个游戏开发者都梦寐以求的超现实游戏场景，这样的游戏场景通常会使用一个模式来实现，它有个很低调的名字：享元模式。

3.1 森林之树

虽然我可以用简短的几句来描述绵延的森林，然而在一个实时游戏中实现它却是另外一回事了。所有这些满屏幕的、形状不一的树木形成的整片森林，在图形程序员眼里看到的却是 GPU 以每帧 1/60 秒的速度在渲染着的数以百万计的多边形。

我们在讨论数以千计的树木，每一棵树木又包含着成千上万的多边形。即便你有足够的内存来存储这片森林，为了在屏幕上面渲染出森林，所有的数据也必须按照一定的方式进行组织并沿着总线从 CPU 传送到 GPU 里去。

每一棵树都有一些与之关联的数据：

- 一个多边形网格：它定义了树干、树枝和树叶的几何描述。
- 树皮和树叶的纹理。
- 树在森林中的位置以及朝向。
- 调节参数：如大小、颜色等，以使每棵树看起来都不一样。

如果你想用代码表述上面的特征，那么将得到类似如下的结构：

```
class Tree
{
private:
```

```
  Mesh mesh_;
  Texture bark_;
  Texture leaves_;
  Vector position_;
  double height_;
  double thickness_;
  Color barkTint_;
  Color leafTint_;
};
```

这里的数据量很大，尤其是网格和纹理。想要将包含整片森林的对象数据在一帧内传给 GPU 几乎是不可能的。好在，有一个老办法可以解决这个问题。

如果你让美工为整片森林的每棵树单独制作独立的模型，那要么你是疯子，要么你就是个亿万富豪。

这里，我们注意到一个很关键的地方：虽然森林中有成千上万的树木，但它们大部分看起来是相似的。它们可能会全部使用相同的网格和纹理数据。这意味着在这些对象实例中，大多数字段都是相同的（见图 3-1）。

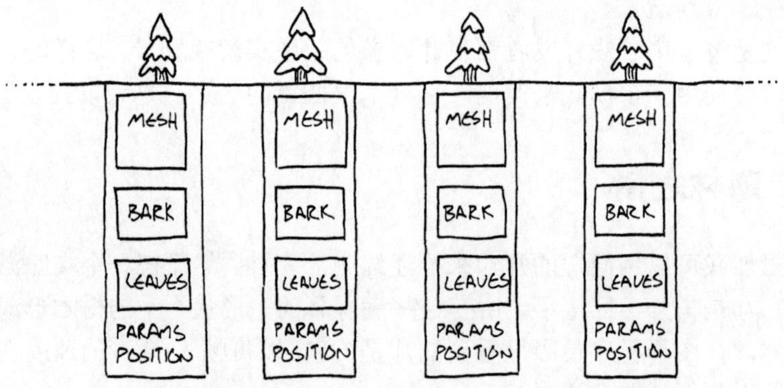

图 3-1　注意每棵树中由小方框标记的部分都是同一份数据

每棵树中由小方框标记的部分都是同一份数据。

很明显，这里我们可以将对象分割成两个独立的类。首先，我们将所有树木通用的数据放到一个单独的类中：

```
class TreeModel
{
private:
  Mesh mesh_;
  Texture bark_;
  Texture leaves_;
};
```

整个游戏只需要一份这样的数据，因为没有理由为相同的网格和纹理分配成千上万份内存。然后，游戏世界中每一棵树的实例都有一个指向共享的 `TreeModel` 的引用。`Tree` 类中的其他数据成员用来形成树木之间的差异：

```
class Tree
{
private:
  TreeModel* model_;

  Vector position_;
  double height_;
  double thickness_;
  Color barkTint_;
  Color leafTint_;
};
```

这看起来非常像类型对象模式（第 13 章）。两者都涉及了将对象的部分状态代理给另一个由大量实例所共享的对象。然而，两个模式背后的意图却不同。

类型对象通过把“类型”对象化，可以尽可能减少定义新类型的数量。而此过程中产生的内存共享只是额外的奖励。而享元模式却更注重效率。

你可以这样形象地描述（见图 3-2）：

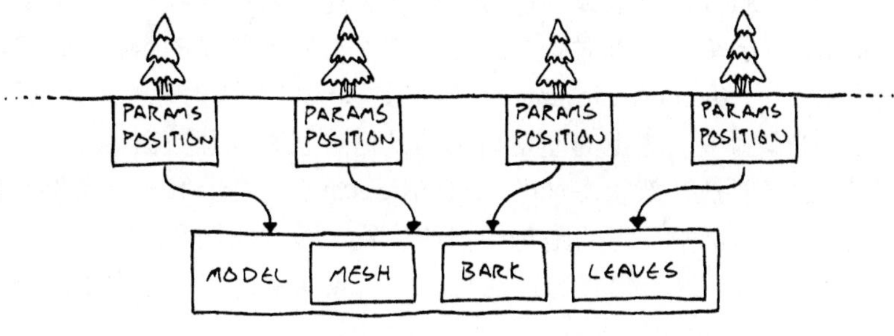

图 3-2　4 棵树的实例共享着一份数据模型

将数据存储在内存中总是个好办法，但对渲染毫无助益。在把森林显示到屏幕之前，数据必须按照一定的格式上传到 GPU 中。我们需要用显卡能够识别的方式来表达这种资源间的共享。

3.2　一千个实例

为了最大程度地减少发送到 GPU 上的数据量，我们希望能够只发送一次共享数据—— `TreeModel`。然后，我们再单独地将每棵树实例的特有数据——位置、颜色和缩放比推送到 GPU。最后，我们告诉 GPU，“使用那个共享的模型来渲染每个实例”。

好在，现代的图形 API 和显卡支持这一功能。这里细节比较繁琐，已经超出了本书的范围，但是 Direct3D 和 OpenGL 都能够实现实例绘制[1]。

事实上，显卡可以直接实现 API，这意味着享元模式可能是 GoF 的设计模式中唯一需要硬件支持的模式。

在这两种 API 中，你都需要提供两组数据。第一组是要被渲染多次的通用数据——比如上面例子中树的网格和纹理。第二组就是实例列表以及

[1] 实例绘制【维基百科】http://en.wikipedia.org/wiki/Geometry_instancing。

它们每次被绘制时用来在第一组数据的基础上产生差异化的那些参数。进行一次绘制调用，即可将整片森林绘制出来。

3.3 享元模式

现在，我们已经举了一个实际例子。接下来，我会带你从通用的角度来理解这个模式。享元（Flyweight），顾名思义，一般来说当你有太多对象并考虑对其进行轻量化时它便能派上用场。

在实例绘制时，在总线上往 GPU 传输每棵树的数据所花费的时间，与这些数据所占用的内存都是问题所在，但解决这两个问题的基本思想是一致的。

享元模式通过将对象数据切分成两种类型来解决问题。第一种类型数据是那些不属于单一实例对象并且能够被所有对象共享的数据。GoF 将其称为内部状态（the intrinsic state），但我更喜欢将它认为是“上下文无关”的状态。在本例中，这指的便是树木的几何形状和纹理数据等。

其他数据便是外部状态（the extrinsic state），对于每一个实例它们都是唯一的。在本例中，指的是每棵树的位置、缩放比例和颜色。就像上面的示例代码一样，这个模式通过在每一个对象实例之间共享内部状态数据来节省内存。

从目前来说，这看起来像基本的资源共享，很难称得上是一个模式。部分原因是在本例中，我们使用了一个明确独立的标识来标示共享状态：`TreeModel`。

我发现在没有为共享对象恰当地定义标识的情况下，应用该模式会较为隐晦（却也因此显得很巧妙）。在这些情况下，它给人的感觉更像是一个对象在同一时间神奇地出现在多个地方。我再给你举一个例子。

3.4 扎根之地

这些树生长所需要的地面也要在我们的游戏中被表示出来。可以有草地、泥土、丘陵、湖泊、河流以及其他任何你能想到的地形。我们将使用基于瓦片（Tile-based）的技术来构建地面：游戏世界的地面是一个由许多细小的瓦片组成的巨大的网格。每一个瓦片都由某种地形所覆盖。

每一种地形都有一些影响着游戏玩法的属性：

- 移动开销决定角色能够以多快的速度通过此地形。
- 用来决定它是否是一片能够行驶船只的水域的标志位。

- 纹理用来渲染地形。

因为游戏程序员对效率非常苛求，所以我们不会为游戏世界中的每个瓦片保存状态。相反，通常的做法是使用一个枚举来表示地形类型：

毕竟，我们已经从树的例子中吸取了教训。

```
enum Terrain
{
  TERRAIN_GRASS,
  TERRAIN_HILL,
  TERRAIN_RIVER
  // Other terrains...
};
```

游戏世界里包含大量这样的瓦片对象：

```
class World
{
private:
  Terrain tiles_[WIDTH][HEIGHT];
};
```

这里我使用了一个嵌套数组来存储二维网格。这样在C/C++中是高效的，因为数组将所有元素顺序邻接地存放着。在Java或者其他自动管理内存的语言中，这种写法实际上给你定义了一个行数组，数组中的每个元素是一个列数组的引用，有可能会占用大量内存。

在这两种情况下，如果将实现细节很好地隐藏在一个二维网格数据结构之后，那么实际代码会工作得更好。这里我这么做只是为了保持它的简单性。

为了获取一个瓦片的有效数据，我们可以这样实现：

```
int World::getMovementCost(int x, int y)
{
  switch (tiles_[x][y])
  {
    case TERRAIN_GRASS: return 1;
    case TERRAIN_HILL:  return 3;
    case TERRAIN_RIVER: return 2;
      // Other terrains...
  }
}

bool World::isWater(int x, int y)
{
  switch (tiles_[x][y])
  {
    case TERRAIN_GRASS: return false;
    case TERRAIN_HILL:  return false;
    case TERRAIN_RIVER: return true;
      // Other terrains...
  }
}
```

如你所见，这样可以运行，但我觉得这样实现比较简陋。我把移动开销和湿地当作地形数据，但是在这里它们却被散落在代码中。更糟糕的是，单一的地形数据被一堆方法给硬拆开了。如果将所有这些数据封装在一起将会更好。毕竟，这正是面向对象设计的意义所在。

像下面代码示例这样实现地形类，是非常值得肯定的：

```
class Terrain
{
public:
  Terrain(int movementCost, bool isWater,
          Texture texture)
  : moveCost_(moveCost),
    isWater_(isWater),
    texture_(texture)
  {}

  int getMoveCost() const { return moveCost_; }
  bool isWater() const { return isWater_; }
  const Texture& getTexture() const
  {
  return texture_;
  }

private:
  int moveCost_;
  bool isWater_;
  Texture texture_;
};
```

你会发现这里所有的方法都是 const 的。这并不是巧合。因为同一个对象被用在多个上下文中，一旦你修改它，那么这些地方都会同时被修改。

这可能并不是你想要的。通过共享对象来节省内存应该是一种优化，这种优化不能影响到应用程序本来的行为。因此，享元对象一般总是不可变的。

但是我们并不希望为游戏中的每个瓦片构建地形实例付出成本。观察所建立的地形类，你会发现，瓦片类中并没有标识其位置的特殊代码。在享元术语中，地形的所有状态都是“内在的”或者“上下文无关的”。

因此，我们没有理由构建多个同种地形类型。地面上的所有草地砖块都是相同的。在游戏世界中，我们不是使用枚举或者地形对象网格，而是使用指向地形对象的网格指针。

```
class World
{
private:
  Terrain* tiles_[WIDTH][HEIGHT];
  // Other stuff...
};
```

每一个使用相同地形的瓦片将会指向相同的地形实例（图 3-3）。

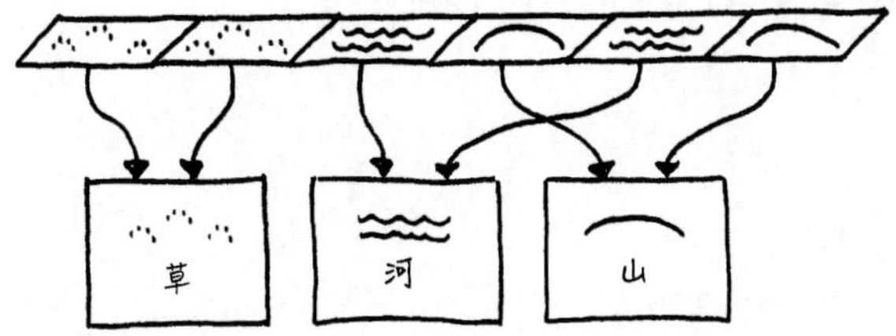

图 3-3　复用地形对象的一排瓦片

地形实例会被多处使用，如果你是动态地分配它们的话，则它们的生命周期会有些复杂。因此我们直接将它们存储在游戏世界中。

```
class World
{
public:
  World()
  : grassTerrain_(1, false, GRASS_TEXTURE),
    hillTerrain_(3, false, HILL_TEXTURE),
    riverTerrain_(2, true, RIVER_TEXTURE)
  {}

private:
  Terrain grassTerrain_;
  Terrain hillTerrain_;
  Terrain riverTerrain_;
  // Other stuff...
};
```

然后，地面绘制的代码如下所示，我们可以使用这些地形实例来绘制地面：

我承认这不是世界上最伟大的地形生成算法。

```
void World::generateTerrain()
{
  // Fill the ground with grass.
  for (int x = 0; x < WIDTH; x++)
  {
    for (int y = 0; y < HEIGHT; y++)
    {
      // Sprinkle some hills.
      if (random(10) == 0)
      {
        tiles_[x][y] = &hillTerrain_;
      }
      else
      {
```

```
        tiles_[x][y] = &grassTerrain_;
      }
    }
  }

  // Lay a river.
  int x = random(WIDTH);
  for (int y = 0; y < HEIGHT; y++) {
    tiles_[x][y] = &riverTerrain_;
  }
}
```

现在我们可以像下面一样直接暴露地形对象，而无需访问 World 类的地形属性。

```
const Terrain& World::getTile(int x, int y) const
{
  return *tiles_[x][y];
}
```

这样一来，World 就不再和地形的各种细节耦合。如果你想得到砖块的某些属性，你可以从砖块对象来获得它。

```
int cost = world.getTile(2, 3).getMovementCost();
```

我们回归到了直接操作实体对象的 API，并且我们这样做几乎没有开销——一个指针往往没有一个枚举占用的内存大。

3.5 性能表现如何

我会说“差不多”，因为判断性能表现就需要将指针与枚举的性能做比较。通过指针来引用地形意味着间接查找。为了得到一些地形数据比如移动开销，首先你需要通过网格中的指针来找到地形对象，然后访问其移动开销。跟踪这样的指针会引起缓存未命中，从而会拖慢速度。

关于更多指针跟踪和缓存未命中，请查看章节数据局部性（第 17 章）。

按照惯例，优化的黄金法则是先分析。现在计算机硬件太复杂，评价一个系统的性能也不是单一因素决定的。在这一章的测试中，使用享元而非枚举并未增加任何开销。实际上享元明显更快。但是，这完全取决于其他数据在内存中是如何存放的。

我确信的是，我们不应该排斥享元模式。享元模式不仅具有面向对象的优点，而且不会因数量巨大而产生开销。如果你发现自己正在创建一个枚举，并且做了大量的 switch，那么可考虑用这个模式来替代。如果你在担心性能，那么在将代码修改成难以维护的风格之前，你至少要先做一下性能分析。

3.6 参考

- 在上面草地瓦片的例子中，我们只是匆忙地为每个地形类型创建一个实例然后将之存储到 `World` 中。这使得查找和重用共享实例变得很简单。然而在许多情况下，你并不会在一开始便创建所有的享元。

如果你不能预测哪些是你真正需要的，则最好按需创建它们。为了获得共享优势，当你需要一个对象时，你要先看看你是否已经创建了一个相同的对象。如果是，则只需返回这个实例。

这通常意味着在一些用来查找现有对象的接口背后，你必须做些结构上的封装。像这样隐藏构造函数，其中一个例子就是工厂方法[1]模式。

- 为了找到以前创建的享元，你必须追踪那些你已经实例化过的对象的池（pool）。正如其名，这意味着，对象池模式（第 19 章）对于存储它们会很有用。

- 在使用状态模式（第 7 章）时，你经常会拥有一些“状态”对象，对于状态所处的状态机而言它们没有特定的字段。状态的标识和方法也足够有用。在这种情况下，你可以同时在多个状态机中使用这种模式，并且重用这个相同的状态实例并不会带来任何问题。

[1] 工厂方法【维基百科】http://en.wikipedia.org/wiki/Factory_method_pattern。

第 4 章　观察者模式

4

"在对象间定义一种一对多的依赖关系，以便当某对象的状态改变时，与它存在依赖关系的所有对象都能收到通知并自动进行更新。"

在计算机上随便打开一个应用，它就很有可能就是采用 Model-View-Controller 架构开发，而其底层就是观察者模式。观察者模式应用十分广泛，Java 甚至直接把它集成到了系统库里面（`java.util.Observer`），C#更是直接将它集成在了语言层面（event 关键字）。

和软件领域的很多事物一样，MVC 也是在 20 世纪 70 年代的时候由 Smalltalk 程序员们发明的。Lisp 程序员可能会说他们在 20 世纪60年代就已经提出这个概念，但是他们不屑于写下来。

观察者模式在 GoF 设计模式里面的使用最为广泛，是最为人所熟知的设计模式之一。但是，它在游戏开发领域有时候却应用不多。所以，它对你而言可能会有些陌生。倘若你还不是很了解观察者模式，那就让我先给你举个例子。

4.1　解锁成就

假设我们正在往游戏里面添加一个成就系统。玩家在玩游戏的过程中可能会解锁十个不同徽章的成就，比如："杀死 100 个猴子恶魔"、"从桥上坠落"、"仅使用一只死鼬鼠完成一个关卡"（见图 4-1）。

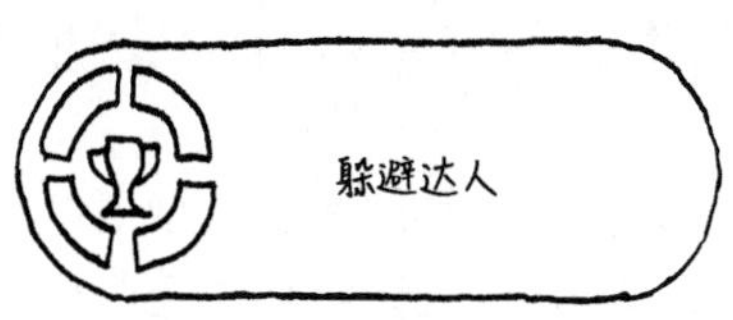

图 4-1　这就恰好一语双关

要优雅地实现这个功能会比较棘手，因为玩家可能通过不同的行为来获取不同的成就。如果我们不小心，就有可能会把成就系统弄得很糟糕，并且会使得代码库很难维护。当然，"从桥上坠落"可能会和物理引擎相关联，但是，我们真的想在碰撞检测算法中的线性代数运算里面调用 `unlockFallOffBridge()` 函数吗？

这只是一个随口说说的问题。没有哪个优秀的物理程序员会让我们在他写的优雅的数学算法里面加入一些游戏的玩法进去。

而作为游戏程序员，我们的任务就是要把所有与游戏玩法相关的代码组织到一起。这里的挑战是，成就的触发可能跟玩家在游戏世界里面的很多行为相关。我们要怎样实现这些成就系统并且不会耦合系统里面的其他代码呢？

此时就轮到观察者模式大显身手了。它使得代码能够发出一个消息，并通知对消息感兴趣的对象，而不用关心具体是谁接收到了通知。

比如，我们有一段物理相关的代码来处理重力并且判断刚体掉落在哪些表面上会毁坏，哪些表面上完全没事。为了实现“从桥上坠落”的成就，我们可以通过以下代码实现，虽然代码有些简陋，但是至少它们是可以完成功能的：

```
void Physics::updateEntity(Entity& entity)
{
  bool wasOnSurface = entity.isOnSurface();
  entity.accelerate(GRAVITY);
  entity.update();
  if (wasOnSurface && !entity.isOnSurface())
  {
    notify(entity, EVENT_START_FALL);
  }
}
```

物理引擎确实仍然需要关心发送消息的内容，所以，它还不是完全解耦。但是，在架构领域中，我们经常会试着让系统变得更好，而不是更完美。

这里完成的功能是“当一个游戏对象开始下落时，我会发送一个 EVENT_START_FALL 通知，但是，我并不关心有谁会处理这个消息以及具体的处理细节”。

成就系统注册它本身为观察者，这样当物理系统发出一个通知的时候，成就系统便会收到通知。然后它便会检查这个掉落的刚体是否是我们“坠落”的主角，并且检查它是否是从桥上面掉下去的。如果条件都满足，那么便会触发成就系统并放射礼花，吹响号角，并且这一切与物理系统完全解耦。

当然，如果我们完全去掉成就系统，就没有什么会监听物理引擎的通知了。我们或许也会删除通知的代码。但是在游戏开发过程中，最好保持这种灵活性。

事实上，我们可以修改成就系统集合，或者我们可以 Hack 整个成就系统而不用去修改物理引擎一行代码。它还是照样可以发送通知消息，只是此时，已经没有对象会收到这些消息了。

4.2 这一切是怎么工作的

如果你还不知道怎么实现这个模式，你或许能够从前面的描述中略知一二，但是为了你考虑，我还是会简单地解释一下。

4.2.1 观察者

我们将从接收通知的对象开始，它的接口定义如下：

```
class Observer
{
public:
  virtual ~Observer() {}
  virtual void onNotify(const Entity& entity,
                        Event event) = 0;
};
```

任何实现这个接口的具体类都会成为一个观察者。在我们的示例里面，它就是成就系统，我们可以这样实现：

onNotify() 的参数由你决定。这就是为什么这是观察者模式而非“可以直接复制粘贴到游戏中的代码”。函数指定的参数就是发送通知的对象以及一个用来填充其他细节的通用的“数据”参数。

如果你在一种语言中使用泛型或者模板来编程，那么你就很有可能在这里用到它们。但是把它们应用到特定的用例也是挺合适的。这里，我仅仅对它硬编码，以获取一个游戏实体以及一个事件类型的枚举。

```
class Achievements : public Observer
{
public:
  virtual void onNotify(const Entity& entity,
                        Event event)
  {
    switch (event)
    {
    case EVENT_ENTITY_FELL:
      if (entity.isHero() && heroIsOnBridge_)
      {
        unlock(ACHIEVEMENT_FELL_OFF_BRIDGE);
      }
      break;

      // Handle other events...
      // Update heroIsOnBridge_...
    }
  }

private:
  void unlock(Achievement achievement)
  {
    // Unlock if not already unlocked...
  }

  bool heroIsOnBridge_;
};
```

4.2.2 被观察者

通知方法会被正在被观察的对象调用。在 GoF 的术语里，这个对象被称为“被观察对象（Subject）”。它有两个职责。首先，它拥有观察者的一个列表，这些观察者在随时候命接收各种各样的通知：

```
class Subject
{
private:
  Observer* observers_[MAX_OBSERVERS];
  int numObservers_;
};
```

在实际编码中，你可以用一个动态大小的集合来替换定长数组。这里我只是为了考虑一些人的基础，他们从其他语言转过来并不知道C++标准库。

重要的部分是，这个被观察者对象暴露了一个用来修改观察者列表的公有API。

```
class Subject
{
public:
  void addObserver(Observer* observer)
  {
    // Add to array...
  }

  void removeObserver(Observer* observer)
  {
    // Remove from array...
  }

  // Other stuff...
};
```

这样允许外部的代码来控制谁可以接收通知。这个被观察者对象负责和观察者对象进行沟通，但是，它并不与它们耦合。在我们的例子里面，没有一行物理代码会涉及成就系统。当然，它是可以直接与成就系统打交道的。这就是观察者模式的聪明之处。

同时，被观察者对象拥有一个观察者对象的集合，而不是单个观察者，这也是很重要的。它保证了观察者们并不会隐式地耦合到一起。例如，声音引擎也注册了落水事件，这样在该成就达成的时候，就可以播放一个合适的声音。如果被观察者对象不支持多个观察者的话，当声音引擎注册这个事情的时候，成就系统就无法注册该事件了。

这意味着，两个系统会相互干扰对方——而且是以一种很不恰当的方式，因为第二个观察者使第一个观察者失效了。观察者集合的存在，可以让每一个观察者都互相不干扰。在它们各自的眼里，都认为被观察者对象眼里只有它自己。

被观察者对象还有一个职责就是发送通知：

```
class Subject
{
protected:
  void notify(const Entity& entity, Event event)
  {
    for (int i = 0; i < numObservers_; i++)
    {
      observers_[i]->onNotify(entity, event);
    }
  }

  // Other stuff...
};
```

要注意的是，上述代码假定了观察者们不会在其 onNotify() 方法中对列表进行修改。更可靠的实现是对并发的修改操作进行防止或优雅地处理。

4.2.3 可被观察的物理模块

现在，我们只需要将这些与物理引擎挂钩使得它能够发送通知，这样当成就达成的时候，我们的成就系统就可以接收到对应的通知。我们会尽可能地按照经典的设计模式来继承被观察者类（Subject）：

```
class Physics : public Subject
{
public:
  void updateEntity(Entity& entity);
};
```

这种方式可以让我们把 notify() 方法变成被保护的方法。这样，派生的物理引擎类就可以调用它来发送通知，但是，在物理引擎外部的代码是不行的。同时 addObserver() 和 removeObserver() 方法是公开的，所以，任何可以操作物理系统的地方都可以调用这两个接口。

现在，当物理系统做了一些事情以后，它会调用 notify() 方法来通知其他对象。它会遍历观察者列表，然后逐个给它们发送消息（见图 4-2）。

在实际的代码中，我会尽量避免使用继承。取而代之的是，我们让 Physics 系统有一个 Subject 实例。与观察物理引擎相反，我们的被观察者对象会是一个单独的“下落事件”对象。观察者会使用下面的代码来注册事件：

```
physics.entityFell().addObserver(this);
```

对我而言，这就是“观察者”系统和“事件”系统的区别。前者，你观察一个事物，它做了一些你感兴趣的事。后者，你观察一个对象，这个对象代表了已经发生的有趣的事情。

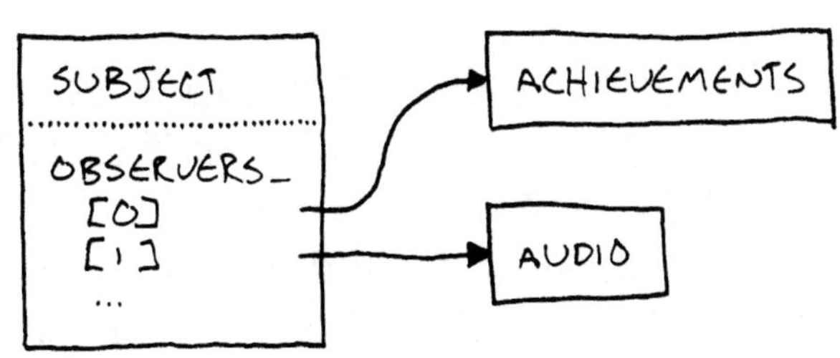

图 4-2　一个被观察者（Subject）及其观察者引用列表

很简单，对吧？只有一个类，它维护了一个满足特定接口的对象列表。这很难让人想象，如此简单的方法是无数应用程序架构之间通讯的支柱。

但是，观察者模式并不是完美的。当我问其他的游戏程序员他们是如何看待这个模式的，他们也会有一些抱怨。让我们来看看这些具体的抱怨是什么吧。

4.3 它太慢了

这也是为什么我认为设计模式文档化是很重要的。当我们对于一个东西理解很模糊的时候，我们就丧失了可以清楚正确地沟通的能力。你说“观察者”，而其他人理解的却是“事件”或者“消息”，因为没有人愿意写下这两者之间的区别是什么，而且也没人会花时间去读这些内容。

这也是为什么要写这本书的原因。为了论述自己的知识体系，我也专门写了一章关于事件和消息的模式：事件队列。

我听到这句话很多次了，特别是经常从一些不甚了解此模式的程序员口中。他们会有一些默认的假设，凡是和“设计模式”沾边的东西，都会涉及大量的类并且都会引入一些间接和其他形式的 CPU 时钟的消耗。

观察者模式会获得一些特别的差评，因为只要谈到它，“事件”、“消息”和甚至“数据绑定”等词就冒出来了。这些系统里面，有些是很慢的（出于改良的理由而变得慢）。它们额外引入了一些东西，比如队列以及为每一个消息动态分配内存。

但是，现在你已经看到该模式是如何实现的了，你清楚事实不是他们所想的那样。发送一个通知，只不过需要遍历一个列表，然后调用一些虚函数。老实讲，它比普通的函数调用会慢一些，但是虚函数带来的开销几乎可以忽略不计，除了对性能要求极其高的程序。

我发现这个模式适用于不是代码性能瓶颈的地方，这样你可以实现动态分配。除此之外，这里也并没有什么开销。我们并没有为消息分配对象。它只是一个同步方法调用的间接实现。

它太快了？

实际上，你不得不很小心，因为观察者模式是同步的。被观察者对象可以直接调用观察者们，这意味着，所有的观察者们都从它们的通知返回后被观察者才能继续工作，其中任何一个观察者对象都有可能阻塞被观察者对象。

这听起来有点可怕，但在实践中，它并没有想象中的那么糟糕。这是你必须考虑的事情。UI 程序员由于从事基于事件的编程已经很多年了，他们总结出一个至理名言：“远离 UI 线程”。

如果按照同步的方式来处理，那么你需要马上完成响应，然后把控制权尽可能快地返回到 UI 代码，这样 UI 界面才不会卡住。当存在一些很慢的操作时，我们可以让它们在另外一个工作线程或者工作队列里执行。

你需要很小心地处理线程和显式锁。如果一个观察者想要取得被观察者对象的锁，那就有可能会让整个游戏死锁。在一个高度线程化的引擎中，你最好使用事件队列（第 15 章）来处理异步通信问题。

4.4 太多的动态内存分配

大量的程序员（包括游戏程序员）开始转到拥有垃圾回收机制的语言，动态内存分配不再是一个棘手的问题。但是，对于一些性能要求很高的程序，比如游戏，内存分配仍然很重要，甚至在一些托管语言中也是如此。动态分配消耗时间，重新获取内存也是一样，即使这一切是自动完成的。

许多游戏程序员并不是很担心内存分配问题，而是担心内存碎片问题。当你的游戏需要确保连续运行几天而不会崩溃时，如果程序内存碎片太多，则可能就会影响你的游戏发布。

在对象池模式（第 19 章）中，我们详细介绍了一个常用的处理技术来避免这个问题。

在上面的示例代码中，我使用了一个固定大小的数组，因为我希望尽可能保持简单。在具体项目中，观察者列表总是一个动态分配的集合，当添加或者删除观察者的时候，该集合会动态地扩展或者收缩。这种内存的分配有时候会令人头疼不已。

当然，第一件需要注意的事情是，只有当观察者被注册的时候才会分配内存。发送一个消息并不会有任何内存分配——它只是一个方法调用。如果你在游戏启动时就注册了对象观察者，那么你会发现内存的分配是很小的。

如果你觉得动态内存分配还是一个问题的话，那我将会告诉你一个方法，可以添加或者删除观察者而不会动态分配内存。

4.4.1 链式观察者

从我们已经看过的代码中，被观察者类拥有一个观察者的指针列表。观察者类本身并没有一个指向此列表的引用。它只是一个纯虚接口。优先使用接口而不是具体的有状态的类，通常是一个好的设计。

但是，如果我们愿意在观察者类里面添加一些状态，那么就能够通过将列表与观察者串起来的方法解决我们的分配问题。这里不是让被观察者类拥有一系列观察者的集合，而是让观察者们变成链式列表的一个节点（见图 4-3）。

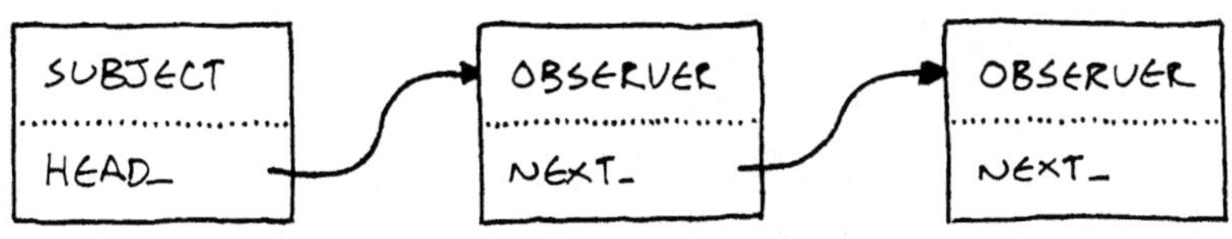

图 4-3　被观察者（Subject）内的观察者链式表示

为了实现这个，首先我们将数组从被观察者类中移除，并替换成一个指向链式列表中第一个观察者的指针：

```
class Subject
{
  Subject()
  : head_(NULL)
  {}

  // Methods...
private:
  Observer* head_;
};
```

然后，我们在观察者类中增加一个指向链式列表中下一个观察者的指针：

```
class Observer
{
  friend class Subject;

public:
  Observer()
  : next_(NULL)
  {}

  // Other stuff...
private:
  Observer* next_;
};
```

这里，我们把被观察者类作为一个友元类。被观察者类拥有添加和删除观察者的接口，但是，现在我们想在观察者类中来维护这个列表。最简单的方式就是把被观察者类变成一个友元类。

注册一个新的观察者只需要把它插入到这个列表中就可以了，最简单的方式是将它添加到链表头部：

```
void Subject::addObserver(Observer* observer)
{
  observer->next_ = head_;
  head_ = observer;
}
```

另一种方式则是将观察者添加在链表尾部。那样做的话，可能会有一点点复杂。被观察者对象要么从头至尾遍历一次来找到最后一个节点，要么通过维护一个 tail_ 指针，让这个指针永远指向最后一个节点。

把观察者每次都添加到链表表头会更简单一些，但是这样做有一个缺点。当我们从头至尾遍历这个链表来给每一个观察者发送通知的时候，最近注册的观察者会最先收到通知。所以如果你按照 A、B、C 的顺序来注册观察者，那么收到通知的观察者的顺序便是 C、B、A。

理论上，哪种顺序无关紧要。这里有一个原则，如果两个观察者观察同一个被观察者对象，则它们两个不会因为注册顺序而受到影响。如果注册顺序对观察者有影响的话，那么这两个观察者便产生了耦合并有可能带来不必要的麻烦。

现在，让我们看看删除操作如何定义：

```
void Subject::removeObserver(Observer* observer)
{
  if (head_ == observer)
  {
    head_ = observer->next_;
    observer->next_ = NULL;
    return;
  }

  Observer* current = head_;
  while (current != NULL)
  {
    if (current->next_ == observer)
    {
      current->next_ = observer->next_;
      observer->next_ = NULL;
      return;
    }

    current = current->next_;
  }
}
```

从一个链表删除一个节点通常需要比较简陋的特殊处理方式来删除第一个节点，就像你在这里看到的这样。有一个更优雅的方案是用指向指针的指针。

在这里我并没有这样做是因为那样会使至少一半的人迷惑。尽管这样但它对你来说仍然是一个有价值的课后练习：完成这个练习将帮助你深入了解指针。

因为观察者是一个单向链表，所以我们必须从头至尾遍历一次才可以删除特定位置的节点。如果使用一个普通的数组作为数据结构，那么我们也要这样遍历才行。如果使用一个双向链表的话，则每一个观察者同时拥有它前面一个观察者和后面一个观察者的指针。我们可以在常量时间内删除一个节点。如果是项目代码的话，我会采用双向链表的方式。

接下来，我们只需要发送消息就可以了。它和遍历链表的操作差不多：

```
void Subject::notify(const Entity& entity,
                     Event event)
{
```

```
  Observer* observer = head_;
  while (observer != NULL)
  {
    observer->onNotify(entity, event);
    observer = observer->next_;
  }
}
```

这里，我们遍历整个列表并通知在其中的每个观察者。这保证了所有的观察者有同样的优先级并保持相互独立。

我们可以调整这个来达到当一个观察者被通知后，它能够返回一个标识表示是否被观察者应该继续遍历列表或者停止。如果你那样做了，你就相当接近责任链模式[1]了。

这种实现还不错，对吧？一个被观察者对象可以包含任意多个观察者，而且添加和删除观察者并不会造成任何动态内存分配。注册观察者和移除观察者的操作和普通数组操作一样快。但是，我们这样做是以牺牲了一个功能特性为代价的。

因为我们的观察者对象本身也是链表的一个节点，所以，这意味着我们的观察者必须是被观察者对象的观察链表的一部分。换句话说，一个观察者在任意时刻只可以观察一个被观察者对象。在一些更一般的实现中，每一个被观察者对象都维护一个独立的观察者链表，那样一个观察者就可以同时观察多个被观察者对象了。

虽然有这样的限制，但是实际应用应该没有什么影响。因为，我发现，一个被观察者对象包含多个观察者是更普遍的情况，而反过来却不是那么常见。如果这种实现方式不满足你的需求的话，我们还有其他更复杂的方案，这些方案也能够避免动态内存分配。如果再详细介绍这些内容，那本章就更臃肿了，因此我只是简单地提下并把它交给读者自行了解。

使用链表有两个好处。有一个好处是你在学校里面学到的，你有一个链表节点可以包含数据。在我们前面的链表观察者示例中，刚好是反过来的，数据（此例中为观察者）包含节点（它包含一个指向下一个链表节点的指针）。

后面一种形式的链表叫做“侵入式”链表，因为它的链表节点对象包含一个自身对象。这使得侵入式链表不那么灵活，但是，正如我们所看到的，它会更加高效。它们存在于一些 Linux 内核的折中算法中。

4.4.2 链表节点池

和之前一样，每一个被观察者对象都维护一个观察者列表。但是，现在这些链表节点并不是观察者本身。相反，我们维护一个链表，这个链表里面的节点包含一个指向观察者对象的指针和一个指向下一个节点的指针（见图 4-4）。

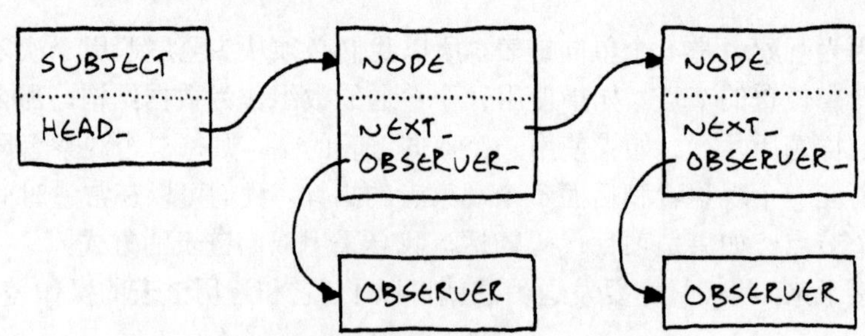

图 4-4 被观察者（Subject）及其观察者的链表节点池

[1] 责任链模式（Chain of Responsibility）：http://en.wikipedia.org/wiki/Chain-of-responsibility_pattern。

多个链表节点可以指向同一个观察者，这意味着一个观察者可以同时观察多个被观察者对象，这样一来，我们又可以同时观察多个被观察者对象了。

我们避免动态内存分配的方法很简单：由于所有的节点都是同样的大小和类型，因此你可以预先分配一个内存对象池。这样你就有了一个固定大小的链表节点池，并且可以根据需要去重用而不用自己处理一个内存分配器。

4.5 余下的问题

我想我已经把观察者模式介绍给那些对它恐惧的人了。正如我们所看到的，观察者模式简单、快速，并且可以与内存管理很紧密地结合。但是，这意味着你在任何时刻都应该使用它吗？

这又是另外一个问题了。和所有的设计模式一样，观察者模式也不是万能的。即使你准确并且高效地实现了它，它有时候也不总是正确的解决方案。设计模式会遭人诟病，大部分是由于人们用一个好的设计模式去处理错误的问题，所以事情变得更加糟糕了。

还存在两个问题，一个是技术性的问题，另外一个是可维护性级别。我们首先来看看技术性的问题，因为它们通常是最简单的。

4.5.1 销毁被观察者和观察者

我们目前看到的代码示例是健壮的，但是它也显示出了一个重要的问题：当你删除一个观察者或者被观察者的时候呢？如果你粗心地对观察者对象调用 `delete` 方法，则此时被观察者对象可能还持有被删除的观察者的引用。此时，我们就有一个指向了一块被删除的内存的指针。当被观察者对象尝试对这个指针发送通知的时候……我们的噩梦就来了。

并非指责，但是我发现设计模式根本没有提到这个问题。

销毁一个被观察者对象在大部分实现里面都会更容易一些，因为观察者没有一个指向被观察者对象的引用。但是，即使是这样，把被观察者对象的内存直接放到回收池里面也容易导致问题。这些观察者还是期望在之后收到通知，但是，现在它们并不清楚这一切。这些观察者实际上不再是观察者了。但是，它们还自以为是。

你可以用多种不同的方法来处理这个问题。最简单的方法就是按照我在这里介绍的去做。当一个被观察者对象被删除时，观察者本身应该负责把它自己从被观察者对象中移除。通常情况下，观察者都知道它在观察着哪些被观察者，所以需要做的只是在析构器中添加一个 `removeObserver()` 方法。

和其他情况一样，最难的部分不是做，而是记住要做。

当一个观察者对象被删除时，如果我们不想让观察者来处理问题，则可以修改一下做法。我们只需要在被观察者对象被删除之前，给所有的观察者发送一个“死亡通知”就可以了。这样，所有已注册的观察者都可以收到通知并进行相应的处理。

哀悼、送鲜花、写挽歌等。

为了保障机器的一些精确性，人们在机器上花费了足够多的时间，但仍然在可靠性上表现得很糟糕。这也是我们发明计算机的原因，因为它们不会犯一些我们常犯的错误。

一个更靠谱的方法是每一个被观察者对象被删除的时候，所有的观察者都自动取消注册自身。如果你在你的观察者基类里面实现这些逻辑，则每一个人都不用记住它。这样做确实添加了不少复杂度，但是，它意味着每一个观察者都需要维护一个它观察的被观察者对象列表。最后，观察者里面会维护一个双向的指针。

4.5.2 不用担心，我们有 GC

很多现代编程语言都有垃圾回收机制了。你认为完全不用显式地调用 delete 操作了？再仔细想想！

想象一下：你有一个 UI 界面，它显示了玩家的许多信息，比如血条、经验值等。当玩家进入这个状态的时候，你会创建一个新的 UI 实例。当你把 UI 界面关闭的时候，你完全可以忘记这个对象，因为垃圾收集器会处理它。

每一次角色的脸（或者其他别的地方）被击打，它就会发送一个通知。UI 界面接收到了这个事件，并且更新血条显示。太好了。那么，当玩家离开场景，并且你没有注销观察者的时候呢？

此时 UI 界面不再可见，但是，它也不可能被垃圾回收，因为角色对象的观察者仍然持有玩家的引用。每一次场景重新加载时，我们会添加一个新的 UI 界面实例到越来越长的观察者列表中。

玩家整个时间就是玩游戏，跑来跑去，打来打去，我们可以在任意场景里面侦听这个消息。虽然我们的场景可能没有显示，但是，它还是一样会收到通知，一样会消耗 CPU 时钟来更新这些不可见的 UI 元素。如果它们做其他一些事件，比如播放音乐，你会发现明显的错误行为。

这是一个在通知系统中普遍存在的问题：失效观察者。由于被观察者对象持有它们的侦听者对象的引用，因此最后会导致一些僵尸 UI 对象留在内存中。我们学到的经验就是要及时删除观察者。

一个更可靠的标志性意义：它有一个维基页面[1]。

4.5.3 接下来呢

接下来更深层次的问题是使用观察者模式的意图直接带来的后果。我

[1] http://en.wikipedia.org/wiki/Lapsed_listener_problem。

们使用它，是因为它让我们的两处代码解耦合了。这种模式能让一个对象间接地与其他观察者通信，而不用静态绑定到它。

这是真正的双赢，因为当你专注于一件事时，其他任何不相关的事情对于你来说都是恼人的杂事。比如对于物理引擎来说，你不想让你的编辑器，抑或是你的大脑，被一堆杂乱无章的成就搞得乱糟糟的。

换句话说，如果你的代码无法工作，并且观察者之间 bug 很多，那么梳理清楚这些观察者之间的信息流就变得异常困难。通过一个显式的耦合，我们可以更容易地理清方法调用的逻辑。而且耦合是静态的，对于普通 IDE 来说这是小意思。

但是，如果耦合发生在观察者链表之间，判断谁将被通知的唯一方法就是检查通知发生时哪个观察者在列表中。因为无法静态地梳理程序的通信结构，所以我们不得不去梳理它们动态的、命令式的行为。

我对这种情况的处理办法也非常简单。如果你经常需要为了理解程序的逻辑而去梳理模块之间的调用顺序，那么就不要用观察者模式来表达这种顺序链接，换用其他更好的方法。

通常复杂的应用程序会涉及里面的很多模块。我们有许多术语来解决它，“关注点分离”、“内聚和耦合”和“模块化”，它们一般都是把不相关的功能模块分离。

观察者模式非常适合于一些不相关的模块之间的通信问题。它不适合于单个紧凑的模块内部的通信。

这也是为什么它适合我们的例子：成就系统和物理系统是完全不相关的领域，而且很有可能是由不同的人实现的。我们想让它们的通信尽可能地减少，这样任何一个模块都不用依赖另一个模块就可以工作。

同一年，Ace of Base 发行了三首单曲，而不是一首。这可能能让你明白我们那时的品味以及敏锐的洞察力。

4.6 观察者模式的现状

设计模式出现于 1994 年。在那个时候，面向对象很热门。每一个程序员都想“30 天内学会面向对象编程”。一些中级管理者还会为此支付一些付费课程。工程师会为此调整继承层次的结构。

这就是为什么被观察者对象有时候把自己传给观察者。因为一个观察者仅有一个 onNotify() 方法，如果它观察多个对象的话，则我们需要知道如何辨别是哪一个被观察者对象发送了通知。

观察者模式在面向对象时期是很流行的，因此，基本上都是基于类来做。但是，现在主流的程序员对于函数式编程更加熟悉。为了接收一个通知而去实现整个接口并不符合现在的编程美学。

那样做看起来很重量级，并且很死板。比如，你不可以使用单一类来让不同的被观察者对象拥有不同的通知方法。

一个更现代的方法是，对于每一个“观察者”，它只有一个引用方法或者引用函数。在一些把函数当作一等公民（first-class）的语言里，特别是有闭包的语言里，这是一种更常见的实现观察者的方式。

比如，C#在语言层面就有一个“event”关键字。通过这样，观察者变成了一个“代理”，它是 C#里面对一个方法的称呼。在 Javascript 的事件系统里面，观察者可以是一些符合 EventListener 协议的对象，但是，它们也可以仅仅是函数。人们更多的倾向于使用函数。

现在，基本上每一个编程语言都有闭包。C++通过不引入垃圾收集机制解决了闭包的问题，现在，在 JDK8 里面，Java 也解决了闭包的问题。

如果现在由我来实现一个观察者系统，那么我想把它设计成函数式的，而不是基于类的。甚至在 C++里面，我也可以让你注册成员函数指针作为观察者，而不用注册一些符合特定接口的指针。

4.7 观察者模式的未来

事件系统和其他类似观察者的模式如今都非常常见。它们是非常成熟的方案。但是，如果你使用观察者模式来写一些大型的应用，就会开始发现一些问题。很多观察者的代码最后看起来都差不多。通常看起来像这样：

1. 当一些状态改变的时候就会收到通知。
2. 修改部分 UI 来反映新的状态。

就是这样：“啊，主角的生命值是 7 了？让我来设置血条的宽度为 70 像素。”过段时间，这样做就会感觉很无聊。计算机科学家和软件工程师致力于消除重复乏味的工作已经很多年了。它们还有其他一些名字，比如“数据流编程”、“函数响应式编程”等。

尽管观察者模式取得了一些成功，但是在一些声音处理和芯片设计里面，编程模式的圣杯还是没有被发现。同时，一些不那么雄心勃勃的解决方案也出来了，在许多现在的框架里面，我们都使用“数据绑定（data binding)”。

和许多激进的模式不同的是，数据绑定并不会整个消除命令式代码，也不会尝试去基于一个巨大的数据流图来架构你的整个应用。它做的只不过是自动化地帮你解决了一些繁琐的工作，比如调整 UI 元素或者重新计算被其他东西影响的值。

像其他声明式系统一样，数据绑定可能会比较慢，并且想要集成到引擎核心里面可能会比较困难。但是，如果我没有在类似游戏 UI 这样的不太关键的地方看到数据绑定这种结构，我会觉得非常意外。

同时，过去广受好评的观察者模式仍然可以使用。诚然，它并没有像一些流行的技术，比如“函数式”和“交互式”一样热门，但是它非常简单，并且运转良好。对于我来说，这两点是解决方案中最重要的两条标准。

第 5 章　原型模式

5

“使用特定原型实例来创建特定种类的对象，并且通过拷贝原型来创建新的对象。”

我是在 GoF 的《设计模式》那本书里面第一次听说“原型”这个词。到今天，似乎所有的人都在谈论它，但是，深入了解之后会发现他们指的并不都是 GoF 的原型模式。我们也会在本章中讨论 GoF 的原型模式，不过，我还会向你介绍其他使用“原型”术语及其设计思想的应用场景。不过首先，让我们重温一下 GoF 原著中的原型模式。

这里我先简单提下原著中的原型模式。《设计模式》中原型模式的第一个例子便是引用 Ivan Sutherland 在 1963 年的传奇性画板[1]项目。那时，所有人都还在听迪伦和披头士，Ivan Sutherland 就已经在忙着发明 CAD 的基本概念、交互式图形和面向对象编程了。

5.1　原型设计模式

设想我们正在研发一款《圣铠传说》风格的游戏。游戏里有这样一个场景：主角旁边充斥着各种怪物，它们随时准备抢食主角的新鲜血肉。我们可以通过怪物生成器方式来生成怪物，且每种敌人都有对应不同的怪物生成器。

就本例而言，我们为游戏里面的 3 种怪物类型——幽灵、恶魔和术士分别设计了三个类：

```
class Monster
{
  // Stuff...
};

class Ghost : public Monster {};
class Demon : public Monster {};
class Sorcerer : public Monster {};
```

一个怪物生成器可以构造特定类型的怪物实例。为了支持游戏里面所有的怪物类型，我们可以用蛮力法，为每一种怪物类设计一个怪物生成器类，这样可以得到如图 5-1 所示的类结构视图：

[1] http://en.wikipedia.org/wiki/Sketchpad。

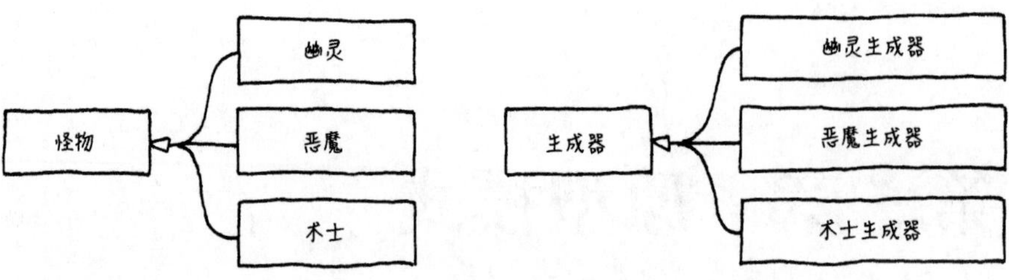

图 5-1　平行化的类层次结构

为了绘制上面这张类图，我不得不翻箱倒柜找到了一本布满灰尘的UML书来学习了一下。这里的 ◁— 符号表示"从XX继承"。

具体实现如下：

```
class Spawner
{
public:
  virtual ~Spawner() {}
  virtual Monster* spawnMonster() = 0;
};

class GhostSpawner : public Spawner
{
public:
  virtual Monster* spawnMonster()
  {
    return new Ghost();
  }
};

class DemonSpawner : public Spawner
{
public:
  virtual Monster* spawnMonster()
  {
    return new Demon();
  }
};

// You get the idea...
```

除非你的薪资以代码行数来计算，否则这显然不是一个很好的设计。太多的类，太多样板，太多冗余，太多重复代码……

而原型模式提供了一种解决方案。其核心思想是一个对象可以生成与自身相似的其他对象。如果你有一个幽灵，则你可以通过这个幽灵制作出更多的幽灵。如果你有一个魔鬼，那你就能制作出其他魔鬼。任何怪物都能被看作是一个原型，用这个原型就可以复制出更多不同版本的怪物。

为了实现这个功能，我们设计了一个基类Monster，它有一个抽象方法clone()：

```
class Monster
{
public:
  virtual ~Monster() {}
  virtual Monster* clone() = 0;

  // Other stuff...
};
```

每一个子类 monster 都提供了一份特定的实现，该实现会返回一个与自身类型和状态相同的对象。例如：

```
class Ghost : public Monster {
public:
  Ghost(int health, int speed)
  : health_(health),
    speed_(speed)
  {}

  virtual Monster* clone()
  {
    return new Ghost(health_, speed_);
  }

private:
  int health_;
  int speed_;
};
```

一旦所有的 monster 类都实现这些接口，我们就不再需要为每一个 monster 类定义一个 spawner 类了。相反，我们只需要定义一个类：

```
class Spawner
{
public:
   Spawner(Monster* prototype)
   : prototype_(prototype)
   {}

   Monster* spawnMonster()
   {
     return prototype_->clone();
   }
private:
   Monster* prototype_;
};
```

Spawner 类持有一个隐藏的 monster 对象引用，这个隐藏对象的唯一作用是作为 Spawner 类的模板来制作更多类似的怪物，这个有点类似蜂巢里面的蜂王（见图 5-2）。

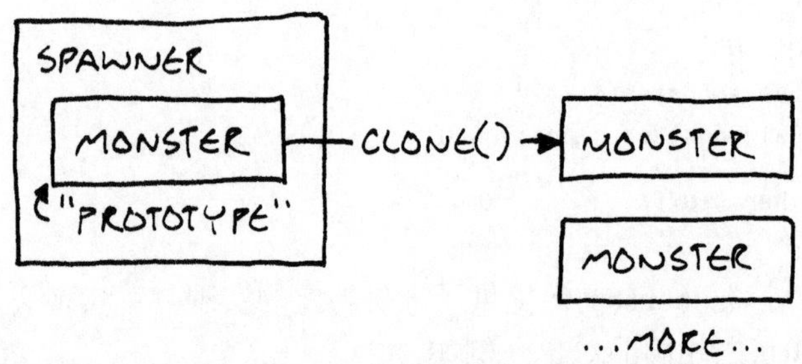

图 5-2　一个 Spawner 包含着一个原型

为了创建一个幽灵生成器，我们先创建幽灵的原型实例，然后再创建储存这个原型实例的生成器：

```
Monster* ghostPrototype = new Ghost(15, 3);
Spawner* ghostSpawner = new Spawner(ghostPrototype);
```

关于这个模式，有一点比较优雅的是，它不仅克隆原型类，而且它也克隆了对象的状态。这意味着，我们可以创造出各种各样的生成器，它可以用来生成极速的幽灵、虚弱的幽灵和龟速的幽灵。实现这种生成器也非常简单，只需要创建一个相应类型的 monster 类再把它当作模板传给生成器的构造函数即可。

我发现原型模式在解决某些问题的时候是如此优雅和令人惊叹。我自己是无法想出这么优雅的解决方案的，但现在我根本无法想象在我不懂原型模式的情况下，我写的代码会是什么样子。

5.1.1　原型模式效果如何

好了，我们不用再为每一种怪物类型创建单独的生成器了。但是，我们需要为每一个怪物类实现 `clone()` 方法。这与为每一个怪物类编写不同的生成器需要的代码量其实差不了太多。

想要实现一个正确的 `clone()` 方法也是非常不容易的，这里会有很多语法陷阱。比如深拷贝和浅拷贝的问题。打个比方，如果一个魔鬼正拿着一把叉子，那么克隆出来的魔鬼也要拿着叉子么？

因为上面的问题本身就是一个编造出来的问题，所以针对这个问题的解决方案并没有真正节省多少代码量。我们还是得为每一种怪物编写一个类。但是，这肯定不是现在大部分游戏引擎的做法。

我们大多数人都知道，当类结构很复杂的时候，想要管理好这些类是非常痛苦的。这也是为什么我们要使用组件模式和类型对象模式（第13章）来进行实体建模的原因，因为那样可以避免为每一种实体都编写一个类。

5.1.2 生成器函数

即使我们已经为每一种怪物都创建了相应的类，这里仍然存在其他解决方案。我们定义孵化函数，而不再是为每一个怪物类定义生成器类，就像下面这样：

```
Monster* spawnGhost()
{
  return new Ghost();
}
```

定义孵化函数比定义生成器类要显得更简洁。这样的话，每一个怪物类只要包含孵化函数指针即可：

```
typedef Monster* (*SpawnCallback)();

class Spawner
{
public:
  Spawner(SpawnCallback spawn)
  : spawn_(spawn)
{}

   Monster* spawnMonster() { return spawn_(); }

private:
  SpawnCallback spawn_;
};
```

在创造幽灵生成器的时候，可以这样写：

```
Spawner* ghostSpawner = new Spawner(spawnGhost);
```

我不确定 C++程序员是否愿意学习并喜欢上模板，还是完全畏惧它并远离 C++。无论哪一种，至少我现在看见的 C++程序员是在用模板的。

5.1.3 模板

如今，大部分的 C++程序员已经熟悉模板的用法了。我们的生成器类需要构建一些对象实例，但是我们并不想硬编码每一个怪物类。如果采用模板，则可以很自然地引入类型参数来解决这个问题。

这里的生成器类实现完全不用关心它将创建何种怪物，它只需返回一个 Monster 指针即可，返回不同的 Monster 类可以通过类型参数来指定。

如果我们只有一个 SpawnerFor<T>类，则不会存在所有模板实例共享同一父类的情况。如果代码里面需要创建不同的 Monster 实例，则只需要提供相应的类型模板参数即可。

```
class Spawner
{
public:
  virtual ~Spawner() {}
  virtual Monster* spawnMonster() = 0;
};

template <class T>
class SpawnerFor : public Spawner
{
public:
  virtual Monster* spawnMonster() { return new T(); }
};
```

使用方法如下：

```
Spawner* ghostSpawner = new SpawnerFor<Ghost>();
```

5.1.4 头等公民类型（First-class types）

在某些时候，类型对象模式（第 13 章）是对那些不支持 class 作为头等公民的语言的解决方案。而且 Type Object 模式即使是对于把 class 当作头等公民的语言，也是非常有用的，因为它可以让你定义具体的“类型”是什么。因为你可能有时候想获得一些超出语言本身特性的语法功能。

前面两种解决方案都强调我们需要定义一个类型参数化的生成器类。在 C++里面，Class 并不是头等公民。如果你使用像 Javascript、Python 和 Ruby 这样的把 Class 当作是头等公民的动态语言时，Class 可以当作函数参数进行传递，那么你会得到更优雅的解决方案。

当你创建生成器类时，只需要把想要构建的怪物 Class 当作参数传进去，则运行时创建出来的对象就会是此怪物类的实例，是不是超级简单？

综上所述，老实说，我无法找到一个场景，在这个场景下面只有应用原型模式才是最佳解决方案。可能你的经验和我会有所不同，但是，就目前来讲，让我们让把这个问题放在一边。接下来，让我们聊聊别的：把原型当作一种语言范式。

5.2 原型语言范式

许多人认为“面向对象编程”等同于“类”。面向对象的定义看起来像是某个教派的信条一样，但确实毫无争议的是 OOP 让你可以定义包含数据和方法的对象。让我们把结构化的 C 语言同函数式的 Scheme 相比，OOP 的特征是它将状态和行为结合得更紧密。

你可能会认为“类”是实现这种方式的唯一方法。但也有一些人，像 Dave Ungar 和 Randall Smith 并不认为是这样。他们在 20 世纪 80 年代的时候创造了一个叫 Self 的语言。非常 OOP，但没有类的概念。

5.2.1 Self 语言

就单纯意义上来讲，Self 更像是面向对象的语言，而不是基于类的语言。我们认为 OOP 就是封装了状态和行为，但是那些支持 class 的语言并不认为 Self 是 OOP 的。

拿你最喜欢的基于类的语言的语法来说，它们为了获取对象的某些状态，需要获取该对象在内存里面的实例。状态被包含在了实例当中。

为了调用该实例的一个方法，你需要从类的声明中查找这个方法，然后再调用这个方法（见图 5-3）。实例的行为被包含在类中。总是有很多方式可以间接调用一个方法，但同时也意味着属性和方法是不同的。

比如，为了调用 C++ 里面的一个虚函数，你需要找到该对象实例的虚表指针，然后通过该指针去调用实际的方法。

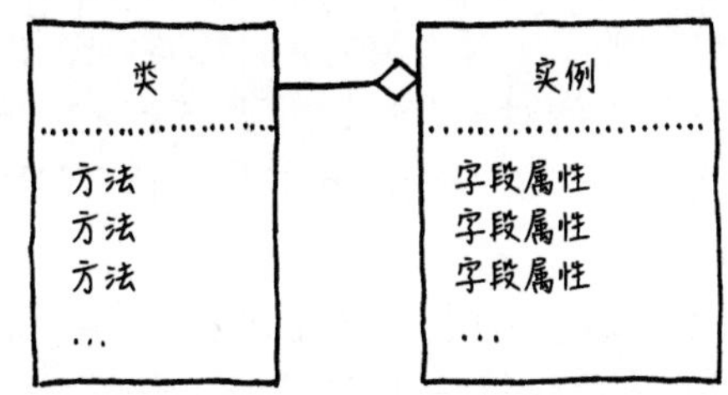

图 5-3　方法存储在类中，属性存在于实例中

Self 语言消除了这些区别。不管是查找方法还是域，你都是直接到对象当中去找。一个实例可以包含状态和行为（见图 5-4）。你可以构建出一个只包含一个方法的对象。

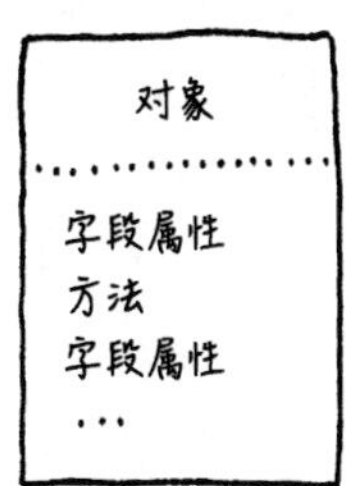

图 5-4　没有人会与世隔绝，但对象会

如果这些就是 Self 语言的全都，那么它将很难使用。继承在基于类的语言里，除去它的一些缺点，还是一种非常有用的重用代码和消除重复代码的工具。Self 语言没有类，但是它可以使用委托来完成类似的功能。

为了查找一个对象的属性和方法，我们首先在该对象自身中查找。如果找到了这些属性和方法，则直接返回。反之，则从它的父类继续查找，如果还是没有，则一直继续往上查找父类的父类，直到找到或者没有父节点为止。换句话说，如果自身查找属性和方法失败，则会委托其父类继续查找（见图 5-5）。

这里我作了简化。Self 实际支持多个父类。而父类只是一个特殊的标记字段，意味着你可以继承父类或者在运行时修改它们，这就是所谓的动态继承。

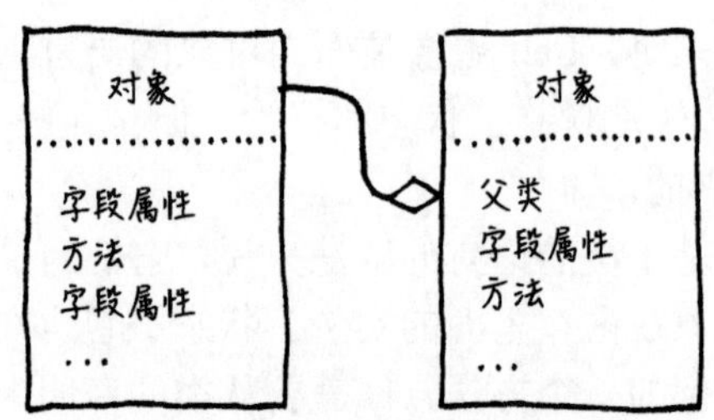

图 5-5　一个对象委托给它的父类

父类让我们可以在多个对象之间重用行为（甚至状态），那我们现在已经介绍了类的部分功能了。对于类而言，还有一个很重要的功能就是允许以类为模板创建一些实例对象。当你需要一个新的 thingamabob 对象的时候，你只需要调用 `new Thingamabob ()`就可以了。类就像是其生产对象的工厂。

如果没有类的话，我们该如何创建新事物呢？特别是我们该如何创建一系列具有相同行为的事物呢？就像设计模式一样，在 Self 语言里面我们可以使用 clone。

在 Self 中，每一个对象都自动支持原型模式。任意对象都可以被克隆。如果想要创建一系列类似的对象，就可以这样：

1. 为了创建你想要的对象。你可以先从一个基础 `Object` 对象克隆出一个新对象，然后向克隆出来的对象添加属性和方法。

2. 只要内存够用，你想克隆多少个对象就克隆多少个对象吧……等等，够用了！

我意识到从头开始构建一门语言并不是最高效的学习方式，但我能说什么呢？我就是个奇怪的极客。如果你对此好奇的话，这门语言叫做 Finch。

虽然我们没有自己实现 `clone` 方法，但是我们仍优雅地实现了原型模式并且把它融入到了系统之中。

在我意识到这是一个非常优雅、灵活和小巧的系统之后，我还特意创建了一门基于原型的语言来进一步学习和了解它。

5.2.2　结果如何

我非常兴奋地摆弄自己设计的纯的基于原型的语言。但是，一旦我开始用它进行实际编码，就发现了一些让人不开心的事实：使用它进行编程很没意思。

当然，这个语言本身是容易实现的，但是它把复杂性丢给了用户。在我开始使用它进行编程时，我发现自己会想念一些基于 Class 的语言的特性。由于语言本身不支持，因此到最后我才不得不尝试在程序库级别实现了一个类似 Class 的功能。

我从一些小道消息中得知，许多 Self 程序员也有相同的感慨。但 Self 本身绝对不是一无是处。Self 非常动态，并且它拥有许多虚拟机方面的创新来保证 Self 程序运行得足够快。

他们为此发明了 JIT 编译技术、垃圾收集还有优化方法派发，所有这些都是由同一个人实现的！一这些技术让动态类型语言能够运行得飞快，这也是现在的动态类型语言能够取得大范围成功的前提。

也许是因为我之前的经验都是使用基于类的语言，我的大脑已被 OOP 所固化。但是，我的预感是大多数人只会喜欢定义清楚的事物。

基于类的语言除了语言本身的成功以外，我们还看到有非常多的游戏都会采用类来建模游戏里面的玩家和不同的对象，比如敌人、物品、技能等。很少有游戏会为每一种怪物设计一种独特的类型。

原型是一个很酷的编程范式，我希望有更多人去了解它。我很高兴我们中的大部分人并没有天天使用原型模式来编程。那种基于原型的代码看起来非常怪异而且可读性不高。

但是，我们也看到了，使用原型方式的解决方案只需要少量的代码即可。

5.2.3 JavaScript 如何

如果基于原型的语言不是那么友好，那我们怎么解释 Javascript 呢？它是一种基于原型的语言，而且每天有上百万的人都在使用它。计算机里面跑 JavaScript 的应用，比其他任何语言都要多。

JavaScript 的作者 Brendan Eich，从 Self 里面借鉴了一些思想，许多 Javascript 的语义都是基于原型的。每一个对象可以有任意属性集合，它们可以是属性和方法（实际是把函数当作属性存储）。一个对象也能拥有其他对象，比如原型对象，当某个属性在该对象自身中找不到的时候便会去它的原型对象中查找。

作为一名语言设计者，原型有一个非常吸引人的特性，便是它比基于类更容易实现。Eich 充分利用了这一优势：第一个 JavaScript 版本的诞生只用了 10 天。

但除了这一点，我相信在实际开发中 JavaScript 比起其他基于原型的语言，它和基于 class 的语言有更多的共性。有一点是，JavaScript 把 Self 语言中的克隆方法去掉了，而克隆是基于原型语言中的核心操作，但在 JavaScript 里面已经找不到了。

在 JavaScript 里面没有一个方法可以用来克隆一个对象。最接近的方法是 `Object.create()`，它可以通过一个已经存在的对象创建一个新的对象。但是，这个方法也是直到 JavaScript 出现 14 年后，ECMAScript 5 才添加的。相对克隆，让我们来看看在 JavaScript 里面典型的定义类型和创建对象的方法。你首先创建一个构造函数：

```
function Weapon(range, damage) {
  this.range = range;
```

```
  this.damage = damage;
}
```

下面的语句创建了新的对象，并且初始化了对象相应的属性：

```
var sword = new Weapon(10, 16);
```

这里的 new 关键字调用 Weapon 方法，并且把 this 指针绑定到这个新创建的空对象上。该方法内部给 this 对象添加了一些属性，接着，把初始化属性的对象返回。

这里面的 new 还做了一件事情。当它创建一个空的对象时，它委托给一个原型对象。你可以直接通过 Weapon.prototype 来访问原型对象及其属性和方法。

当我们在构造函数里面添加属性之后，通常我们给原型对象添加一些方法来定义行为。比如：

```
Weapon.prototype.attack = function(target) {
  if (distanceTo(target) > this.range) {
    console.log("Out of range!");
  } else {
    target.health -= this.damage;
  }
}
```

这里我们给 weapon 原型添加了一个 attack 方法。因为每一个 new Weapon() 操作都会绑定一个 Weapon.prototype，所以，当你调用 sword.attack() 时，它就会调用此 attack 方法（见图 5-6）。

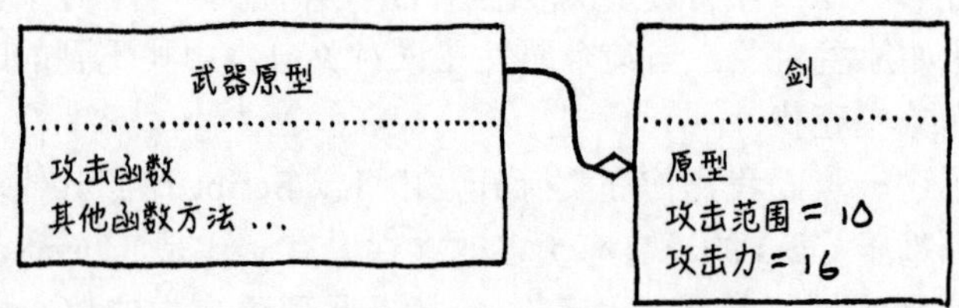

图 5-6　Sword 类和它的武器原型

让我们回顾一下：

- 通过 new 操作符来创建对象，并且通过构建函数来初始化对象。
- 状态被存储在对象本身之中。
- 对象的行为被定义在原型对象之中，这样可以让这些方法被所有的特定类型所共享。

这太疯狂了，这和我们之前介绍的基于类的语言很相似。你可以在

Javascript 里面写基于原型的代码（无克隆），但语法和一些惯用法鼓励我们使用基于 class 的方式来编程。

就我个人而言，我认为这是一件好事。就像我所说的，如果你把一切事物都用原型来实现，那么写代码会变得非常困难，所以，我喜欢 Javascript，它为核心的语法特性穿上了 OOP 的外衣。

5.3 原型数据建模

好了，那接下来继续讨论我不喜欢使用原型模式的场景，这也许会让本章读起来非常沮丧。但是，我觉得这本书可能喜剧的成分更大。所以，让我们先抛开原型，来谈谈委托可能会更有用一些。

如果仔细观察，你就会发现游戏里面只有代码和数据，而且数据所占的比例一直在稳步增加。早期的游戏程序，会存储在磁盘和老游戏墨盒中。但是，今天的大部分游戏，代码仅仅是一个驱动游戏的引擎，游戏的玩法被全部定义在数据中。

这样非常好，但是简单地把内容都放到数据文件里面并不能解决大项目难于组织的问题。而且，还有可能把问题搞得更复杂。我们使用编程语言的原因是因为它们可以管理复杂性。

为了不在 10 个地方去复制和粘贴代码，我们把它们封装成一个函数然后通过函数名来调用。为了不在多个类里复制粘贴代码，我们可以把它们放到一个单独的类里面，然后从它继承或者组合。

当你的游戏数据到达一定规模的时候，你会开始想要一些类似的特性。数据建模是一个很深的主题，这里我不会详细展开。但是，我希望可以抛砖引玉，让你可以在自己的游戏里面：使用原型和委托来重用数据。

比方说，我们正在为我之前提到的山寨版《圣铠传说》游戏进行数据建模。游戏设计者需要给 monster 和 item 设计属性，并且把它们存放于文件中。

我这里的游戏名绝对是原创的，它并不是来自任何现有的具有鸟瞰视图的多人地牢探险游戏。请不要起诉我。

一个通用的做法是使用 JSON 数据实体，一般都是字典或者属性集合。不过因为程序员们最喜欢对已经存在的事物去发明新名称，所以也许还有其他叫法。

我们已经重新发明它们许多次了，Steve Yegge 管它叫做“通用设计模式（The Universal Design Pattern）[1]”。

因此，游戏里面的哥布林，可能会被定义成这样：

```
{
  "name": "goblin grunt",
  "minHealth": 20,
```

[1] http://steve-yegge.blogspot.com/2008/10/universal-design-pattern.html。

```
  "maxHealth": 30,
  "resists": ["cold", "poison"],
  "weaknesses": ["fire", "light"]
}
```

上面的数据看起来非常直白明了，甚至是最讨厌文字的设计师也能够看懂它们。所以，你可以通过这种方法定义更多的哥布林类型。

```
{
  "name": "goblin wizard",
  "minHealth": 20,
  "maxHealth": 30,
  "resists": ["cold", "poison"],
  "weaknesses": ["fire", "light"],
  "spells": ["fire ball", "lightning bolt"]
}

{
  "name": "goblin archer",
  "minHealth": 20,
  "maxHealth": 30,
  "resists": ["cold", "poison"],
  "weaknesses": ["fire", "light"],
  "attacks": ["short bow"]
}
```

现在，如果这些数据都是代码的话，那它的美感会大打折扣。这些实体之间有太多重复了，专业程序员是很讨厌代码重复的——因为它会浪费更多的空间，而且需要花费更多的时间去编写。你需要仔细阅读，来分辨这些数据是否是一样的。这对于维护这些代码的人来说简直是恶梦。如果我们想要把游戏里面所有的哥布林加强一下，那么我们将不得不一个一个地更新这些数据表。这绝对不行！

如果这些数据是代码的话，则我们可以为"哥布林"创建一个抽象，然后在 3 个不同的哥布林类型之间重用。但是简单的 JSON 无法定义这种关系。所以，我们需要增加一层抽象。

这样，我们把"prototype"变得更像元数据，而不仅仅是数据。哥布林有绿色的皮肤和黄色的牙齿。它们并没有原型。原型是一个对象属性，它代表了哥布林，而不是哥布林本身。

我们可以给对象声明一个"prototype"属性，然后该属性指定另外一个对象。如果访问的任何属性不在此对象内部，那么会去它的原型对象里面查找。

有了这样的想法，我们可以将哥布林模型的 JSON 代码简化为：

```
{
  "name": "goblin grunt",
  "minHealth": 20,
  "maxHealth": 30,
```

```
  "resists": ["cold", "poison"],
  "weaknesses": ["fire", "light"]
}

{
  "name": "goblin wizard",
  "prototype": "goblin grunt",
  "spells": ["fire ball", "lightning bolt"]
}

{
  "name": "goblin archer",
  "prototype": "goblin grunt",
  "attacks": ["short bow"]
}
```

因为弓箭手和巫师都把 Grunt 作它们的原型，所以我们就没有必要再重复定义生命值、防御力和弱点了。这里面我们给数据模型添加的逻辑也非常简单——基本的单一委托。但是，我们还是没有完全摆脱重复代码。

有意思的是，我们并没有创建第四种“基础哥布林”抽象原型，然后让其他具体的哥布林来把原型对象指向它。我们采用的是另一种方法，我们每次都让原型对象指向一个最简单的哥布林，然后把属性查找等操作委托给它。

在一个基于原型的系统里面，任意对象都可以被用来克隆并创建出一个新对象。我觉得这里的数据模型也是一样的。它特别适合于游戏里面的数据建模，在那里，你经常需要一系列特殊的游戏实体。

考虑下 boss 和某些特殊物品。它们经常是游戏里面的某一种对象的重定义版本，而原型委托就是针对此问题的一个很好的解决方法。假设我们有一个物品，叫做“Sword of Head-Detaching”，它仅仅是长剑的额外奖励，我们可以把它定义成下面的样子：

```
{
  "name": "Sword of Head-Detaching",
  "prototype": "longsword",
  "damageBonus": "20"
}
```

你只需要一点额外的努力就可以在你的游戏引擎里面建立数据建模系统了，有了数据建模系统，游戏设计者们就可以更加方便地添加更多好玩的武器和怪物，这样会为游戏玩家带来更好的游戏体验。

第 6 章　单例模式

6

"确保一个类只有一个实例，并为其提供一个全局访问入口。"

这章和之前的章节有所不同。本书的其他章节都是告诉你如何使用一个设计模式，本节却是告诉你如何避免使用这一模式。

尽管单例模式的出发点是好的，但在 GoF 对单例模式[1]的描述中，它通常弊大于利。他们一再强调应当谨慎使用该模式——然而当其应用于游戏产业中时，这一点却往往被忽略了。

与任何模式一样，在不合适的地方使用单例模式，就像药不对症。因其被滥用，故本章的大部分内容都是关于避免使用单例模式。不过首先，我们来看看模式本身。

自从业界大部分人从 C 转向面向对象编程之后，一个摆在面前的问题就是"如何获取一个实例？"他们想要调用一些方法，但是手上却没有这些方法所属对象的实例。单例（或者说，将这样的实例全局化）便是一个简单的解决办法。

6.1　单例模式

将你的目光上移便可看到《设计模式》一书对单例模式的总结。

我们将对上述总结的前后两部分分别进行讨论。

6.1.1　确保一个类只有一个实例

在有些情况下，一个类如果有多个实例就不能正常运作。最常见的就是，这个类与一个维持着自身全局状态的外部系统进行交互的情况。

比如一个封装了底层文件 API 的类。因为文件操作需要一定时间去完成，所以类将异步地处理。这意味着许多操作可以同时进行，所以它们必须相互协调。如果我们调用一个方法创建文件，又调用另外一个方法删除这个文件，那么我们的封装类就必须知悉，并确保它们不会相互干扰。

为了实现这点，对封装类的调用必须能够知道之前的每一步操作。如果使

1 http://c2.com/cgi/wiki?SingletonPattern。

用者能够自由地创建这个类的实例，那么一个实例就无法知道其他实例所做的操作。而单例模式，则提供了在编译期就能确保某个类只有一个实例的方法。

6.1.2 提供一个全局指针以访问唯一实例

游戏中一些不同的系统都将用到我们的文件系统封装类：日志记录、文件加载、游戏状态存储等。如果这些系统不能够创建它们各自的文件封装类的实例，那么如何获取它呢？

单例同样为此提供了一个解决方法。除了创建一个单独的实例外，它还提供一个全局的方法以便获取该实例。这样一来，任何模块在任何地方都能得到这个实例了。总体说来，这个类的实现如下：

```
class FileSystem
{
public:
  static FileSystem& instance()
  {
    // Lazy initialize.
    if (instance_ == NULL)
    {
      instance_ = new FileSystem();
    }
    return *instance_;
  }

private:
  FileSystem() {}

  static FileSystem* instance_;
};
```

instance_这个静态成员保存着这个类的一个实例，私有的构造函数确保它是唯一的。公有的静态函数 instance()为整个代码库提供了一个获取该实例的方法。它也负责在第一次访问的时候初始化这个实例，也就是延迟初始化（lazy initialization）。

以下是个更现代的版本：

```
class FileSystem
{
public:
  static FileSystem& instance()
  {
    static FileSystem *instance = new FileSystem();
```

```
    return *instance;
  }

private:
  FileSystem() {}
};
```

C++11 保证一个局部静态变量的初始化只进行一次，哪怕是在多线程的情况下也是如此。所以，如果你有一个现代 C++编译器的话，这份代码是线程安全的，而之前的例子却不是。

当然，你的单例类本身的线程安全性完全是另外一个问题！这里只是确保它的初始化是线程安全的。

6.2 使用情境

看起来我们取得了成效。我们的文件封装类能够在任何地方被使用并且避免了将它烦人地四处传递。这个类本身巧妙地保证了我们不会因为初始化多个实例而将事情弄糟。它还具有一些其他的优良特性。

- **如果我们不使用它，就不会创建实例**。节省内存和 CPU 周期始终是好的。既然单例只在第一次被访问的时候初始化，那么如果我们的游戏始终不使用它，它就不会初始化。

- **它在运行时初始化**。包含静态成员的类是单例最常见的替代品。我喜欢简单的方案，所以我尽可能使用静态类而不是单例。但是静态类有一个局限：自动初始化。编译器早在 `main()` 函数调用之前就初始化静态数据了。这意味着它不能利用那些只有游戏运行起来才能知道的信息（比如，从文件中载入的配置）。它还意味着它们之间不能相互依赖——鉴于静态数据之间初始化的关联性，编译器不能保证它们之间的初始化的顺序。

延迟初始化解决了以上所有问题。单例会尽可能地将初始化延后，所以到那时它们需要的信息都应该是可以得到的。只要不是循环依赖，一个单例甚至可以在其初始化时引用另一个单例。

- **你可以继承单例。这是一个强大但是经常被忽视的特性**。假设我们需要让文件封装类跨平台。为了实现这一点，我们将它实现为一个抽象接口，并由它的子类提供各个平台上的实现。下面是基本的结构：

```
class FileSystem
{
public:
  virtual ~FileSystem() {}
  virtual char* read(char* path) = 0;
  virtual void  write(char* path, char* text) = 0;
  };
```

之后，我们为不同平台定义派生类：

```
class PS3FileSystem : public FileSystem
{
public:
  virtual char* read(char* path)
  {
    // Use Sony file IO API...
  }

  virtual void write(char* path, char* text)
  {
    // Use sony file IO API...
  }
};

class WiiFileSystem : public FileSystem
{
public:
  virtual char* read(char* path)
  {
    // Use Nintendo file IO API...
  }

  virtual void write(char* path, char* text)
  {
    // Use Nintendo file IO API...
  }
};
```

接下来，我们将 FileSystem 变为一个单例：

```
class FileSystem
{
public:
  static FileSystem& instance();

  virtual ~FileSystem() {}
  virtual char* read(char* path) = 0;
  virtual void write(char* path, char* text) = 0;

protected:
  FileSystem() {}
};
```

这里巧妙的地方在于如何创建实例：

```
FileSystem& FileSystem::instance()
{
#if PLATFORM == PLAYSTATION3
  static FileSystem *instance = new PS3FileSystem();
#elif PLATFORM == WII
  static FileSystem *instance = new WiiFileSystem();
#endif

  return *instance;
}
```

随着一个简单的编译跳转，我们将文件封装绑定到正确的具体类型上。我们的整个代码库都可以通过 `FileSystem::instance()` 来访问文件系统，而不必和任何平台相关的代码发生耦合。这部分耦合的代码封装在 `FileSystem` 类的实现文件之中了。

面对诸如此类的问题，我们中的绝大多数人都会进行到这一步：我们编写了一个文件封装类。它工作可靠，且全局可用，每处需要使用的地方都能访问它。是时候提交代码，来点美味的饮料庆祝了。

6.3 后悔使用单例的原因

在短期内，单例模式是相对有益的。像其他设计决策一样，从长期看便会有一些使用代价。一旦我们将一些不必要的单例进行了硬编码，便会带来一些麻烦。

6.3.1 它是一个全局变量

在还是一群人窝在车库写游戏的时代，推动硬件的发展要比所谓的软件工程准则更为重要。C 语言和汇编语言的前辈程序员使用全局和静态代码而没有遇到任何问题，并开发出优秀的游戏。随着游戏变得更大更复杂，架构和可维护性开始成为瓶颈。阻碍我们发布游戏的不再是硬件，而是开发效率。

所以我们开始转而学习 C++这样的语言，并开始运用软件开发先驱者们辛苦总结的智慧。我们学到的一个教训就是，全局变量是有害的。理由如下：

- **它们令代码晦涩难懂**。假设我们正在跟踪其他人写的函数中的 bug。如果这个函数没有使用全局状态，那么我们只需要将精力集中在理解函数体，和传递给它的参数就可以了。

计算机科学家称不访问或者不修改全局状态的函数为“纯函数”（pure function）。纯函数易于理解，利于编译器优化，并令你能够使用诸如记忆缓存、重用之前调用结果的技巧。

虽然专门使用纯函数是个挑战，但是它带来的好处足以让计算机科学家发明出诸如 Haskell 这种只允许使用纯函数的语言。

现在，让我们设想这个函数之中有个 `SomeClass::getSomeGlobalData()`这样的调用。我们需要检查整个代码库来看是哪些部分访问了全局状态。直到你不得不在凌晨 3 点用 `grep` 命令从上百万行代码里检索出那个将静态变量设错了值的调用，你才会真正痛恨起全局状态量。

- **全局变量促进了耦合**。你团队的开发新手还不熟悉你们游戏优雅、可维护、松耦合的架构，但是他却被分配了第一项任务：在巨石撞击地面的时候播放声音。你我都知道，我们不想让物理引擎代码与所有游戏对象的音频代码耦合起来，但是新手只是一心想完成任务。不幸的是，我们的 `AudioPlayer` 这个类实例是全局可见的。所以，在一小段`#include` 之后，我们的新伙伴将前人仔细构建的架构打乱了。

如果没有音频播放器的全局实例，即使真的`#include` 了头文件，他也寸步难行。这一困难令他清楚地意识到到，这两个模块应互相保持透明——他需要另辟蹊径。通过控制对实例的访问，你控制了耦合。

- **它对并发不友好**。单核上运行游戏的日子已经过去很久了。即使不能完全利用并发的优势，现在的代码也必须至少能够在多线程环境下正常运转。当设置全局变量时，我们创建了一段内存，每个线程都能够访问和修改它，而不管它们是否知道其他线程正在操作它。这有可能导致死锁、条件竞争和其他一些难以修复的线程同步的 Bug。

上述几点足够令我们对声明全局变量望而却步，单例模式同理。但仅此我们仍不知应该如何设计游戏。在没有全局状态的情况下，该如何构建游戏呢？

这个问题有几个拓展的答案（本书的绝大部分从某些方面来说就是个答案），但它们并非唾手可得，我们同时还得发布游戏。单例模式就像一帖万能药。它被写进一本关于面向对象设计模式书中，所以它肯定是架构合理的，对吧？况且我们已经借助它进行了多年的软件设计。

遗憾的是，这更多的是一种宽慰而不是解决办法。如果你浏览一遍全局对象造成的问题，你会注意到单例模式没有解决任何一个。这是因为，单例就是一个全局状态——它只是被封装到了类中而已。

6.3.2 它是个画蛇添足的解决方案

GoF 对单例模式描述中的“并”这个词有点奇怪。这个模式解决的是一个问题还是两个问题？如果我们只遇到了其中的一个问题怎么办？确保一个单例是很有用的，但是谁说我们希望任何人都能操作它？相似地，全局访问是很方便，但即使对于允许多实例的类，访问也并不麻烦。

这两个问题的后者，便利的访问，是我们使用单例模式的主要原因。比如日志类，游戏中的许多模块都能够从日志模块记录诊断信息中受益。但是，将 Log 类的实例传递给每个函数会扰乱函数签名，并分散代码意图。

最显而易见的解决办法是把 Log 类变为单例。每个函数都能直接通过这个类本身得到它的实例。但当我们这样做时，会无意中对自己加上一个小的限制。突然之间，我们不能够创建多个日志器了。

起初，这并不是一个问题，我们只写入一个日志文件，所以只需要一个日志实例。之后，随着开发周期的深入，我们遇到了麻烦。团队的每个人都使用这个日志器来记录他们自己的诊断信息，这个日志文件已经成为了一个巨大的垃圾场。程序员们需要过滤几页的文本来找到他们关心的那条记录。

我们希望可以通过将日志分割为不同的文件来解决这个问题。要做到这点，我们需要对游戏不同的区域创建单独的日志器：在线网络、用户界面、音频、游戏，但是，我们做不到：不仅仅是因为我们的 `Log` 类不允许创建多个实例，而且这个模式的设计缺陷体现到每个调用点：

有时候，事情可能会比上面的情况更糟糕。假设你的 Log 类在一个类库中，它被许多游戏所共享。如果这个时候，你需要修改 Log 类的设计，那么你将不得不和许多不同组的人打交道，而他们中的大多数既没有时间也没有动力配合你去做相应的代码修改。

```
Log::instance().write("Some event.");
```

为了让我们的 Log 类能够支持多个实例（像它原来那样），我们需要修改这个类的本身和每处调用这个类的地方。原本便利的访问也不那么便利了。

6.3.3 延迟初始化剥离了你的控制

为了满足台式电脑游戏虚拟内存和软件性能的需求，延迟初始化是一个聪明的技巧。游戏开发与其他软件开发有所不同。实例化一个系统需要花费时间：分配内存、加载资源等。如果实例化音频系统需要花费几百毫秒，那么我们需要控制进行实例化的时机。如果我们让它在第一次播放声音的时候延迟实例化，而游戏可能正步入高潮，那么此时的初始化将导致明显的掉帧和游戏卡顿。

同样地，游戏通常需要仔细地控制内存在堆中的布局来防止碎片化。如果我们的音频系统在初始化时分配了内存，我们需要知道初始化发生的时间，以便让我们控制它在堆中的内存布局。

参考对象池模式（第 19 章）来了解更多关于内存碎片的讨论。

鉴于这两个问题，我见过的大部分游戏都不依赖延迟初始化。相反，他们像这样实现单例模式：

```
class FileSystem
{
```

```
public:
  static FileSystem& instance() { return instance_; }

private:
  FileSystem() {}

  static FileSystem instance_;
};
```

通常关于选择单例而非静态类的理由是，如果之后你决定将一个静态类转变为非静态类，则你必须修改每处调用的代码。理论上，对于单例，你可以不必这样做，因为你可以将实例相互传递并且像一个普通实例方法一样去调用。

在实践中，我从没有见过这么做的。每个人都是像Foo::instance().bar()这样进行调用的。如果我们将Foo改为非单例，那么我们也必须修改每处调用的地方。鉴于此，我更倾向于使用一个简单的类和一个简单的语法去调用它。

这解决了延迟初始化的问题，但也抛弃了单例比一个全局变量更好的几个特性。作为一个静态实例，我们不能够使用多态了，并且这个类必须能够在静态初始化的时候构造。我们也不能够在不需要这个实例的时候释放其所占内存。

与创建单例不同，这里我们真正有的只是一个静态类。这不完全是一件坏事，但是如果你想要的仅仅是静态类，何不移除instance()这个方法而使用静态函数呢？调用Foo::bar()要比Foo::instance().bar()简单不说，还能表明你正在使用静态内存。

6.4 那么我们该怎么做

如果我已经达到了我想要的效果，那么你下次遇到问题时就会多考虑下是否使用单例模式。但是你仍然被一个问题所困扰，那就是你该用什么，这取决于你想做什么。我个人有一些建议，但是首先：

6.4.1 看你究竟是否需要类

我见过的游戏中的许多单例类都是“managers”——这些保姆类只是为了管理其他对象。我见识过一个代码库，里面好像每个类都有一个管理者：Monster、MonsterManager、Particle、ParticleManager、Sound、SoundManager、ManagerManager。有时为了区别，它们叫做“System”或者“Engine”，不过只是改了名字而已。

尽管保姆类有时是有用的，不过这通常反映出它们对OOP不熟悉。比如下面这两个虚构的类：

```
class Bullet
{
public:
  int getX() const { return x_; }
  int getY() const { return y_; }
```

```
  void setX(int x) { x_ = x; }
  void setY(int y) { y_ = y; }

private:
  int x_,
  int y_;
};

class BulletManager
{
public:
  Bullet* create(int x, int y)
  {
    Bullet* bullet = new Bullet();
    Bullet->setX(x);
    Bullet->setY(y);
    return bullet;
  }

  bool isOnScreen(Bullet& bullet)
  {
    return bullet.getX() >= 0 &&
           bullet.getY() >= 0 &&
           bullet.getX() < SCREEN_WIDTH &&
           bullet.getY() < SCREEN_HEIGHT;
  }

  void move(Bullet& bullet)
  {
    bullet.setX(bullet.getX() + 5);
  }
};
```

或许这个例子有点蠢，但是我见过很多代码在剥离了外部细节之后，所暴露出来的设计就是这样的。如果你查看这段代码，那你自然会想，BulletManager 应该是个单例。毕竟，任何包含 Bullet 的对象都需要这个管理器，而你需要有多少个 BulletManager 实例呢？

事实上，这里的答案是零。我们是这样解决管理类的“单例”问题的：

```
class Bullet
{
public:
  Bullet(int x, int y)
  : x_(x), y_(y)
  {}
```

```
  bool isOnScreen()
  {
    return x_ >= 0 && x_ < SCREEN_WIDTH &&
           y_ >= 0 && y_ < SCREEN_HEIGHT;
  }

  void move() { x_ += 5; }

private:
  int x_, y_;
};
```

就这样。没有管理器也没有问题。设计糟糕的单例通常会“帮助”你往其他类中添加功能。如果可以，你只需将这些功能移动到它所帮助的类中去就可以了。毕竟，面向对象就是让对象自己管理自己。

但除了管理器，还存在其他令我们在单例模式上寻求解决方案的问题。对于这些问题，这里有一些替代的解决方案可供参考。

6.4.2 将类限制为单一实例

这是单例模式给你解决的一个问题。在我们的文件系统例子中，确保这个类只有一个单例是很关键的。但是，这不意味着我们也想提供这个实例公共的全局访问。我们也许想要限制在某一部分代码中访问，或者干脆将它作为一个类的私有成员。在这些情况下，提供一个全局的指针访问削弱了整体框架。

比如，我们可以将我们的文件系统包装在另外一个抽象层中。

我们希望有一种方法来确保单例不提供全局访问。有几种方法可以达到这点，下面就是一例：

一个断言函数就是在代码中嵌入一份约定。当调用 assert() 时，它计算传递给它的表达式。当表达式结果为 true 时，它什么都不做，并让游戏继续。当结果为 false 时，它在此处立刻挂断游戏。在一个 debug 版本中，它通常会启动调试器或者至少将断言失败的文件名和行号打印出来。

```
class FileSystem
{
public:
  FileSystem()
  {
    assert(!instantiated_);
    instantiated_ = true;
  }

  ~FileSystem() { instantiated_ = false; }

private:
  static bool instantiated_;
```

```
};

bool FileSystem::instantiated_ = false;
```

这个类允许任何人创建它，但是如果你想要创建超过一个实例时，它会断言并且失败。一旦代码正确地率先创建了一个实例，我们就保证了其他代码既不能得到这个实例也不能创建一个自己的实例。这个类保证了它单个实例的需求，但是没表明这个类该如何使用。

这份实现的不足之处在于它只在运行时检测来防止多个实例。相比之下，单例模式在编译期就能通过类结构特性来确保单个实例。

一个 assert() 意味着："我确保这个应该始终为 true，如果不是，这就是一个 bug，并且我想立刻停止以便你能修复它。"这可以让你在代码域之间定义约定。如果一个函数断言它的某个参数不为 NULL，那么就是说："函数和调用者之间约定不能够传递 NULL。"

断言帮助我们在游戏做一些未预料的事情时立刻开始追踪 bug，而不是等错误发展到最终才呈现给用户。它们是代码库的围栏，圈住 bug，以防它们从产生的代码之处逃离出去。

6.4.3 为实例提供便捷的访问方式

便利的访问是我们使用单例的主要原因。它让我们能够随时随地地获得所需的对象。尽管这种便利也有代价——"随时随地"意味着这个对象同样能在我们不希望其出现的地方被轻易地获得。

通用的原则是，在保证功能的情况下将变量限制在一个狭窄的范围内。对象的作用域越小，我们需要记住它的地方就越少。在我们盲目地采用具有全局作用域的单例对象之前，让我们考虑下代码库访问一个对象的其他途径：

- **传递进去**。最简的解决方式，通常也是最好的方式，就是将这个对象当作一个参数传递给需要它的函数。在我们觉得太笨重而抛弃它之前，值得考虑下。

有人将其称为"依赖注入"。与在外部通过调用全局对象来查找依赖不同，它将依赖通过参数传递到需要的代码里面。有些人将"依赖注入"预留为更复杂的提供代码依赖关系的方式。

考虑一个渲染物体的函数。为了渲染，它需要访问代表图形设备的对象并维护渲染状态。简单地将它全部传递到所有的渲染函数中是很普遍的做法，通常这个参数叫做 context。

另一方面，一个对象不属于某个函数的签名。举个例子，一个处理 AI 的函数可能也需要写一个日志文件，但是记录日志并不是它主要关心的事情。在它的参数列表中发现有 Log 会很奇怪，所以考虑到这些情况，我们需要想点其他办法。

有一个术语叫"横切关注点"（cross-cutting concern），它专门用来描述像 Log 这样会散布在整个代码库的现象。要优雅地解决横切关注点的问题一直以来都是一个架构挑战，特别是对于静态类型的语言而言。

面向切面编程[1]就是用来解决这个问题的。

- **在基类中获取它**。许多游戏架构有浅层次但是有宽度的继承体系，通常只有一层继承。举个例子，你可能有一个 GameObject 基类，每个敌人或者游戏物体都派生自这个类。有了这样的架构，游戏代码的绝大部分都在这些"叶子"派生类上。这意味着所有这些类都能访问同样的东西：它们的 GameObject 基类。我们可以利用这点：

[1] http://en.wikipedia.org/wiki/Aspect-oriented_programming。

```
class GameObject
{
protected:
  Log& Log() { return log_; }

private:
  static Log& log_;
};

class Enemy : public GameObject
{
  void doSomething()
  {
    getLog().write("I can log!");
  }
};
```

这提出了新的问题。"GameObject 如何获取 Log 实例？"一个简单的方案是，将基类创建出来，并持有一个自己的静态实例。

如果我们不想让基类承担这个角色，你可以提供一个初始化函数将它传递进去，或者使用服务定位器模式（第16章）来得到它。

这保证了在 GameObject 之外没有代码可以访问 Log 对象，但是每个派生类能够通过 log() 访问。这种让派生类对 protected 方法提供实现的模式将在子类沙盒（第 12 章）中讨论。

- **通过其他全局对象访问它**。将所有全局状态都移除的目标是令人钦佩的，但是不切实际。大部分代码库仍然持有一些全局对象，比如一个单独的代表整个游戏状态的 Game 或者 World 对象。

我们可以通过将全局对象类包装到现有类里面来减少它们的数量。那么，除了依次创建 Log、FileSystem 和 AudioPlayer 的单例外，我们可以：

```
class Game
{
public:
  static Game& instance() { return instance_; }

  Log&         log()         { return *log_; }
  FileSystem&  fileSystem()  { return *files_; }
  AudioPlayer& audioPlayer() { return *audio_; }

  // Functions to set log_, et. al. ...

private:
  static Game instance_;
  Log         *log_;
  FileSystem  *files_;
  AudioPlayer *audio_;
};
```

由此只有 Game 全局可见。函数能够通过它来访问其他系统：

```
Game::instance().getAudioPlayer().play(LOUD_BANG);
```

纯粹主义者会声称这违反了迪米特法则。但我坚持认为这仍然要比一大堆单例要好。

如果后续架构要更改以支持多个 Game 实例（也许是为了流处理或者测试目的），Log、FileSystem 和 AudioPlayer 都不会受影响——它们甚至察觉不到差异。这个的副作用，当然就是更多的代码耦合在了 Game 当中。如果一个类只是为了播放声音，则我们的例子仍然需要知道全部信息，以便能够得到声音播放器。

我们通过一个混合方案来解决这个问题。如果代码已经知道了 Game 就直接通过它来访问 AudioPlayer。如果代码不知道，那么我们通过这里讨论的其他方法来访问 AudioPlayer。

- **通过服务定位器来访问**。到现在为止，我们假设全局类就是像 Game 那样的具体类。另外一个选择就是定义一个类专门用来给对象做全局访问。这个模式被称为服务定位器模式（第 16 章）。

6.5 剩下的问题

还有一个问题，我们应该在什么情况下使用真正的单例呢？老实说，我没有在任何游戏中使用 GoF 实现版本的单例。为了确保只实例化一次，我通常只是简单地使用一个静态类。如果那不起作用，我就会用一个静态的标识位在运行时检查是否只有一个类实例被创建。

本书的一些其他章也会有所帮助。子类沙盒模式（第 12 章）能够为类的实例提供一些共享状态的访问而不必使之全局可见。服务定位器模式（第 16 章）确实让一个对象全局可见，但是却需要你以更灵活的方式去配置。

第 7 章　状态模式

7

"允许一个对象在其内部状态改变时改变自身的行为。对象看起来好像是在修改自身类。"

交代一下：我写的有些过头了，我在本章里面添加了太多东西。表面上这一章是介绍状态模式[1]的，但是我不能抛开游戏里面的有限状态机（finite state machines，FSM）而单独只谈"状态模式"。不过，当我讲到FSM的时候，我发觉我还有必要再介绍一下层次状态机（hierarchical state machine）和下推自动机（pushdown automata）。

因为有太多东西需要讲，所以我试图压缩本章的内容。本章中的代码片断没有涉及很细节的东西，所以，这些省略的部分需要靠读者来脑补。我希望它们仍然足够清楚到能让你掌握关键点（big picture）。

如果你从未听说过状态机，也不要感到沮丧。它们对于人工智能领域的开发者和编译器黑客来说非常熟悉，不过在其他编程领域可能不是那么被人熟知了。我觉得它应该被更多的人了解，因此，我将从一个不同的应用领域的视角来介绍它。

层次状态机和下推自动机这对术语指的是早期的人工智能。在20世纪50年代和60年代，大部分AI研究关注的是语言处理。许多现在用来解析编程语言的编译器被发明用来解析人类语言。

7.1　我们曾经相遇过

假设我们现在正在开发一款横版游戏。我们的任务是实现女主角——游戏世界中玩家的图像。我们需要根据玩家的输入来控制主角的行为。当按下B键的时候，她应该跳跃。我们可以这样实现：

```
void Heroine::handleInput(Input input)
{
  if (input == PRESS_B)
  {
    yVelocity_ = JUMP_VELOCITY;
```

[1] https://en.wikipedia.org/wiki/State_pattern。

```
    setGraphics(IMAGE_JUMP);
  }
}
```

找找看，bug 在哪里？

我们没有阻止主角“在空中跳跃”——当主角跳起来后持续按下 B 键。这样会导致她一直飘在空中，简单的修复方法可以是：在 Heroine 类中添加一个 isJumping_布尔值变量来跟踪主角的跳跃，然后这么做：

这里应该还有如果主角着地将 isJumping_设置回 false 的代码。为了简洁起见，我省略了。

```
void Heroine::handleInput(Input input)
{
  if (input == PRESS_B)
  {
    if (!isJumping_)
    {
      isJumping_ = true;
      // Jump...
    }
  }
}
```

接下来，我们想实现主角的闪避动作。当主角站在地面上的时候，如果玩家按下下方向键，则躲避，如果松开此键，则站立。

```
void Heroine::handleInput(Input input)
{
  if (input == PRESS_B)
  {
    // Jump if not jumping...
  }
  else if (input == PRESS_DOWN)
  {
    if (!isJumping_)
    {
     setGraphics(IMAGE_DUCK);
    }
  }
  else if (input == RELEASE_DOWN)
  {
    setGraphics(IMAGE_STAND);
  }
}
```

找找看，bug 在哪里？

通过上面的代码，玩家可以：

1. 按下方向键来闪避。

2．按 B 键从闪避的状态直接跳起来。

3．玩家还在空中的时候松开下键。

此时，当女主角在跳跃状态的时候，显示的是站立的图像。是时候添加另外一个布尔标志位来解决该问题了……

```
void Heroine::handleInput(Input input)
{
  if (input == PRESS_B)
  {
    if (!isJumping_ && !isDucking_)
    {
      // Jump...
    }
  }
  else if (input == PRESS_DOWN)
  {
    if (!isJumping_)
    {
      isDucking_ = true;
      setGraphics(IMAGE_DUCK);
    }
  }
  else if (input == RELEASE_DOWN)
  {
    if (isDucking_)
    {
      isDucking_ = false;
      setGraphics(IMAGE_STAND);
    }
  }
}
```

接下来，如果我们的主角可以在跳起来的过程中，按下方向键进行一次俯冲攻击那就太酷了，代码如下：

```
void Heroine::handleInput(Input input)
{
  if (input == PRESS_B)
  {
    if (!isJumping_ && !isDucking_)
    {
      // Jump...
    }
```

```
    }
    else if (input == PRESS_DOWN)
    {
      if (!isJumping_)
      {
        isDucking_ = true;
        setGraphics(IMAGE_DUCK);
      }
      else
      {
        isJumping_ = false;
        setGraphics(IMAGE_DIVE);
      }
    }
    else if (input == RELEASE_DOWN)
    {
      if (isDucking_)
      {
        // Stand...
      }
    }
  }
```

你崇拜一些程序员，他们总是看起来会编写完美无瑕的代码，然而他们并非超人。相反，他们有一种直觉会意识到哪种类型的代码容易出错，然后避免编写出这种代码。

复杂的分支和可变的状态——随时间变化的字段，这是两种容易出错的代码，上面的例子就是这样。

又到寻找 bug 的时间了。找到了吗？

我们发现主角在跳跃状态的时候不能再跳，但是在俯冲攻击的时候却可以跳跃。又要添加一个成员变量……

很明显，我们的这种做法有问题。每次我们添加一些功能的时候，都会不经意地破坏已有代码的功能。而且，我们还有很多“行走”等动作没有添加。如果我们还是采用类似的做法，那 bug 可能会更多。

7.2 救星：有限状态机

为了消除你心中的疑惑，你可以准备一张纸和一支笔，让我们一起来画一张流程图。对于女主角能够进行的动作画一个“矩形”：站立、跳跃、躲避和俯冲。当你可以按下一个键让主角从一个状态切换到另一个状态的时候，我们画一个箭头，让它从一个矩形指向另一个矩形。同时在箭头上面添加文本，表示我们按下的按钮。

恭喜，你刚刚已经成功创建了一个有限状态机。有限状态机借鉴了计算机科学里的自动机理论（automata theory）中的一种数据结构（图灵机）思想。有限状态机（FSMs）可以看作是最简单的图灵机（如图 7-1 所示）。

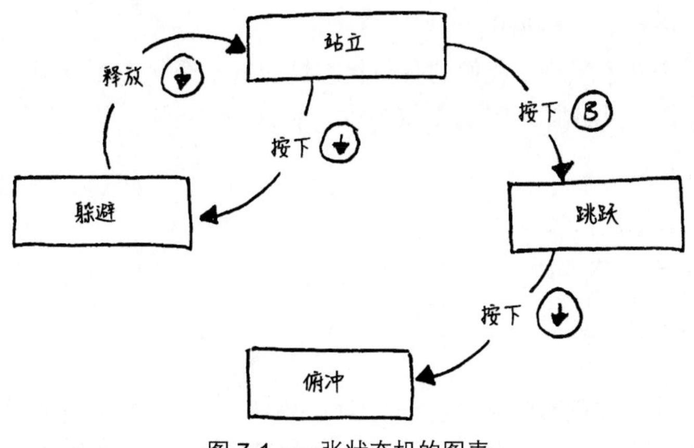

图 7-1　一张状态机的图表

其表达的是：

- **你拥有一组状态，并且可以在这组状态之间进行切换**。比如：站立、跳跃、躲避和俯冲。
- **状态机同一时刻只能处于一种状态**。女主角无法同时跳跃和站立。事实上，防止同时存在两个状态是我们使用有限状态机的原因。
- **状态机会接收一组输入或者事件**。在我们这个例子中，它们就是按钮的按下和释放。
- **每一个状态有一组转换，每一个转换都关联着一个输入并指向另一个状态**。当有一个输入进来的时候，如果输入与当前状态的其中一个转换匹配上，则状态机便会转换状态到输入事件所指的状态。

关于有限状态机我最喜欢的比喻就是它是像 Zork 一样的古老的文字冒险游戏。游戏中有着由出口连接着的一些房间。你可以通过输入像“往北前进”这样的命令来进行探索。

这其实就是一个状态机：每一个房间是一个状态。你所在的房间就是当前的状态。每个房间的出口就是它的转换，导航命令就是输入。

在我们的例子中，在站立状态的时候如果按下向下方向键，则状态转换到躲避状态。如果在跳跃状态的时候按下向下方向键，则会转换到俯冲攻击状态。如果对于某一个输入事件没有对应的转换，则这个输入就会被忽略。

简而言之，整个状态机可以分为：状态、输入和转换。你可以通过画状态流程图来表示它们。不幸的是，编译器并不认识状态图，所以，我们接下来要介绍如何实现。GoF 的状态模式是一种实现方法，但是让我们先从更简单的方法开始。

7.3　枚举和分支

一个问题是，`Heroine` 类有一些布尔类型的成员变量：`isJumping_` 和 `isDucking_`，但是这两个变量不应该同时为 `true`。当你有一系列的标记成员变量，而它们只能有且仅有一个为 `true` 时，这表明我们需要把它们定义成枚举（enum）。

在这个例子当中，我们的有限状态机的每一个状态可以用一个枚举来表示，所以，让我们定义以下枚举：

```
enum State
{
  STATE_STANDING,
  STATE_JUMPING,
  STATE_DUCKING,
  STATE_DIVING
};
```

这里没有大量的标志位，Heroine 类只有一个 state_成员。我们也需要调换分支语句的顺序。在前面的代码中，我们先判断输入事件，然后才是状态。那种代码可以让我们集中处理每一个按键相关的逻辑，但是，它也让每一种状态的处理代码变得很乱。我们想把它们放在一起来处理，因此，我们先判断状态。代码如下：

```
void Heroine::handleInput(Input input)
{
  switch (state_)
  {
    case STATE_STANDING:
      if (input == PRESS_B)
      {
        state_ = STATE_JUMPING;
        yVelocity_ = JUMP_VELOCITY;
        setGraphics(IMAGE_JUMP);
      }
      else if (input == PRESS_DOWN)
      {
        state_ = STATE_DUCKING;
        setGraphics(IMAGE_DUCK);
      }
      break;

    // Other states...
  }
}
```

我们可以像下面设置其他状态：

```
void Heroine::handleInput(Input input)
{
  switch (state_)
  {
    // Standing state...
```

```
    case STATE_JUMPING:
      if (input == PRESS_DOWN)
      {
        state_ = STATE_DIVING;
        setGraphics(IMAGE_DIVE);
      }
      break;

    case STATE_DUCKING:
      if (input == RELEASE_DOWN)
      {
        state_ = STATE_STANDING;
        setGraphics(IMAGE_STAND);
      }
      break;
  }
}
```

这样看起来虽然很普通，但是它却是对前面的代码的一个提升。我们仍然有一些条件分支语句，但是我们简化了状态的处理。所有处理单个状态的代码都集中在一起了。这是实现状态机最简单的方法，而且在某些情况下，这样做也挺好的。

重要的是，我们的女主角再也不可能处于一个无效的状态了。通过布尔值标识，会存在一些没有意义的值。但是，使用枚举，则每一个枚举值都是有意义的。

你的问题可能也会超过此方案能解决的范围。比如，我们想在主角下蹲躲避的时候“蓄能”，然后等蓄满能量之后可以释放出一个特殊的技能。那么，当主角处于躲避状态的时候，我们需要添加一个变量来记录蓄能时间。

我们可以在 Heroine 类中添加一个 chargeTime_成员来记录主角蓄能的时间长短。假设，我们已经有一个 update()方法了，并且这个方法会在每一帧被调用。在那里，我们可以使用如下代码片断能记录蓄能的时间：

如果你猜这是更新方法模式，那么恭喜你，你猜中了！

```
void Heroine::update()
{
  if (state_ == STATE_DUCKING)
  {
    chargeTime_++;
    if (chargeTime_ > MAX_CHARGE)
    {
      superBomb();
    }
  }
}
```

我们需要在主角躲避的时候重置这个蓄能时间，所以，我们还需要修改 handleInput()方法：

```
void Heroine::handleInput(Input input)
{
  switch (state_)
  {
    case STATE_STANDING:
      if (input == PRESS_DOWN)
      {
        state_ = STATE_DUCKING;
        chargeTime_ = 0;
        setGraphics(IMAGE_DUCK);
      }

      // Handle other inputs...
      break;

      // Other states...
  }
}
```

总之，为了添加蓄能攻击，我们不得不修改两个方法，并且添加一个 chargeTime_成员变量给主角，尽管这个成员变量只有在主角处于躲避状态的时候才有效。其实我们真正想要的是把所有这些和与之相关的数据和代码封装起来。接下来，我们介绍 GoF 的状态模式来解决这个问题。

7.4 状态模式

状态模式的由来也有一些历史原因。许多面向对象设计的拥护者——GoF 和重构的作者 Martin Fowler 都是 Smalltalk 出身。在那里，如果有一个 ifThen 语句，我们便可以用一个表示 true 和 false 的对象来操作。

对于熟知面向对象方法的人来说，每一个条件分支都可以用动态分发来解决（换句话说，都可以用 C++里面的虚函数来解决）。但是，如果这样做，你可能会把简单问题复杂化。有时候，一个简单的 if 语句就足够了。

但是，在我们这个例子当中，我们发现面对对象设计也就是状态模式更合适。

GoF 描述的状态模式在应用到我们的例子中时如下。

7.4.1 一个状态接口

首先，我们为状态定义一个接口。每一个与状态相关的行为都定义成虚函数。在我们的例子中，就是 handleInput()和 update()函数。

```
class HeroineState
{
```

```
public:
  virtual ~HeroineState() {}
  virtual void handleInput(Heroine& heroine,
                              Input input) {}
  virtual void update(Heroine& heroine) {}
};
```

7.4.2 为每一个状态定义一个类

对于每一个状态，我们定义了一个类并继承此状态接口。它的方法定义主角对应此状态的行为。换句话说，把之前的 switch 语句里面的每一个 case 语句里的内容放置到它们对应的状态类里面去。比如：

```
class DuckingState : public HeroineState
{
public:
  DuckingState()
  : chargeTime_(0)
  {}

  virtual void handleInput(Heroine& heroine,
                              Input input) {
    if (input == RELEASE_DOWN)
    {
      // Change to standing state...
      heroine.setGraphics(IMAGE_STAND);
    }
  }

  virtual void update(Heroine& heroine) {
    chargeTime_++;
    if (chargeTime_ > MAX_CHARGE)
    {
      heroine.superBomb();
      chargeTime_= MAX_CHARGE
    }
  }

private:
  int chargeTime_;
};
```

注意，我们这里 chargeTime_从 Heroine 类中移到了 DuckingState（躲避状态）类中。这样非常好，因为这个变量只是对躲避状态有意义，现在把它定义在这里，正好显式地反映了我们的对象模型。

7.4.3 状态委托

接下来，我们在主角类中定义一个指针变量，让它指向当前的状态。我们把之前那个很大的 switch 语句去掉，并让它去调用状态接口的虚函数，最终这些虚方法就会动态地调用具体子状态的相应函数。

```
class Heroine
{
public:
  virtual void handleInput(Input input)
  {
    state_->handleInput(*this, input);
  }

  virtual void update() { state_->update(*this); }

  // Other methods...
private:
  HeroineState* state_;
};
```

状态委托看起来很像策略模式和类型对象模式（第 13 章）。在这三个模式中，你会有一个主对象委托给另外的附属对象。它们三者的区别主要在于目的不同：

- 策略模式的目标是将主类与它的部分行为进行解耦。
- 类型对象模式的目标是使得多个对象通过共享相同类型对象的引用来表现出相似性。
- 状态模式的目标是通过改变主对象代理的对象来改变主对象的行为。

为了修改状态，我们需要把 state_指针指向另一个不同的 HeroineState 状态对象。至此，我们的状态模式就讲完了。

7.5 状态对象应该放在哪里呢

我这里忽略了一些细节。为了修改一个状态，我们需要给 state_指针赋值为一个新的状态，但是这个新的状态对象要从哪里来呢？我们之前的枚举方法是定义一些数字。但是，现在我们的状态是类，我们需要获取这些类的实例。通常来说，有两种实现方法。

7.5.1 静态状态

如果一个状态对象没有任何数据成员，那么它仅有的数据成员便是虚表指针了。那样的话，我们就没有必要创建此状态的多个实例了，因为它们的每一个实例都是相同的。

在那种情况下，我们可以定义一个静态实例。即使你有一系列的 FSM 在同时运转，所有的状态机也能同时指向这一个唯一的实例。

如果你的状态类没有任何数据成员，并且只有一个虚函数方法。那么我们还可以进一步简化此模式。我们可以使用一个普通的状态函数来替换状态类。这样的话，我们的 state_ 变量就变成一个状态函数指针。

你把静态实例放置在哪里，这个由你自己来决定。如果没有任何特殊原因的话，我们可以把它放置到基类状态类中：

这个就是享元模式。（第 3 章）

```
class HeroineState
{
public:
  static StandingState standing;
  static DuckingState ducking;
  static JumpingState jumping;
  static DivingState diving;

  // Other code...
};
```

每一个静态成员变量都是对应状态类的一个实例。如果我们想让主角跳跃，那么站立状态应该是这样子：

```
if (input == PRESS_B)
{
  heroine.state_ = &HeroineState::jumping;
  heroine.setGraphics(IMAGE_JUMP);
}
```

7.5.2 实例化状态

有时候上面的方法可能不行。对于躲避状态而言，将其作为一个静态状态是行不通的。因为它有一个 `chargeTime_`成员变量，所以这个具体取决于每一个躲避状态下的主角类。如果我们的游戏里面只有一个主角的话，那么定义一个静态类也是没有什么问题的。但是，如果我们想加入多个玩家，那么此方法就行不通了。

当你为状态实例动态分配空间时，你不得不考虑碎片化问题了。对象池模式（第 19 章）可以帮助到你。

在那种情况下，我们不得不在状态切换的时候动态地创建一个躲避状态实例。这样，我们的有限状态机就拥有了它自己的实例。当然，如果我们又动态分配了一个新的状态实例，则要负责清理老的状态实例。这里必须相当小心，因为修改状态的函数是在当前状态里面，所以我们需要小心地处理删除的顺序。

另外，我们也可以选择在 `HeroineState` 类中的 `handleInput()`方法里面可选地返回一个新的状态。当这个状态返回的时候，主角将会删除老的状态并切换到这个新的状态，如下所示：

```
void Heroine::handleInput(Input input)
{
  HeroineState* state = state_->handleInput(
      *this, input);
  if (state != NULL)
  {
    delete state_;
    state_ = state;
  }
}
```

那样的话，我们只有在从 handleInput 方法返回的时候才有可能去删除前面的状态对象。现在，站立状态可以通过创建一个躲避状态的实例来切换状态了。

```
HeroineState* StandingState::handleInput(
    Heroine& heroine, Input input)
{
  if (input == PRESS_DOWN)
  {
    // Other code...
    return new DuckingState();
  }

  // Stay in this state.
  return NULL;
}
```

通常情况下，我倾向于使用静态状态。因为它们不会占用太多的 CPU 和内存资源。

7.6 进入状态和退出状态的行为

状态模式的目标就是将每个状态相关的所有的数据和行为封装到相关类里面。万里长征，我们仅仅迈出去了一步，我们还有更多路要走。

当主角更改状态的时候，我们也会切换它的贴图。现在，这段代码包含在它要切换的状态的上一个状态里面。当她从躲避状态切换到站立状态时，躲避状态将会修改它的图像：

```
HeroineState* DuckingState::handleInput(
    Heroine& heroine, Input input)
{
  if (input == RELEASE_DOWN)
```

```
  {
    heroine.setGraphics(IMAGE_STAND);
    return new StandingState();
  }

  // Other code...
}
```

我们希望的是，每一个状态控制自己的图像。我们可以通过给每一个状态添加一个入口行为。

```
class StandingState : public HeroineState
{
public:
  virtual void enter(Heroine& heroine)
  {
    heroine.setGraphics(IMAGE_STAND);
  }

  // Other code...
};
```

回到 Heroine 类，我们修改代码来处理状态切换的情况：

```
void Heroine::handleInput(Input input)
{
  HeroineState* state = state_->handleInput(
      *this, input);
  if (state != NULL)
  {
    delete state_;
    state_ = state;

    // Call the enter action on the new state.
    state_->enter(*this);
  }
}
```

这样也可以让我们简化躲避状态的代码：

```
HeroineState* DuckingState::handleInput(
      Heroine& heroine, Input input)
{
  if (input == RELEASE_DOWN)
  {
    return new StandingState();
  }
```

```
    // Other code...
}
```

它所做的就是切换到站立状态，然后站立状态会自己设置图像。现在，我们的状态已经封装好了。entry 动作的一个最大的好处就是它不用关心上一个状态是什么，它只需要根据自己的状态来处理图像和行为就可以了。

大部分的真实状态图里面，我们有多个状态对应同一个状态。比如，我们的女主角会在她俯冲或者跳跃之后站立在地面上。这意味着，我们可能会在每一个状态发生变化的时候重复写很多代码。但是，entry 动作帮我们很好地解决了这个问题。

当然，我们也可以扩展这个功能来支持退出状态的行为。我们可以定义一个 exit 函数来定义一些在状态改变前的处理。

7.7 有什么收获吗

一个有限状态机甚至都不是图灵完备的。自动机理论使用一系列抽象的模型来描述计算，并且每一个模型都比先前的模型更复杂。而图灵机只是这里面最具有表达力的模型之一。

“图灵完备”意味着一个系统（通常指的是一门编程语言）是足够强大的，强大到它可以实现一个图灵机。这也意味着，所有图灵完备的编程语言，在某些程度上其表达力是相同的。但有限状态机由于其不够灵活，并不在其中。

我已经花了大量的时间来介绍有限状态机。现在我们一起来捋一捋。到目前为止，我跟你讲的所有事情都是对的，有限状态机对于某些应用来讲是非常合适的。但是，最大的优点往往也是最大的缺点。

状态机帮助你把千丝万缕的逻辑判断代码封装起来。你需要的只是一组调整好的状态，一个当前状态和一些硬编码的状态切换。

如果你想要用一个状态机来表示一些复杂的游戏 AI，则可能会面临这个模型的一些限制。幸运的是，我们的前辈们已经发现了一些不错的解决方案。我将会在本章的最后简单地介绍它们。

7.8 并发状态机

我们决定给我们的主角添加持枪功能。当她持枪的时候，她仍然可以：跑、跳和躲避等。但是，她也需要能够在这些状态过程中开火。

如果你执着于传统的有限状态机，那我们可能需要把之前的状态加倍。对于每一个已经存在的状态，我们需要定义另一个状态，它做的事情也差不多，不过就是多了持枪的操作。比如站立状态和站立开火状态，跳跃状态和跳跃开火状态等。

如果我们添加更多的武器种类，那么这个状态数量将会急剧增加。而且不仅仅是增加了大量的状态类实例，它还会增加大量的冗余，实际上带不带枪的状态仅有是否包含开火代码的区别而已。

这里的问题是，我们把两种状态杂合在一起了。我们把两种不同的状态硬塞到一个状态机里面去了。为所有可能出现的组合建模，我们可能需要为每一种状态准备一组状态。解决方法比较直观，就是分开成两个状态机。

如果我们需要为主角定义 n 种状态和 m 种它能够携带的武器状态，如果使用一个状态机来表示，那么我们需要 $n \times m$ 个状态。而如果使用两个状态机，那么状态组合仅是 $n+m$。

首先我们可以保留原有的状态机的代码和功能不管它。接下来，我们定义一个单独的状态机，用来处理主角携带的武器。现在，我们的主角会有两个状态索引，其中一个看起来如下所示：

```
class Heroine
{
  // Other code...

private:
  HeroineState* state_;
  HeroineState* equipment_;
};
```

为了便于示例说明，我们这里使用了完整的状态模式来处理女主角的装备变化。事实上，由于装备目前只有两个状态，我们完全可以只使用一个布尔值变量来替代。

当主角派发输入事件给状态类时，需要给两种状态都派发一下。

```
void Heroine::handleInput(Input input)
{
  state_->handleInput(*this, input);
  equipment_->handleInput(*this, input);
}
```

功能更加完备的系统可能会让一个状态机来处理输入，以便另外一个状态机不会接收到输入。这样将能防止两个状态机对同一输入进行错误的响应。

这样每一个状态机都可以响应输入事件并以此切换状态而不用考虑其他状态机的实现细节。当两个状态没什么关系的时候，这种方法工作得很好。

在实际中，你可能会发现你需要对某些状态处理进行干预。比如，如果主角不能够在跳跃的过程中开火，或者她在装备武器的时候不能俯冲。为了处理这种情况，在代码里面，对于每一个状态，你可能需要做一些简单的 if 判断并做出特殊处理。虽然这可能不是最好的解决方案，但是至少它可以完成任务。

7.9 层次状态机

在我们把主角的行为更加具象化以后，她可能会包含大量相似的状态。比如，她可能有站立、走路、跑步和滑动状态。在这些状态中的任何一个状态时按下 B 键，我们的主角要跳跃；按下下方向键，我们的主角要躲避。

如果只是使用一个简单的状态机实现，我们可能会在这些状态中重复不少代码。更好的解决方案是，我们只需要实现一次然后它便可以在所有的状态下都复用。

如果我们抛开状态机来谈面向对象，有一种共享代码的方式便是继承。我们可以定义一个类来表示“on ground”的状态，它用来处理跳跃状态和躲避状态。站立、走路、跑步和滑行状态从这个“on ground”的状态继承而来，并且在其类里面实现一些特殊行为。

这可能同时带来好坏两种影响。继承是一种强大的代码重用方式，但是，它也会使得子类与基类之间的代码变得紧耦合。它是一个很大的“锤子”，需小心使用才行。

这里，我们通常把这种状态机叫做层次状态机。一个状态有一个父状态。当有一个事件进来的时候，如果子状态不处理它，那么沿着继承链传给它的父状态来处理。换句话说，它有点像覆盖继承的方法。

实际上，如果我们正在使用状态模式来实现有限状态机，那么我们可以使用继承类来实现继承。我们首先定义一个基类来表示父状态：

```
class OnGroundState : public HeroineState
{
public:
  virtual void handleInput(Heroine& heroine,
                           Input input)
  {
    if (input == PRESS_B)  // Jump...
    else if (input == PRESS_DOWN)  // Duck...
    }
  }
};
```

然后，每一个子状态都继承至它：

```
class DuckingState : public OnGroundState
{
public:
  virtual void handleInput(Heroine& heroine,
                           Input input)
  {
    if (input == RELEASE_DOWN)
    {
      // Stand up...
    }
    else
    {
      // Didn't handle input, so walk up hierarchy.
      OnGroundState::handleInput(heroine, input);
    }
  }
};
```

当然，这不是实现继承的唯一方式。如果你没有使用 GoF 的状态模式，这种做法可能并不奏效。不过，你可以在基类中使用状态栈而不是单单一个状态的方法来更加明确地表示父状态的状态链。

我们当前的状态总是处于栈顶，栈顶下面的第一个元素是它的父状态，再下一个状态则是它的父状态的父状态，以此类推。如果你要进行一些与状态相关的行为操作，那么首先从栈顶状态开始。如果它不处理，则往下寻找直到找到一个能处理此事件的状态为止（如果找遍整个栈了，还是没能被处理，则将此事件被忽略掉）。

7.10 下推自动机

还有一种有限状态机的扩展，它们也使用状态栈。容易让人混淆的是，这里的栈代表了完全不同的东西，且用于解决一个完全不同的问题。

它要解决的是有限状态机没有历史记录的问题。我们知道当前状态，但是，我们并不知道之前的状态是什么。而且，我们也没有简便的方法可以获取之前的状态。

举个例子：之前，让无畏的主角全副武装。当她开枪的时候，我们需要一种新的状态来播放开枪的动画，发射子弹并显示一些特效。因此，我们需要定义一个 `FiringState`，并且所有的状态都可以切换到这个状态，只要有玩家按下开火按键就行了。

那么问题来了，当她开完枪后，她要回到什么状态呢？主角可以处于站立、躲避、俯冲和跳跃状态。但开火的动画播放完以后，她应该要回到之前的状态。

因为这个行为在许多状态里面都重复了，所以是个使用层次状态机来复用代码的好机会。

如果我们仍然坚持使用以前的有限状态机，那么我们将无法获得上一个状态的信息。为了保留上一个状态的信息，我们不得不定义一些几乎对等的状态，比如站立开火状态，跑步开火状态等。这样的话，当我们的开火状态完成以后，就可以切换回之前的状态了。

我们需要的仅仅是一种能够让我们可以保存开火前状态的方法，这样在开火状态完成之后可以回去。这里自动机理论再次帮上了我们的忙。相关的数据结构叫做下推自动机（pushdown automata）。

本来，有限状态机有一个指向当前状态的指针。而下推自动机则有一个状态栈。在一个有限状态机里面，当有一个状态切进来时，则替换掉之前的状态。下推自动机可以让你这样做，同时它还提供其他选择：

- 你可以把这个新的状态放入栈里面。当前的状态永远存在栈顶，所以你总能转换到当前状态。但是当前状态会将前一个状态压在栈中自身的下面而不是抛弃掉它。

- 你可以弹出栈顶的状态，该状态将被抛弃。与此同时，上一个状态就变成了新的栈顶状态了。

图 7-2 所示就是我们的开火状态所需要的。当开火按钮在任何一种状态下被按下的时候，我们把开火状态 push 到栈顶。当开火动画结束的时候，我们把这个开火状态 pop 出去。此时，状态机会自动切换到我们开火前的上一个状态。

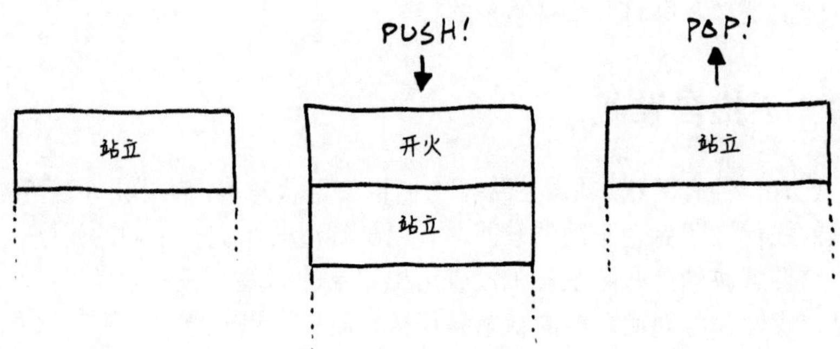

图 7-2　对状态进行 push 和 pop，与 pop 和 lock 不同

7.11　现在知道它们有多有用了吧

即使有了这些通用的状态机扩展，它们的使用范围仍然是有限的。在游戏的 AI 领域，最近的趋势是越来越倾向于行为树和规划系统。如果你对复杂的 AI 感兴趣的话，那么本章所有这些内容只是在刺激你的胃口。你可能还想通过阅读其他的书籍来了解它们。

但是这并不意味着有限状态机、下推自动机和其他简单的状态机没有用。它们对于解决某些特定的问题是一个很好的建模工具。当你的问题满足以下几点要求的时候，有限状态机将会非常有用：

- 你有一个游戏实体，它的行为基于它的内部状态而改变。
- 这些状态被严格划分为相对数目较少的小集合。
- 游戏实体随着时间的变化会响应用户输入和一些游戏事件。

在游戏里，它们被广泛使用在 AI 里面，但是它们也经常被应用于用户输入处理、浏览菜单屏幕、解析文件、网络协议和其他异步的行为。

第 3 篇 序列型模式

在很大程度上，视频游戏令我们感到兴奋是因为它们让我们沉迷于其中。在几分钟（或者坦白讲更长的时间）里，我们成为了虚拟世界的一员。而创建这些世界是作为游戏程序员的最大乐趣之一。

从某个角度来说，大多数游戏世界的特征便是时间——虚拟世界按照它自己的节奏运行着。作为世界的建造者，我们必须创造时间并打磨用来驱动游戏巨大时钟的齿轮。

本篇中的模式便是用来做这些打磨工作的工具。游戏循环是时钟旋转的中心轴，对象通过建立在游戏循环之上的更新方法来更新自身。我们可以通过双缓冲来及时地将计算机的时序性隐藏在时间快照之后，从而使得游戏世界能够同步更新。

本篇模式

- *双缓冲*
- *游戏循环*
- *更新方法*

第 8 章　双缓冲

8

8.1　动机

计算机具有强大的序列化处理能力。其力量源于它们能将庞大的任务分解成能够被逐一处理的细小步骤。不过，通常来说，我们的用户希望看到事情发生在单一瞬步或者多个任务同时进行。

虽然线程技术和多核架构在不断进步，但即便在多核环境下，也仅有少数操作能真正同步地执行。

举个典型的例子，每个游戏引擎都必须处理的问题——渲染。当引擎渲染出用户所见的世界时，在同一时间它只渲染一块：远处的山峰、起伏的丘陵、树木，这些部分被逐个轮流渲染。假如用户也像这样逐步地观察视窗的渲染过程，那么看到的将是破碎断续的世界。场景必须快速而平滑地进行更新，显示一系列完整的帧，每帧瞬时显示。

双缓冲模式解决了上述问题，但为理解其原理，我们首先需要回顾一下计算机是如何进行图形显示的。

这样的阐述，呃，“简单”了。假如你从事底层硬件开发我想你大概已经觉得烦了，请随意跳过后面的部分。凭你所知已足以理解本章余下的内容。但假如你并非那样的人，那么在此我的目的是给予你足够的背景知识以便你能理解我们随后要讨论的设计模式。

8.1.1　计算机图形系统是如何工作的（概述）

诸如计算机显示器的显示设备在每一时刻仅绘制一个像素。显示设备从左至右地扫描屏幕每行中的像素，并如此从上至下地扫描屏幕上的每一行。当它扫描至屏幕的右下角时，它将重定位至屏幕的左上角并如前述那样地重复扫描屏幕。这一扫描过程是如此地快速（大概每秒 60 次），以至于我们的眼睛无法察觉这一过程。对于我们而言，扫描的结果就是屏幕上一块彩色像素组成的静态区域，即一张图片。

你可以将上述过程想象成一根细小的软管在向显示区域不断喷洒出像素。各类颜色像素到达软管的末端，软管将它们喷射到显示区域中，每次往每个像素上喷洒一点。那么它如何知道哪个颜色像素该往哪儿喷呢？

在多数计算机中，答案是它从帧缓冲区（framebuffer）中获知这些信息。帧缓冲区是内存中存储着像素的一个数组（它是 RAM 中的一个块，其中每两个字节表示一个像素的色彩）。当软管往显示区域喷洒时，它从这个数组中读取颜色值，每次读取 1 字节。

字节值与颜色之间的特殊映射关系是通过系统中的像素格式以及色彩深度来描述的。在当今的多数游戏机中，每个像素占 32 位：红、绿、蓝色彩通道各占 8 位，剩余的 8 位则保留作其他各种用途。

基本上，为了让游戏在屏幕上显示出来，我们要做的只是往这个数组里写东西。我们竭力折腾出来的那些疯狂的高级图形算法，其根本都只是在往帧缓冲区里设置字节值。但这里存在一个小问题。

前面我说计算机的处理是按序的。假设计算机正在执行我们的一段渲染代码，我们不希望计算机同时做其他不相干的事。这没什么问题，然而在我们的程序运行过程中间确实会穿插着许多其他的事情：比如当我们的游戏在运行时，显示设备会从帧缓存中读取内存中的像素信息。这就为我们带来了一个问题。

比如我们希望在屏幕上显示一张笑脸。我们的程序开始循环访问帧缓存并对像素进行渲染。出乎我们意料的是，显卡正在读取的帧缓存正是我们正在写入的那块。随着它扫描过那些我们已经写入的数据，笑脸便开始在屏幕上浮现，但它渐渐超过我们的写入速度并访问了帧缓存中那些未写入的部分。结果就是渲染出现了撕裂，屏幕上会留下了一个半成品，丑陋的 bug 暴露无遗。

我们在显卡设备开始从帧缓存读取数据的同时进行像素数据的写入（图 8-1.1）。最终显卡赶上并超过了渲染器并访问了我们尚未写入数据的帧缓存区域（图 8-1.2）。我们结束绘制(图 8-1.3)时，显卡设备错过了那些读取后才写入的数据。结果用户看到的是渲染的半成品（图 8-1.4）。我称它是“哭丧脸”——笑脸的下半边像是被撕掉了一样。

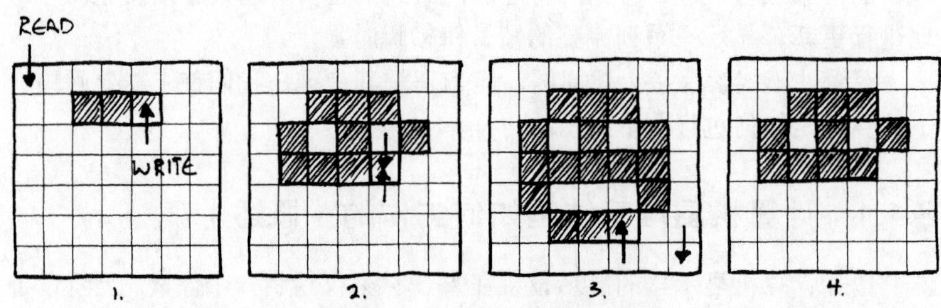

图 8-1　渲染过程中出现了撕裂

这就是我们需要本设计模式的原因。我们的程序一次只渲染一个像素，同时我们要求显示器一次性显示所有的像素——可能这一帧看不到任何东西，但下一帧显示的就是完整的笑脸。双缓冲模式解决了这一问题。下面我会以类比的形式来阐述。

8.1.2　第一幕，第一场

设想用户正在观看我们进行的一场表演。当第一个场景谢幕后第二个场景跟着上映，这时候我们需要切换布景。如果我们在场景谢幕后直接清理道具，那么场景在视觉上的连贯性会被破坏。我们可以在收拾场景的同时将灯光变暗（当然，这也正是影剧院所做的），而观众们依然知道黑暗中戏剧的某些事件仍在继续。我们希望在剧幕之间不会产生时间上的间隙。

在空间允许的情况下，我们想到了这个聪明的办法：我们建立两个舞台以便它们都能为观众所见。它们各有各的一套灯光。我们称其为 A 舞台和 B 舞台。场景 1 正在 A 舞台上上演，同时舞台 B 正处在黑暗中并正由场景后台进行着场景 2 的准备。一旦场景 1 结束，我们就关掉 A 舞台的灯光并将灯光转移到 B 舞台，观众们便立即聚焦到新舞台并看到了第二幕场景上映。

借助单面镜以及其他一些巧妙的布局，实际上你能够在同一个舞台进行场景之间的无缝切换。当灯光转移时，观众们可能会聚焦到另一个舞台上，但他们并不一定要转移视线。如何做到这一点就给读者留作练习吧。

与此同时，我们的场景后台正在清理此刻已经暗下的舞台 A，它清理场景 1 并为场景 3 做准备。一旦场景 2 结束，我们再将光线聚焦到 A 舞台上。我们在整场表演过程中重复上述过程，将黑暗中的舞台作为工作区来为下个场景做准备。每次场景切换，我们只是将灯光在两个舞台之间来回切换。我们的观众于是就看到了衔接流畅而无缝的场景转换。他们永远不会看到舞台的后台。

8.1.3 回到图形上

上面就是双缓冲模式的工作原理，你所见到的任何一款游戏的渲染系统中都重复着这样的过程。我们使用两个帧缓存而非一个。双缓冲中的一个缓存用于展示当前帧，即上述例子中的 A 舞台。它就是显示设备读取像素数据来进行渲染的地方，GPU 可以随时对其进行任意数据量的扫描。

然而并非所有的游戏和控制台都这么做。早前比较简单的控制台游戏受到内存的局限，要小心翼翼地将渲染与显示屏刷新操作进行同步来取代双缓冲，这是比较棘手的。

与此同时，我们的渲染代码正在另一个帧缓冲区中写入数据，它就是我们处于黑暗中的 B 舞台。当渲染代码完成场景 2 的绘制时，它通过交换两个缓冲区来“切换舞台光线”。这使得显卡驱动开始从第一个缓冲区转向第二个缓冲区以读取其数据进行渲染。只要它掌握好时机在每次刷新显示结束时进行切换，我们就不会看到任何衔接的裂隙，且整个场景能一次性在瞬间显示出来。

这时候，旧的帧缓冲变得可用了，我们就开始往它的内存区域渲染下一帧。棒极了！

8.2 模式

定义一个缓冲区类来封装一个缓冲区：一块能被修改的状态区域。这块缓冲区能被逐步地修改，但我们希望任何外部的代码将对该缓冲区的修改都视为原子操作。为实现这一点，此类中维护两个缓冲区实例：后台缓冲区和当前缓冲区。

当要从缓冲区读取信息时，总是从当前缓冲区读取。当要往缓冲区中写入数据时，则总在后台缓冲区上进行。当改动完成后，则执行"交换"操作来将当前缓冲区与后台缓冲区进行瞬时的交换，以便让新的缓冲区为我们所见，同时刚被换下来的当前缓冲区则成为现在的后台缓冲区以供复用。

8.3 使用情境

双缓冲模式是一个在需要时你自然会想起的设计模式。假如你的系统不支持双缓冲，那么使用此模式很可能会出现视觉错误（比如会出现"撕裂"现象），或者出现显示异常。但是说"需要的时候你自然会想起"会让你无所适从，更准确地说，当下面这些条件都成立时，适用双缓冲模式：

- 我们需要维护一些被逐步改变着的状态量。
- 同个状态可能会在其被修改的同时被访问到。
- 我们希望避免访问状态的代码能看到具体的工作过程。
- 我们希望能够读取状态但不希望等待写入操作的完成。

8.4 注意事项

不像那些较大的架构模式，双缓冲模式处于一个实现层次相对底层的位置。因此，它对代码库的影响较小——甚至多数游戏都不会察觉到这些差别。当然，下面这些附加说明还是值得一提的。

8.4.1 交换本身需要时间

双缓冲模式需要在状态写入完成后进行一次交换操作，操作必须是原子性的：也就是说任何代码都无法在这个交换期间对缓冲区内的任何状态进行访问。通常这个交换过程和分配一个指针的速度差不多，但如果交换用去了比修改初始状态更多的时间，那这模式就毫无助益了。

8.4.2 我们必须有两份缓冲区

这个模式的另外一个后果就是增加了内存使用。正如其名，此模式要求你在任何时刻都维护着两份存储着状态的内存区域。在内存受限的硬件上，这可是个很苛刻的要求。假如你无法分配出两份内存，你就必须想出其他办法来避免你的状态在修改时被访问。

8.5 示例代码

既然我们已经了解了理论，那么让我们来看下如何实践。我们将写一个极其简单的图形系统以供我们在帧缓存上绘制像素。在多数控制台和 PC 上，显卡驱动提供了图形系统的这一底层部分，而这里通过手动实现它，我们便能了解发生了什么。首先是缓冲区本身：

```
class Framebuffer
{
public:
   // Constructor and methods...

private:
  static const int WIDTH = 160;
  static const int HEIGHT = 120;

  char pixels_[WIDTH * HEIGHT];
};
```

缓冲区拥有一些基本操作：将整个缓冲区清理为默认颜色，对指定位置的像素颜色值进行设置。

```
void Framebuffer::clear()
{
  for (int i = 0; i < WIDTH * HEIGHT; i++)
  {
    pixels_[i] = WHITE;
  }
}

void Framebuffer::draw(int x, int y)
{
```

这里用到的一个小算法，是将二维坐标阵列映射到一个行主序的线性像素数组中。

```
  pixels_[(WIDTH * y) + x] = BLACK;
}
```

它还包含了 getPixels()函数，用于暴露给外部以访问缓冲区持有的整个原始像素数组：

```
const char* Framebuffer:: getPixels()
{
  return pixels_;
}
```

我们并不会在例子中看到它，但实际中，显卡驱动会频繁地调用这个函数来将缓冲区的内存流式地输出到屏幕上。我们在 Scene 类里包装这个原始的缓冲区。此类的任务在于对其缓冲区进行一系列的 draw()函数调用来渲染出图形。

具体来说，它画出了这样一幅杰作（图 8-2）：

图 8-2 看起来像一张脸

```
class Scene
{
public:
  void draw()
  {
    buffer_.clear();
    buffer_.draw(1, 1); buffer_.draw(4, 1);
    buffer_.draw(1, 3); buffer_.draw(2, 4);
    buffer_.draw(3, 4); buffer_.draw(4, 3);
  }

  Framebuffer& getBuffer() { return buffer_; }

private:
  Framebuffer buffer_;
};
```

每一帧中，游戏指挥着“scene”去绘制。“scene”清除缓冲区然后一次绘制大量的像素。同时它也通过“getBuffer()”提供了对内部缓冲区的访问，以便显卡驱动能够获取到它。

这听起来直接了当，但假如我们的工作到此为止，那么就会出现问题：显卡驱动可以在任何时刻对缓冲区调用 getPixels()，甚至是在下面这样的时机调用：

```
buffer_.draw(1, 1); buffer_.draw(4, 1);
// <- Video driver reads pixels here!
buffer_.draw(1, 3); buffer_.draw(2, 4);
buffer_.draw(3, 4); buffer_.draw(4, 3);
```

当上述情况发生时，对用户来说，笑脸的眼睛还在，但这一帧的嘴却不见了。在下一帧它又可能在其他某个地方受到干扰。结果是可怕的频闪图像。我们可以用双缓冲来修正它：

```
class Scene
{
public:
  Scene()
  : current_(&buffers_[0]),
    next_(&buffers_[1])
  {}

  void draw()
  {
    next_->clear();
    next_->draw(1, 1);
    // ...
    next_->draw(4, 3);
    swap();
  }

  Framebuffer& getBuffer() { return *current_; }

private:
  void swap()
  {
    // Just switch the pointers.
    Framebuffer* temp = current_;
    current_ = next_;
    next_ = temp;
  }

  Framebuffer buffers_[2];
  Framebuffer* current_;
  Framebuffer* next_;
};
```

现在 Scene 拥有两个缓冲区，它们被置于 buffers_数组中。我们并不从数组中直接引用它们，而是通过 next_和 current_这两个指针成员来指向数组。当我们绘图时，我们往 next 这个缓冲区（通过 next_访问）里绘制，而当显卡驱动需要获取像素信息时，它总是从另一个current_所指向的 current 缓冲区中获取。

借此，显卡驱动将永远不会访问到我们所正在进行处理的缓冲区。剩下的问题就在于在场景完成帧绘制后，对 swap() 方法的调用。它简单地通过交换 next_与 current_这两个指针的指向来交换两个缓冲区。当下一次显卡驱动调用 getBuffer() 函数时，它将获取到我们刚刚完成绘制的那块新的缓冲区，并将其内容绘制到屏幕上。再也不会有图形撕裂和不美观的问题了。

8.5.1 并非只针对图形

双缓冲模式所解决的核心问题就是对状态同时进行修改与访问的冲突。造成此问题的原因通常有两个，我们已经通过上述图形示例描述了第一种情况——状态直接被另一个线程或中断的代码所直接访问。

而另一种情况同样很常见：进行状态修改的代码访问到了其正在修改的那个状态。这会在很多地方发生：尤其是实体的 AI 和物理部分，在它与其他实体进行交互时会发生这样的情况，双缓冲模式往往能在此情形下奏效。

8.5.2 人工非智能

假设我们正在为一个关于闹剧的游戏中的所有事物构建行为系统。游戏有一个舞台，上面很多“演员”在追逐打闹。下面是我们基础角色类：

```
class Actor
{
public:
  Actor() : slapped_(false) {}

  virtual ~Actor() {}
  virtual void update() = 0;

  void reset()      { slapped_ = false; }
  void slap()       { slapped_ = true; }
  bool wasSlapped() { return slapped_; }

private:
  bool slapped_;
};
```

游戏需要在每一帧对演员实例调用 update() 以让其进行自身的处理。

严格来说，从用户的角度来看，所有的角色必须看起来是在同步地更新。

“演员”也可以通过“相互作用”与其他角色进行交互，这里特指“他们可以互相扇对方巴掌”。当更新时，角色可以对其他角色调用 slap() 方法来对其扇巴掌并通过调用 wasSlapped() 方法来获知对方是否已经被扇过巴掌。

这是一个更新方法模式（第 10 章）中的例子。

这些角色需要一个可以交互的舞台，我们通过以下代码构建它：

```
class Stage
{
public:
  void add(Actor* actor, int index)
  {
    actors_[index] = actor;
  }

  void update()
  {
    for (int i = 0; i< NUM_ACTORS; i++)
    {
      actors_[i]->update();
      actors_[i]->reset();
    }
  }

private:
  static const int NUM_ACTORS = 3;

  Actor* actors_[NUM_ACTORS];
};
```

Stage 允许我们往里添加角色，并提供一个简单的 update() 方法来更新所有角色。对于用户而言，角色开始同步地各自移动，但从内部看，一个时刻仅有一个角色被更新。

另一点需要注意的是，每个角色“被扇巴掌”的状态在其更新结束后应立即被清空重置。这是为了确保角色只会对受到的每个巴掌作出一次响应。

接下来，我们来为角色定义一个具体的子类。我们的喜剧演员很简单，他面朝一个指定角色，不论谁给了他一巴掌，他就冲着他所面对的角色扇巴掌。

```
Class Comedian :public Actor
{
public:
  void face(Actor* actor) { facing_ = actor; }

  virtual void update()
  {
    if (wasSlapped()) facing_->slap();
  }

private:
  Actor* facing_;
};
```

现在，让我们往舞台里放置一些喜剧演员来看看会发生什么。我们对三个演员进行恰当的设置，使他们每个都面对着下一个，而最后一个面向第一个，形成一个圈。[1]

```
Stage stage;

Comedian* harry = new Comedian();
Comedian* baldy = new Comedian();
Comedian* chump = new Comedian();

harry->face(baldy);
baldy->face(chump);
chump->face(harry);

stage.add(harry, 0);
stage.add(baldy, 1);
stage.add(chump, 2);
```

现在该舞台的布局如图 8-3 所示。箭头指明了角色所面朝的另一个角色，而数字表示角色在舞台的 actors_数组中的索引号。

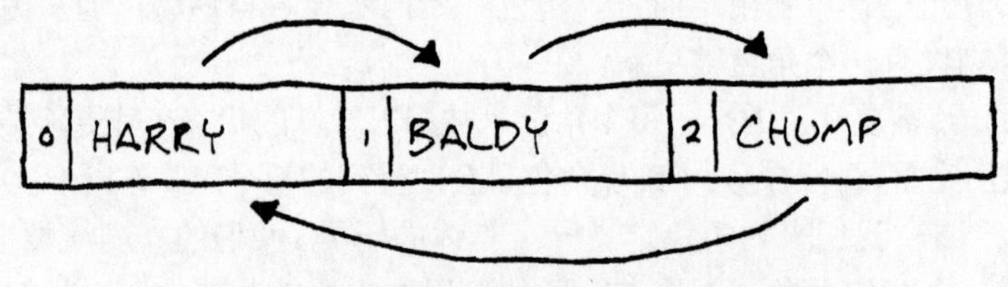

图 8-3　视频游戏中的暴力行为（扇巴掌）

[1] 译者注：即构成一个小的单向循环链表，每个演员中的 facing_成员即为链表中节点的 next 指针。

现在我们往 Harry 脸上扇一巴掌来为表演拉开序幕，看看现在会发生些什么：

```
harry->slap();
stage.update();
```

切记，Stage 中的 update()方法依次轮流对每个角色进行更新，所以假如我们跟进一遍代码，我们会发现舞台上表演的进展过程如下：

```
Stage updates actor 0 (Harry)
  Harry was slapped, so he slaps Baldy
Stage updates actor 1 (Baldy)
  Baldy was slapped, so he slaps Chump
Stage updates actor 2 (Chump)
  Chump was slapped, so he slaps Harry
Stage update ends
```

在单独一帧内，我们最开始给 Harry 的一巴掌传递给了所有演员。现在为了让事情更复杂些，我们把舞台上的这些演员在数组中的顺序打乱但不改变他们脸的朝向（图 8-4）。

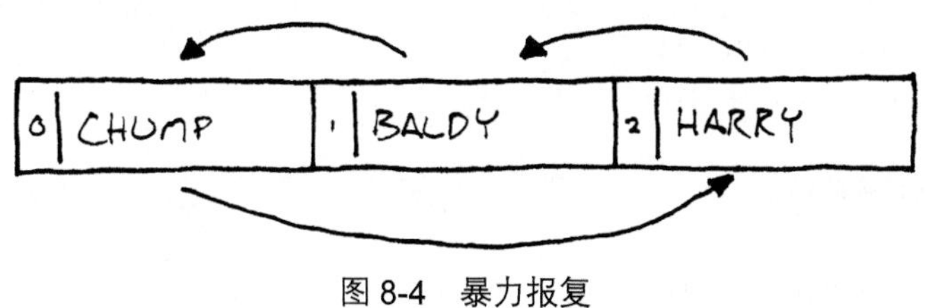

图 8-4 暴力报复

我们将剩余的部分交给舞台自己处理，但要将上面添加三个角色的代码替换为如下所示：

```
stage.add(harry, 2);
stage.add(baldy, 1);
stage.add(chump, 0);
```

让我们再来实验看看会发生什么：

```
Stage updates actor 0 (Chump)
  Chump was not slapped, so he does nothing
Stage updates actor 1 (Baldy)
  Baldy was not slapped, so he does nothing
Stage updates actor 2 (Harry)
  Harry was slapped, so he slaps Baldy
Stage update ends
```

哦不！完全不一样了。问题很明显，当我们更新角色时，我们修改他们的“被扇巴掌”状态，我们也在修改的同时读取这些状态。因此在同一次舞台更新循环中，状态的修改仅仅会影响到在其后更新的那些角色。

假如你继续更新舞台，你将看到扇巴掌的动作渐渐在角色之间传递，每帧传递一个。在第一帧，Harry 扇了 Baldy 一巴掌，下一帧 Baldy 扇了 Chump 一巴掌，如此递推。

最终的结果是某个角色可能不会在被扇巴掌的这一帧做出反应也不会在下一帧做出反应——这完全取决于两个角色在舞台中的顺序。这违背了我们对角色的要求：我们希望他们平行地运转；而他们在某帧更新中的顺序不应该对结果产生影响。

8.5.3 缓存这些巴掌

幸运的是，我们的双缓冲模式能帮上忙。这一次，我们将缓存一系列粒度更恰当的数据：缓存每个角色的“被扇巴掌”状态，而不是先前的那两个庞大的缓冲区对象：

```
class Actor
{
public:
  Actor() : currentSlapped_(false) {}

  virtual ~Actor() {}
  virtual void update() = 0;

  void swap()
  {
    // Swap the buffer.
    currentSlapped_ = nextSlapped_;

    // Clear the new "next" buffer.
    nextSlapped_ = false;
  }

  voids slap()       { nextSlapped_ = true; }
  bool wasSlapped() { return currentSlapped_; }

private:
  bool currentSlapped_;
  bool nextSlapped_;
};
```

现在每个角色有两个状态（currentSlapped_以及 nextSlapped_）而不是一个 slapped_。正如先前图形的例子一样，当前的状态用于读取，下一个状态用于写入。

reset()函数被 swap()方法所替换。现在，在清除交换的状态之前，角色先将下一状态复制到当前状态中，使其成为当前状态。这里还需要在 Stage 中进行一些小改动：

```
void Stage::update()
{
for (inti = 0; i< NUM_ACTORS; i++)
 {
   actors_[i]->update();
 }

 for (inti = 0; i< NUM_ACTORS; i++)
 {
   actors_[i]->swap();
 }
}
```

现在 update()函数更新所有的角色接着对他们的所有状态进行交换。这样的最终结果是，每个角色在其被扇巴掌那帧的下一帧中仅会看到一个巴掌。这样一来，这些角色就会表现一致而不受他们在舞台上顺序的影响。对于用户和外部的代码而言，这些角色在一帧之内就是同步更新的。

8.6 设计决策

双缓冲模式很简单，我们上面所看到的例子也几乎将你可能遇到的不同情况都涵盖到了。当实现这种模式时主要会有如下两点的讨论。

8.6.1 缓冲区如何交换

交换缓冲区的操作是整个过程中最关键的一步，因为在这一过程中我们必须封锁对两个缓冲区所有的读写操作。为达到最优性能，我们希望这个过程越快越好。

- **交换缓冲区指针或者引用**

这是我们图形例子中的做法，也是处理图形双缓冲最通用的解决方案。

  - ◆ 这很快。无论缓冲区有多大，交换的只是一对指针的赋值。其速度和简单性都很难被超越。
  - ◆ 外部代码无法存储指向某块缓冲区的持久化指针。这是该方法主要的约束。因为我们并没有真正地移动数据，所以我们实际上做的是周期性地告诉其他代码库去另外一些地方找缓冲区，就像我们最初所比喻的舞台那样。这意味着其他代码库无法直接存储指向某个缓冲区内数据的指针，因为过一会儿它就可能指向错误的缓冲区数据了。

这对于那些显卡希望帧缓冲区在内存中固定地址的系统来说尤其会造成麻烦。如果是那样，我们就不能采用这种办法。

◆ 缓冲区中现存的数据会来自两帧之前而不是上一帧。连绵不断的帧在交替的两个缓冲区中进行绘制而不在它们之间进行数据复制，如下：

```
Frame 1 drawn on buffer A
Frame 2 drawn on buffer B
Frame 3 drawn on buffer A
...
```

你将会注意到当我们要绘制第三帧时，在缓冲区中的数据来自第一帧，而不是来自最近的第二帧。在多数情况下，这并没有问题——我们往往在绘制前会清理整个缓冲区。但假如我们希望对缓冲区现存的某些数据进行复用，那么就必须考虑到哪些数据是比我们所预期的更提早一帧。

双缓冲的一个经典应用是处理动态模糊。当前帧与先前渲染帧的一部分进行混合，以便让产生的图像更接近于真实摄像机拍摄产生的效果。

- **在两个缓冲区之间进行数据的拷贝**

假如我们无法对缓冲区进行指针重定向，那么唯一的办法就是将数据从后台缓冲区实实在在地拷贝到当前缓冲区。这就是我们在打斗喜剧里所做的。在这一情况下，我们选择此方法是因为其缓冲区仅仅是一个简单的布尔值标志位——它并不会比复制指向缓冲区的指针花去更长的时间。

◆ 位于后台缓冲区里的数据与当前的数据就只差一帧时间。这是拷贝数据方法的优点，它就像打乒乓球那样一来一回通过两个缓冲区的翻转来推进画面。假如我们需要访问先前缓冲区的数据，此方法会提供更加实时的数据以供我们使用。

◆ 交换操作可能会花去更多时间。这当然是个大缺点。这里的交换就意味着拷贝内存中的整个缓冲区数据块。假如缓冲区很大，比如是一整个帧缓冲区，那么进行交换就会很明显地花去一整块时间。在交换期间无法对任何一个缓冲区进行读写操作，这是个很大的局限。

8.6.2 缓冲区的粒度如何

另一个问题在于缓冲区自身是如何组织的？它是单个的庞大数据块还是分布在某个集合里的每个对象之中？我们在图形的例子中使用了前一形式而演员例子中使用了后者。

多数时候，你所要缓存的内容将会告诉你答案，当然也有调整的空间。例如，我们的演员也都可以将他们的信息集中存储在一个独立的信息块中，并让演员们通过他们的索引指向其中各自的状态。

- **假如缓冲区是单个整体**
  - 交换操作很简单，因为全局只有一对缓冲区，只需要进行一次交换操作。假如你通过交换指针来交换缓冲区，那么你就可以交换整个缓冲区而无视其大小，只是两次指针分配而已。
- **假如许多对象都持有一块数据**
  - 交换较慢。为实现交换，我们需要遍历对象集合并通知每个对象进行交换。

    在我们的打斗喜剧中，这是没有问题的，因为我们总需要清理后台“被扇巴掌”的状态——每帧都必须访问到每个对象所缓存的状态。假如不需要访问缓存的状态，那么我们就可以对其进行优化来使其达到与使用单块大缓冲区存储一系列对象状态一样的效率。

    此时的办法就是使用“当前”和“下一个”指针的概念并将它们作为对象内部的成员——相对偏移量。如下：

```
class Actor
{
public:
  static void init() { current_ = 0; }
  static void swap() { current_ = next(); }

  void slap()        { slapped_[next()] = true; }
  bool wasSlapped()  { return slapped_[current_]; }

private:
  static int current_;
  static int next()  { return 1 - current_; }

  bool slapped_[2];
};
```

演员们通过 current_索引状态数组来访问其当前状态。下个状态总是数组中的另一个索引，故我们可以通过 next()来获取它。此时交换状态只需变换 current_的索引。聪明的地方在于 swap()现在是一个静态方法——只需要调用一次，每个演员的状态都将会被交换。

8.7 参考

- 你几乎能在任何一个图形 API 中找到双缓冲模式的应用。例如，OpenGL 中的 swapBuffers()函数，Direct3D 中的“swap chains”，微软 XNA 框架在 endDraw()方法中也使用了帧缓冲区的交换。

第 9 章　游戏循环

9

"实现用户输入和处理器速度在游戏行进时间上的解耦。"

9.1　动机

假如有哪个模式是本书最无法删减的，那么非游戏循环模式莫属。游戏循环模式是游戏编程模式中的精髓。几乎所有的游戏都包含着它，无一雷同，相比而言那些非游戏程序中却难见它的身影。

为了了解游戏循环模式是如何大有作为，我们先来快速回顾一下往事。在那个大家都还留着络腮胡的编程年代，程序工作起来就像你家里的洗碗机——你将一段代码输进机器，按下按钮，等待，获得输出结果，完成。这是批处理模式的程序——活干完了，程序也就终止了。

Ada Lovelace 和 Rear Admiral Grace Hopper 都是非常早期的女程序员，她们并没有留有络腮胡。

今天你依然见得到它们，好在，今天我们不再使用穿孔卡片来写代码。Shell 脚本、命令行程序，甚至是将一堆标记性语言（Markdown）转变成这本书的那些小 Python 脚本都属于批处理程序。

9.1.1　CPU 探秘

程序员们终将会意识到，这种把批处理代码丢给计算机，离开几个小时后再回来查看结果的方式，在程序排错上简直慢得可怕。他们需要即时反馈——于是交互式编程诞生了。最早的一批交互式程序就是下面这样的游戏：

```
YOU ARE STANDING AT THE END OF A ROAD BEFORE A SMALL BRICK
BUILDING . AROUND YOU IS A FOREST. A SMALL
STREAM FLOWS OUT OF THE BUILDING AND DOWN A GULLY.
```

这被称为"洞穴探险（Colossal Cave Adventure）"，史上首个冒险游戏。

```
> GO IN
YOU ARE INSIDE A BUILDING, A WELL HOUSE FOR A LARGE SPRING.
```

你可以和这个程序实时的交互。它等待你的输入，并对你的操作进行响应。你也许还会回应它的反馈，你们就这么一唱一和，就像你在幼儿园里所学的那样。当轮到你时，机器就静静地呆在那儿啥也不做，就像下面这样：

这个程序永远地循环着，因此你无法退出游戏。真实的游戏会改为诸如 while(!done) 并通过设置 done 标志的值来退出游戏。我省去了这些来让例子看上去更简单。

```
while (true)
{
  char* command = readCommand();
  handleCommand(command);
}
```

9.1.2 事件循环

如果剥去现代的图形应用程序 UI 的外衣，你将发现它们和旧的冒险游戏是如此相似。你的文字处理器通常什么也不做地待着，直到你按下了某个键或者点击了鼠标：

```
while (true)
{
  Event* event = waitForEvent();
  dispatchEvent(event);
}
```

这与文本指令的主要差异在于，事件循环程序等待用户的输入事件，包括鼠标点击和键盘按键。基本上它还是像旧的文字冒险游戏那样运作，阻塞着自己等待用户输入，这是个大问题。

多数事件循环都包含一个“空闲（idle）”事件以便在没有用户输入时也能间歇性地处理事务，这对于闪烁的光标或者一个进度条而言已经足够了，但对于游戏而言远远不够。

不同于其他大多数软件，游戏即便在用户不提供输入时也一直在运行。假如你坐下来盯着屏幕，游戏也不会卡住。动画依旧在播放，各种效果也在闪动跳跃，假如你运气不佳，怪物们则可能在不断地啃咬你的英雄！

这是真实的游戏循环的第一个关键点：它处理用户的输入，但并不等待输入。游戏循环始终在运转：

```
while (true)
{
  processInput();
  update();
```

```
    render();
  }
```

上面是最基本的结构，我们稍后再改善它。processInput()处理相邻两次循环调用之间的所有用户输入。接着 update()让游戏（数据）模拟迭代一步，它执行游戏 AI 和物理计算（这是常见顺序）。最后 render()对游戏进行渲染以将游戏内容展现给玩家。

顾名思义，你可能已经猜到了，update()方法里正是个使用更新方法模式（第 10 章）的好地方。

9.1.3 时间之外的世界

假如循环不因输入而阻塞，那么试问：它运转得多快呢？游戏循环的每次执行通过某些值更新了游戏状态，从游戏世界中某个人物的视角来看，他们的时钟便往前走了一个单位。

游戏循环的一次更新可以用术语“滴答(tick)”或“帧(frame)”来描述。

与此同时，玩家实际的时间也在流逝。假如用现实时间来衡量游戏循环的速度，我们就得到了游戏的“帧率（FPS，frames per second)”。假如游戏循环得很快，FPS 的值便很高，游戏将会运行得十分快而流畅。反之，游戏就会拖拉得像场定格电影（stop motion movie)。

对于现在这个简单的游戏循环，它以其尽可能快的速度在运转。两个因素决定了帧率。第一个是循环每一帧要处理的信息量。复杂的物理运算、一堆对象的数据更新、许多图形细节等都将让你的 CPU 和 GPU 忙个不停，这都会让一帧消耗更多的时间。

第二个是底层平台的速度。速度越快的芯片在相同时间内能够处理更多的代码。多核、多 GPU、专用声卡以及操作系统的调度器都影响着你在一帧中所能处理的代码量。

9.1.4 秒的长短

在早期视频游戏中，这个秒数因子是固定的。假如你为红白机（NES）或者苹果二代电脑（Apple IIe）写游戏，那么你就必须对运行游戏的 CPU 有精确的了解，而且你要能（且必须）为它写专门的代码。你需要好好考虑游戏的每一帧都该做些什么。

这也就是那些旧的个人电脑总带着“加速(turbo)”[1]按钮的原因。新一代的个人电脑变得更快，它们将无法运行那些旧的游戏——因为这些游戏运行起来会变得很快。关闭加速按钮可以减缓它们的运行速度以便进行游戏。

早期的游戏每帧被精心设计得刚好能在一帧时间内完成代码的运行，以便它能够在开发者期望的速度下运行。但假如你在一个稍快或稍慢的机器上运行相同的游戏，则游戏本身会发生加速或者减速的现象。

而今，很少有开发者对他们游戏所运行的硬件平台有精确的了解。取

[1] https://en.wikipedia.org/wiki/Turbo_button。

而代之的是，我们必须要让游戏智能地适配多种硬件机型。

这就是游戏循环模式的另一个要点：这一模式让游戏在一个与硬件无关的速度常量下运行。

9.2 模式

一个游戏循环会在游戏过程中持续地运转。每循环一次，它非阻塞地处理用户的输入，更新游戏状态，并渲染游戏。它跟踪流逝的时间并控制游戏的速率。

9.3 使用情境

对于设计模式，宁可不用也不能错用，所以每一章你都会看到这一部分，以便让我们冷静下来思考。设计模式的目标可不是为了让你毫无节制地往你的程序里添加代码。

于我而言，这就是“引擎”和“库”之间的差别。使用库时，你自己把握游戏循环并在其中调用库函数，而使用引擎时它自己掌握着游戏主循环并调用你的代码。

但这一模式有所不同。我敢打包票你会在你的游戏里使用它。假如你使用了游戏引擎，那么这一模式无需你亲自实现，它已经存在于引擎中。

你可能会想，我的回合制游戏应该不需要这家伙吧？不，尽管回合制游戏中，游戏状态总是随着双方回合的轮转而更新，但游戏中视觉和听觉的模块却一直在运转，即便当你正在自己的回合犹豫着下一步行动时，动画和音效也依旧在运转。

9.4 使用须知

我们这里所讨论的循环是游戏中举足轻重的部分。正所谓程序 90%的时间都花在 10%的代码上——而游戏循环部分的代码就在这 10%之中。你必须小心翼翼，并时刻考虑它的效率。

谈论这些听起来不靠谱的统计，正是那些正牌机械或电气工程师不把我们当回事的原因吧!

你可能需要和操作系统的事件循环进行协调

假如你在一个带有图形 UI 和内置事件循环的操作系统或平台上构建游戏，那么在游戏运行时就有两个应用程序循环在执行。因此它们就需要很好地协作。

有时你可以对其进行控制使得游戏只执行你的游戏循环。例如，你放弃珍贵的 WindowsAPI 来开发游戏，那么你的 `main()` 函数仅有一个游戏循环。其中你可以调用 PeekMessage()处理并从操作系统中分派事件。不同于 GetMessage()，PeekMessage()并不阻塞等待用户输入，所以你的游戏循环会持续地运转。

其他平台并不会轻易地让你退出事件循环。假如你以浏览器为平台，那么事件循环也已根植在浏览器执行模式的底层，其中事件循环负责显示，你同样要使用它来作为你的游戏循环。你可能会调用 requestAnimationFrame()之类的函数以便浏览器回调你的程序，并维持游戏的运转。

9.5 示例代码

做了这么长的介绍，游戏循环模式的代码却是非常简单的。我们将看到两个不同的实现版本，并比较它们的好坏。

游戏循环驱动着 AI、渲染和其他游戏系统，但这并不是模式本身的关键，所以这里我们将这些部分都假设出来。实现 render()、update()等这些部分留给读者作为练习（挑战）。

9.5.1 跑，能跑多快就跑多快

我们已经看到最简单的游戏循环：

```
while (true)
{
  processInput();
  update();
  render();
}
```

它的问题在于你无法控制游戏运转的快慢。在较快的机器上游戏循环可能会快得令玩家看不清游戏在做些什么，在慢的机器上游戏则会变慢变卡。假如你还加入了重量级的模块或者进行 AI 或物理运算，那么游戏实际上会更卡。

9.5.2 小睡一会儿

我们首先来看看做一点小改动会如何。假设你希望让游戏以 60 帧/秒运行，也就是说你大概有 16 毫秒的时间来处理每一帧。假如你确实能够在这 16 毫秒以内进行所有的游戏更新与渲染工作，那么你就可以以一个稳定的帧率来跑游戏。你所需要做的就是处理这一帧，接着等待下一帧

的到来，如图 9-1 所示。

1000 ms/FPS=毫秒每帧。

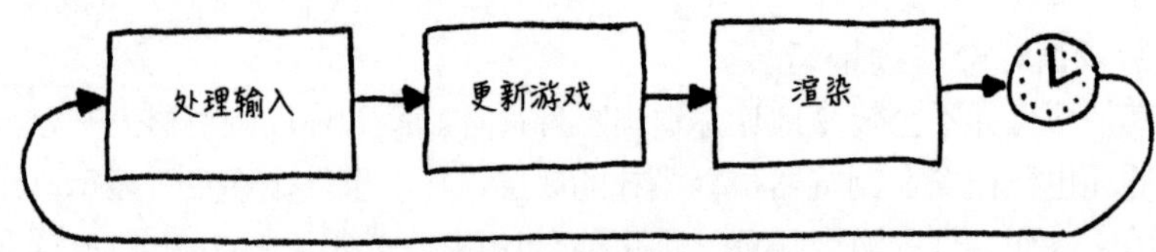

图 9-1 一个相当简单的游戏循环

代码如下：

```
while (true)
{
  double start = getCurrentTime();
  processInput();
  update();
  render();

  sleep(start + MS_PER_FRAME - getCurrentTime());
}
```

这里 sleep() 的方法确保即便过快地处理完一帧，游戏也不会运转得太快。但这办法在游戏运行过慢时毫无帮助。假如一帧的更新渲染时间超过了 16 毫秒，则睡眠的时间为负——如果我们有让时间反向流逝的电脑，那许多事情都会很容易，遗憾的是并没有。

这时候游戏便慢下来。你为此减少每帧的工作量——减少图形处理量或者在 AI 上要点小聪明，甚至直接去掉 AI。但即便是在一台很快的机器上，这样做也会影响游戏的质量。

9.5.3 小改动，大进步

让我们再试试稍复杂点的办法。我们目前的问题可以归结为：

1. 每次更新游戏花去一个固定的时间值。
2. 需要花些实际的时间来进行更新。

假如第二步的时间长于第一步，那么游戏就会变慢。例如当需要 16 毫秒以上的时间来更新帧速为 16 毫秒每帧的游戏时，就可能无法维持运行速度。但假如我们能在单独一帧中进行超过 16 毫秒的游戏状态更新，那么我们可以不那么频繁地更新游戏并且能够追赶上游戏的行进速度。

具体想法是计算这一帧距离上一帧的实际时间间隔以作为更新步长。

帧处理花费的实际时间越长，这个步长也就越长[1]。这个办法使得游戏总会越来越接近于实际时间。他们称此为变值时间步长（或者浮动时间步长），代码如下：

```
double lastTime = getCurrentTime();
while (true)
{
  double current = getCurrentTime();
  double elapsed = current - lastTime;
  processInput();
  update(elapsed);
  render();
  lastTime = current;
}
```

在每一帧里，我们计算出自上次更新至今所花费的实际时间，即变量 elapsed。当我们更新游戏状态时，将这个时间值传入。接下来游戏引擎负责将游戏世界更新到这个时间增量的下一个状态。

假设我们有颗子弹穿过屏幕。在固定时间步长方法下，每帧中你根据子弹的速度移动它。在浮动时间步长方法下，你通过时间差可以调整这个子弹的速度。随着时间步长增加，子弹在每一帧越飞越远。于是子弹将在等同的实际时间中移动同样的距离，不论它是花了 20 小步（较快的机器上）还是 4 大步（较慢的机器上）来完成。这办法看起来成功了：

- 这样一来，游戏可以在不同的硬件上以相同的速率运行。
- 高端机器的玩家能够得到一个更流畅的游戏体验。

但，哎，我们目前有一个严重的潜在问题：我们使得游戏变得不确定且不稳定。举个例子来说说我们自己创造的陷阱：

假设在一个双玩家的网络游戏中，Fred 使用的是强大的游戏机而 George 用的是他祖母的古董 PC 机，我们之前讨论的子弹在它们的屏幕上飞来飞去。在 Fred 的机器上，游戏运行得飞快，也就是说每一帧处理所需的时间都极短。让我们把帧填满：假设在 Fred 的机器上子弹飞过屏幕共执行了 50 帧，那么 George 那糟糕的机器可能只能在这样的时间里执行 5 帧。

这意味着在 Fred 的机器上，游戏的物理引擎更新了子弹的位置 50 次，而 George 的机器只执行了 5 次。多数游戏采用浮点数，而它们会带来舍入误差。你每次将两个浮点数相加，其返回的结果都可能出现左右偏差。Fred 的机器做了比 George 的机器 10 倍多的运算，所以他累计了更多的误差。在他们的机器上，子弹将在不同的位置消失。

"确定性"表示每次你运行程序，假如给予同样的输入，那么你将得到完全一致的输出。如你所想，在具有确定性的程序上排错要容易多了，一旦找到导致错误的输入，那么它每次都能重现 BUG。

计算机天生具有确定性，它们机械地执行程序。当混乱的现实世界掺杂进来时它们就会变得不确定。例如，网络、系统时钟、线程定时器等都很大程度地依赖于程序控制之外的真实世界。

[1] 译者注：这个步长实际上等值于帧处理花费的实际时间。

这只是变时步长可能导致的麻烦之一，问题还多着呢。为了以实时来运行，游戏的物理引擎会做实际物理规则的近似。为了防止这近似计算“炸飞上天”，系统进行了减幅运算。这个减幅运算被小心地安排成以某个固定时长进行。因此，物理引擎也将变得不稳定。

“炸飞上天”（“Blowing up”）在这里取字面意思。当物理引擎出问题时，游戏中的对象可能以完全错误的速度飞到天上去。

这个例子的不稳定性只是作为一个警醒我们的例子，它会引导我们更进一步。

9.5.4 把时间追回来

渲染，通常是游戏引擎中不会受变时步长影响的部分。由于渲染引擎表现的是游戏时间中的一瞬间，所以它并不关心距离上次渲染过去了多少时间。它只是把当前的游戏状态渲染出来而已。

这很大程度上是成立的。诸如动态模糊等效果可能受到时间迭代的影响，但假如它们出现一些偏差，玩家也往往注意不到。

这一事实可以利用。我们将使用固定时长更新，因为它使得物理引擎和 AI 都更加稳定。但我们允许在渲染的时候进行一些灵活的调整以释放出一些处理器时间。

它像这样运作：距离上次的游戏循环已经过去了一段真实的时间。这一段时间就是我们需要模拟游戏的“当前时间”，以便赶上玩家的实际时间。我们通过一系列的固定步长来实现它。代码大致如下：

```
double previous = getCurrentTime();
double lag = 0.0;
while (true)
{
  double current = getCurrentTime();
  double elapsed = current - previous;
  previous = current;
  lag += elapsed;
  processInput();

  while (lag >= MS_PER_UPDATE)
  {
    update();
    lag - = MS_PER_UPDATE;
  }
  render();
}
```

上述代码可分为几部分：在每帧的开始，我们基于实际流逝的时间更新变量 lag。这一变量表示了游戏时钟相对现实时间落后的差量。接着我们使用一个内部循环来更新游戏，每次以固定时长进行，直到它追赶上现实时间。一旦赶上现实时间，我们开始渲染并进行下一次游戏循环。你可以将上述过程画图如下（图 9-2）：

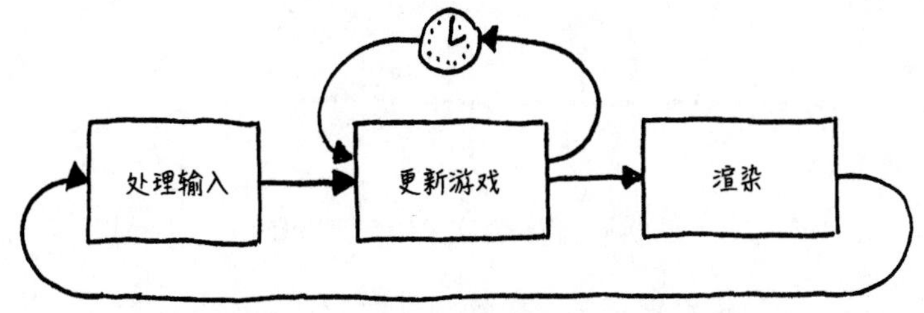

图 9-2　将渲染从核心循环中切分出来

注意此时的时间步长不再是视觉上的帧率。常量 `MS_PER_UPDATE` 只是我们更新游戏的间隔。这一间隔越短，追赶上实际时间所花费的处理次数就越多。间隔越大，游戏跳帧越明显。理论上，你希望它足够短，通常快于 60FPS，以使游戏在快的机器上维持高保真度。

但要注意的是别让它过短。你必须保证这个时间步长大于每次 `update()` 函数的处理时间，即便在最慢的机器上也须如此。否则，你的游戏便跟不上现实时间。

我只处理到这步，但你可以对其采取一些安全措施：当内部更新循环次数超出一定迭代上限时，让循环终止。这样游戏可能会变慢，但总比完全卡死好。

幸运的是，我们给予了自己一些喘息的空间。我们通过将渲染拉出更新循环之外来实现这一点。这一方法释放了大量的 CPU 时间。最后的结果是，游戏通过固定时间步长更新，实现了在多硬件平台上以恒定速率进行游戏模拟。只不过在低端机器上玩家会看到游戏窗口里出现跳帧的情况。

9.5.5　留在两帧之间

眼下还有一个问题，也就是残留的延迟。我们以固定时间步长更新游戏，但在随机的时间点进行渲染。这意味着从玩家的角度来看，游戏常会在两次更新之间展现出完全相同的画面。

让我们看看时间线（图 9-3）：

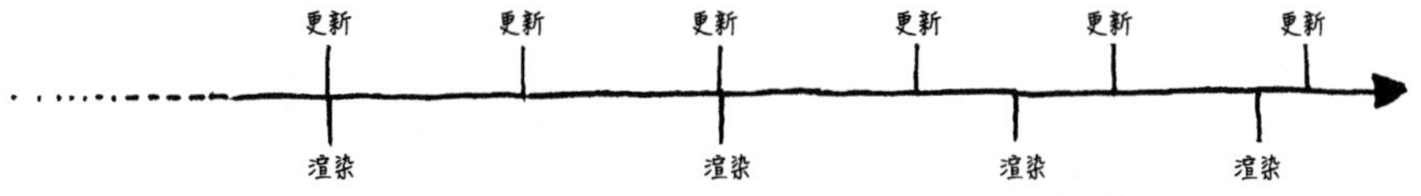

图 9-3　该时间线展示了游戏更新以及渲染的时间

如你所见，我们的更新十分紧凑而固定，同时我们在任何可能的时间进行渲染。渲染的频度低于更新，且不稳定。这些都没有问题。问题在于我们并不总在更新的时间点进行渲染。看看第三次渲染，它介于两次更新之间（图 9-4）：

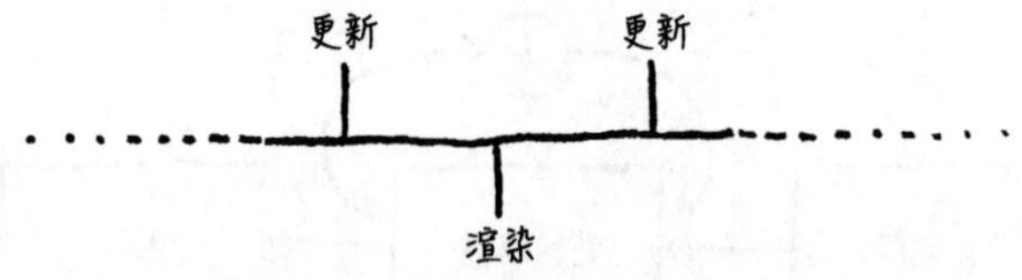

图 9-4　介于两次更新之间的渲染

设想一个子弹正横穿屏幕，首次更新时它在左侧，而第二次更新将它移动到屏幕右端。渲染在两次更新之间的某个时间点进行，所以玩家希望看到子弹出现在屏幕的中间。以我们现在的实现方式，它将依然在屏幕左端。这意味着动作看起来会显得卡顿而不流畅。

顺便要说的是，我们实际上知道渲染时相邻两帧之间的间隔长度：也就是变量 lag。当这个值小于更新时间步长时，我们跳出更新循环，而不是当 lag 为 0 时跳出。那么此时 lag 剩余的量呢？其实这个量就是我们进入下一帧的时间间隔。

当进行渲染时，我们将其传入：

标准化：这里我们将它除以 MS_PER_ UPDATE 是为了将值标准化。这样传入 render() 的值将在 0（恰好在前一帧）到 1（恰好在后一帧）之间（忽略更新时间步长）。通过这一方法，渲染引擎无需担心帧率。它仅仅处理 0～1 之间的情况。

```
render(lag / MS_PER_UPDATE);
```

渲染器知道每个游戏对象的属性以及其当前速度。假设子弹在距离屏幕左侧 20 像素的地方并以 400 像素每帧的速率向右移动，假设我们在两帧的正中间渲染，传入 render() 的参数值即为 0.5。故它绘制了下半帧的子弹飞行情况，也就是在距离屏幕左侧 220 的位置。锵！流畅的动作。

当然，可能会遇到推断错误的情况。当计算下一帧时，子弹可能撞上了障碍物，或者减速了等。我们只是设想其前一帧的位置以及下一帧可能所在的位置并在两者之间插值交换地渲染其位置。除非物理引擎和 AI 更新完成，否则我们并不能确切地知道子弹究竟会在哪儿。

所以在含有猜测成分的基础上进行推断，有时会出错。幸运的是，这些程度的修正通常并不明显。至少，比起你完全不做预测时的卡顿要不起眼得多。

9.6　设计决策

尽管这章已经写得够长了，但我还是留下了许多额外的问题。一旦你考虑诸如与显示刷新速率的同步、多线程、GPU 等因素，实际的游戏循环将会变得复杂许多。在这样的高级层面上，你可能需要考虑以下这些问题：

9.6.1 谁来控制游戏循环，你还是平台

这是你或多或少都要面临的一个问题。假如你的游戏嵌入在浏览器里，那么你往往无法自己来编写经典的游戏循环。浏览器自带基于事件的机制已经预先包含了这一循环。类似地，假如你使用了现成的游戏引擎，你也将依赖于它的游戏循环而不是自己来控制。

- **使用平台的事件循环**
  - 这相对简单，你无须担心游戏核心循环的代码和优化问题。
  - 它与平台协作得很好。你显然无需担心它何时处理事件，如何捕获事件，或者如何处理平台与你的输入模型之间不匹配的问题等。
  - 你失去了对时间的控制。平台将在其认为合适的时间调用你的代码。假如其频度无法达到你的预期，那这很遗憾。更糟的是，许多应用程序的事件循环在概念上的设计并不同于游戏——它们通常很慢并且断续。
- **使用游戏引擎的游戏循环**
  - 你无需自己编写。编写游戏循环需要不少技巧。由于其核心代码每一帧都会执行，因此其微小的错误或性能问题都可能对你的游戏产生很大的影响。具有一个紧凑靠谱的游戏循环是考虑使用现存引擎的重要原因。
  - 你不需要亲自来写。当然，坏消息是当出现一些与引擎循环不那么合拍的需求时，你却无法获得循环的控制权。
- **自己编写游戏循环**
  - 掌控一切。你可以做你想做的任何事。你可以完全依照游戏的需求来设计它。
  - 你需要实现平台的接口。应用程序框架和操作系统通常希望你能划分出一些时间来供它们处理事件并做一些其他事。假如你掌控程序的核心循环，那么它们便得不到这些时间。显然，周期性地将控制权交给系统可以保证应用程序的框架不会混乱。

9.6.2 你如何解决能量耗损

五年前我们无须讨论这个问题。那时游戏运行在电视设备或专用手持设备上。但随着智能手机、笔记本电脑、移动游戏的大力发展，现在是该好好考虑这个问题了。一个跑起来很炫的游戏，但它却将玩家的手机变成

一个将果汁 3 分钟蒸发的加热器，这可不是个令人开心的好游戏。

现在你需要考虑不但要让你的游戏看来很棒，并且应尽可能地减少 CPU 的使用率。当完成了一帧中需要处理的所有工作时，你可能需要一个性能的上限来控制 CPU 进行休眠。

- **让它能跑多快跑多快**

你最好只在 PC 游戏上这么做（尽管越来越多的玩家在笔记本上运行 PC 游戏）。你的游戏循环从不明确地告诉系统休眠。这样一来，任何空余的循环都要用于避免 FPS 或者图形保真度的不稳定。

这可能给予你最好的游戏体验，但它会消耗更多的电量。假如玩家在笔记本电脑上玩，他们需要一个很好的供电设备。

- **限制帧率**

移动游戏通常更关注游戏的质量而不是最高的图形画质。许多移动游戏会设置帧率上限（30FPS 或 60FPS）。假如游戏循环在本时间片内已经完成了处理，那么剩余的时间它将休眠。

这给予了玩家一个足够好的体验并帮他们节省了电池能耗。

9.6.3 如何控制游戏速度

一个游戏循环具有两个关键部分：非阻塞的用户输入和帧时间适配。输入的问题好解决。所以关键在于你如何解决时间的问题。游戏可运行的平台数目是有限的，且多数游戏只能在其中几个平台上跑。如何适应平台变化便是关键。

做游戏看起来像是人类的天赋之一，因为每创造出一个能进行计算的机器，我们最先做的就是在它上面开发游戏。PDP-1 是一台主频 2kHz 的机器，仅有 4096 字的内存，即便如此 Steve Russell 和他的几个同学还是在它身上创造出了 Spacewar[1]!（译者注：世界上第一款真正意义上的娱乐性游戏，双人飞行射击游戏）。

- **非同步的固定时间步长**

见我们的第一个示例代码。你只需要尽可能快地执行游戏循环。

  - 简单。这是这一情况的主要（呃，也是唯一的）优点。
  - 游戏速度直接受硬件和游戏复杂度的影响。其主要缺点是假如出现任何变化，将直接影响游戏速度。游戏速度受游戏循环影响。

- **同步的固定时长**

在复杂平台上所要做的下一步是让游戏以固定时间步长运行，同时在循环的末尾增加一个延时或者是同步方式来防止游戏运行得过快。

  - 依然很简单。比起最简单的例子，只需要追加一行代码。在多数游戏中，你都希望进行同步。或许你会为图形引擎增加双缓存（第 8 章）并让翻转缓存的操作与显示的刷新率同步。
  - 这是省电的。这是移动游戏十分在意的一点。你不会希望非必

[1] https://en.wikipedia.org/wiki/Spacewar!。

要地耗损用户的电量。通过几毫秒的休眠而不是将每一帧都塞满操作，就可以省下电。

- ◆ 游戏不会运行得很快。它的速度可能是固定游戏循环的一半。
- ◆ 游戏可能会跑得很慢。假如一帧的更新和渲染花去过多的时间，游戏将会变慢。由于这一模式并不将更新与渲染分离，因此在没有进一步优化的情况下它将很容易显露出这一缺陷。不进行外置帧渲染并同步时，游戏会变慢。

- **变时步长**

我在此提到诸多解决方法中的这一种以警示那些我曾经建议避免使用它的游戏开发者们。记住这个方法为何不好，总是有助益的。

- ◆ 它能适应过快或过慢的硬件平台。假如游戏无法跟上真实的时间，则它将以越来越大的时间步长跟上。
- ◆ 它使得游戏变得不确定且不稳定。当然这才是根本问题。物理和网络模块在变时步长下变得尤为困难。

- **定时更新迭代，变时渲染**

示例代码中我们提及的最后一个办法是最复杂但也最具适配性的。它以固定时间步长进行更新，但却能将渲染与更新分离，并让渲染来跟进玩家的时钟。

- ◆ 它也能适应过快或过慢的硬件平台。因为游戏能够实时更新，所以游戏状态不会落后于真实时间。假如玩家拥有顶尖的机器，它则将带来一个十分流畅的游戏体验。
- ◆ 它更复杂。它的主要缺陷在于实际的实现还有更多的工作要做。你需要协调更新时间步长使其在高端机上足够小（足够平滑），同时在低端机上不会让游戏跑得太慢。

9.7 参考

- 讲述游戏循环模式的一篇经典文章是来自 Glenn Fiedler 的“Fix Your Timestep”[1]。没有这篇文章，这一章就没法写成现在这样。
- Witters 的文章 game loops[2]也值得一看。
- Unity[3]的框架具有一个复杂的游戏循环，这里[4]有一个对其很详尽的阐述。

---

[1] http://gafferongames.com/game-physics/fix-your-timestep/。

[2] http://www.koonsolo.com/news/dewitters-gameloop/。

[3] http://unity3d.com/。

[4] http://www.richardfine.co.uk/2012/10/unity3d-monobehaviour-lifecycle/。

第 10 章　更新方法

10

“通过对所有对象实例同时进行帧更新来模拟一系列相互独立的游戏对象。”

10.1　动机

玩家所操控的强大女武神在执行任务，目标是从法师之王所长眠的埋骨地里盗取珍贵珠宝。她试探性地接近法师那法力强大的地穴入口，以防受到攻击，可实际上什么也没有，没有被诅咒的雕像向她发射光线，也没有亡灵士兵在入口巡逻。她长驱直入，轻取珠宝。游戏结束。你获得了胜利。

嗯，这真没劲。

这个地穴需要一些守卫阻挡住我们的英雄。首先，我们希望让一个复活的骷髅兵在门口来回巡逻。我想你已经猜到该怎么写代码了，你可以这样要让它来回巡逻：

假如法师之王希望仆从们有更机智的表现，那么他需要复活一些聪明的家伙。

```
while (true)
{
  // Patrol right.
  for (double x = 0; x < 100; x++)  skeleton.setX(x);

  // Patrol left.
  for (double x = 100; x > 0; x--)  skeleton.setX(x);
}
```

这段代码的问题在于，虽然怪物来回走着但玩家却看不到它。程序被一个死循环锁住，这显然是个很差劲的游戏体验。我们所希望的是骷髅兵每一帧走一步。

当然，游戏循环模式（第 9 章）是本书介绍的另一种设计模式。

我们移除这些循环，并且依赖于外部的游戏循环迭代，以保证在骷髅守卫巡逻时，游戏能持续地进行渲染并对玩家的输入做出反应。如：

```
Entity skeleton;
bool patrollingLeft = false;
double x = 0;

// Main game loop:
while (true)
{
  if (patrollingLeft)
  {
    x--;
    if (x == 0) patrollingLeft = false;
  }
  else
  {
    x++;
    if (x == 100) patrollingLeft = true;
  }

  skeleton.setX(x);

  // Handle user input and render game...
}
```

我之所以列出前后两个版本，是为了告诉读者代码是如何变复杂的。向左和向右巡逻本是两个相互独立的循环，骷髅依赖于循环的执行来保持对自己巡逻方向的跟踪。为达到逐帧处理的目的，我们必须逐帧跳出游戏循环并随后（在下一帧时）返回循环内以继续，在此必须借助变量 patrollingLeft 以在循环内外维持对其方向的跟踪。

但这至少奏效，我们接着前进。一堆无脑的骨头可不会对你的女武神造成什么威胁，于是接下来我们为它加入一些魔法状态，这将使它能频繁地向我们的女武神释放闪电和火球，让她措手不及。

时刻保持我们的风格——“以最简单的方式写代码”，于是我们这么写：

```
// Skeleton variables...
Entity leftStatue;
Entity rightStatue;
int leftStatueFrames = 0;
int rightStatueFrames = 0;

// Main game loop:
```

```
while (true)
{
  // Skeleton code...

  if (++leftStatueFrames == 90)
  {
    leftStatueFrames = 0;
    leftStatue.shootLightning();
  }

  if (++rightStatueFrames == 80)
  {
    rightStatueFrames = 0;
    rightStatue.shootLightning();
  }

  // Handle user input and render game...
}
```

你会发现这代码的可维护性不高。我们维护着一堆其值不断增长的变量，并不可避免地将所有代码都塞进游戏循环里，每段代码处理一个游戏中特殊的实体。为达到让所有实体同时运行的目的，我们把它们给杂糅在一起了。

一旦当你的代码构架可以确切地用“糊作一团”来形容，那你可遇到麻烦了。

你可能猜到我们所要运用的设计模式该干些什么了：它要为游戏中的每个实体封装其自身的行为。这将使游戏循环保持整洁并便于往循环中增加或移除实体。

为了做到这一点，我们需要一个抽象层，为此定义一个 update()的抽象方法。游戏循环维护对象集合，但它并不关心这些对象的具体类型。它只是更新它们。这将每个对象的行为从游戏循环以及其他对象那里分离了出来。

每一帧，游戏循环遍历游戏对象集合并调用它们的 update()。这在每帧都给予每个对象一次更新自己行为的机会。通过逐帧调用 update()方法，使得这些对象的表现得到同步。

有些爱挑刺的人会说，它们并不是真正意义上的行为同步，因为一个对象更新时其他对象都不在更新——让我们后面再来深入这个问题。

游戏循环维护一个动态对象集合，这使得向关卡里添加或移除对象十分便捷——只要往集合里增加或移除就好。到此问题得已解决，我们甚至可以将关卡文件用某种文件格式存储，以供我们的关卡设计师们使用。

10.2 模式

游戏世界维护一个对象集合。每个对象实现一个更新方法以在每帧模拟自己的行为。而游戏循环在每帧对集合中所有的对象调用其更新方法，以实现和游戏世界同步更新。

10.3 使用情境

假如把游戏循环比作有史以来最好的东西，那么更新方法模式就会让它锦上添花。许多游戏都通过这样或那样的形式来使用这一设计模式，以构造出许多鲜活的游戏实体来与玩家进行交互。像游戏里的太空战士、龙、火星人、幽灵或者运动员们，它们正适合使用这一设计模式。

然而，假如这个游戏更加抽象，那些移动的对象并不像是生物而更像是西洋棋子，那么这一模式就不那么适用了。在一个类似西洋棋的游戏里，你并不需要同时模拟所有对象，而且你不需要也不必要让棋子们逐帧地更新自身。

或许你无须逐帧更新它们的行为，但即便是在棋类游戏中，你也很可能需要逐帧更新它们的动画。这一设计模式同样可以帮到你。

更新方法模式在如下情境最为适用：

- 你的游戏中含有一系列对象或系统需要同步地运转。
- 各个对象之间的行为几乎是相互独立的。
- 对象的行为与时间相关。

我所说的"几乎"，是因为有时你也可以兼得鱼与熊掌。你可以直接为你的对象行为编码而不让这些函数返回，使得许多对象同时运行且与游戏循环保持协调。

要想实现这一点，你就必须使用多线程来让这些对象同时运转。假如一个对象可以在处理时中途暂停并继续，则你可以用更强制的方式来执行而不必完全让函数结束返回。

实际中的线程往往对我们的例子而言过于繁重，但假如你的语言支持轻量的并发性构建诸如生成器、协程、纤程，那可以考虑使用它们。

字节码模式（第 11 章）是在应用程序层创建多线程的另一种选择。

10.4 使用须知

这一设计模式相当简单，所以它并没有什么值得惊喜的发现。当然，每行代码也都有它的意义。

10.4.1 将代码划分至单帧之中使其变得更加复杂

比较先前的两个代码块，第二个显得更加复杂。二者虽只是让骷髅守卫来回行走，但第二个代码块将控制权分派给了游戏循环的每一帧。

这一变化几乎在处理用户输入、渲染以及其他游戏循环所关心的事情时是必不可少的，所以第一个例子并不实用。但它警示我们，如果这样处理对象的表现，那么你将面临着复杂而巨大的成本。

10.4.2 你需要在每帧结束前存储游戏状态以便下一帧继续

在第一个示例代码中，我们并无任何指明守卫移动方向的变量。方向完全取决于当前执行的是哪一段代码。

当我们将其改造为逐帧更新的形式时，需要创建一个 patrollingLeft

变量来跟踪这个行走方向。当我们脱离内部代码时，就无法获知行走的朝向，因此需要存储足够的帧信息以便下一帧能够继续执行。

状态模式（第 7 章）在这里通常能帮上忙，因为状态机（正如其名）存储了那些能够让你在下一帧继续处理的游戏信息。

10.4.3 所有对象都在每帧进行模拟，但并非真正同步

在本设计模式中，游戏循环在每帧遍历对象集并逐个更新对象。在 update() 的调用中，多数对象能够访问到游戏世界的其他部分，包括那些正在更新的其他对象。这意味着，游戏循环遍历更新对象的顺序意义重大。

假如 A 对象在对象列表中位于 B 对象的前面，那么当 A 更新时，它将会看到 B 停留在前一帧的状态。但当 B 更新时，它看到的却是 A 在这一帧的新状态，因为 A 在这一帧已经被更新了。尽管从玩家的视角来看，所有的事物都同时在运转，但游戏的核心仍然是回合制的——只不过这时两回合之间的间隔只有一帧的时间。

假如由于某些原因你希望回避这一有序性，你可能会需要双缓冲模式（第 8 章）的帮助。这一模式将使得 A、B 的更新顺序不再重要，因为它们都能够获取到前一帧的状态。

考虑到游戏逻辑，更新分先后顺序是件好事。平行地更新所有对象会将你带向语义死角，设想西洋棋盘上黑白棋子同时移动，它们都想往一个当前空白的位置移动，这该怎么办?

顺序更新解决了这一问题——每次增量式的更新会改变游戏世界，从一个有效的状态到下一个，不会产生对象状态的歧义而需要去协调。

这一串序列化的动作数据在网络间进行传输，就成了网络游戏。

10.4.4 在更新期间修改对象列表时必须谨慎

当你使用该模式时，大量的游戏表现将在这些更新方法中完成。这里面常常包含着从游戏中增加或移除对象的代码。

例如，假设一个骷髅卫兵被杀死时会掉落一个物品，对于一个新对象，你通常可以直接将它加入到列表的尾部而不会产生问题。循环继续，最终你能够在循环的末尾找到这个新对象并更新它。

但这意味着这个新对象有机会在产生的那一帧中进行更新，而此时玩家尚未看到这个物品。假如你不希望这样的情况发生，一个简单的办法就是在遍历之前存储当前对象列表的长度，而在这一次循环仅更新列表前面这么多的对象：

```
int numObjectsThisTurn = numObjects_;
for (int i = 0; i < numObjectsThisTurn; i++)
{
  objects_[i]->update();
}
```

上例中，objects_是游戏中可更新对象的数组，而 numObjects_是它的长度。当增加新的对象时，这个长度变量增长。我们在循环的一开始将长度缓存在 numObjectsThisTurn 变量中，从而使这一帧的循环迭代在遍历到任何新增对象之前停止。

一个令人担忧的问题是在迭代时移除对象。你希望让一只恶心的怪物从游戏中消失，而这时候需要从对象列表中移除它。假如在对象表中，它碰巧位于你当前所更新的对象之前，这会不小心跳过一个对象。

```
for (int i = 0; i < numObjects_; i++)
{
  objects_[i]->update();
}
```

这一简单的循环通过对象下标索引的递增来更新每个对象。示例图 10-1 中，左侧展示了当我们更新女主角时对象数组的变化。

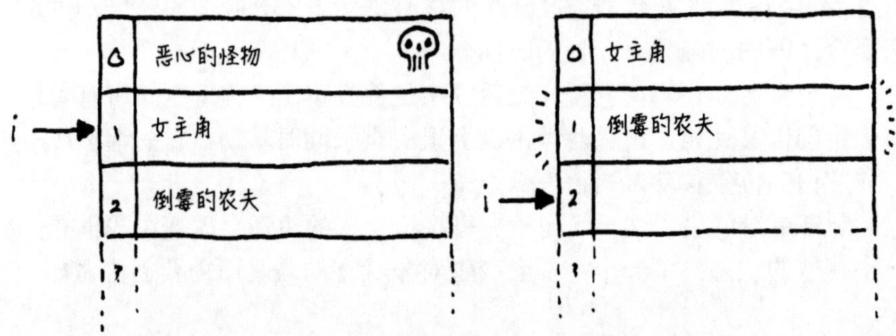

图 10-1　倒霉的农夫在循环中被跳过并且被删除掉

一个简便的解决方法是当你更新时从表的末尾开始遍历。此方法下移除对象，只会让已经更新的物品发生移动。

我们更新她时，i 等于 1，她斩杀了恶心的怪物，所以它从数组中被移除。女主角移动到 i 为 0 的位置，而倒霉的农夫被前移到 1 的位置。在女主角更新结束后，i 增长到 2。如图 10-1 右侧所示，倒霉的农夫在循环中被跳过并且永远也不会更新了。

假如在更新循环中你加入了多线程，则采用延迟修改的方法较好，因为这可以避免更新期间线程同步带来巨大的开销。

另一方法是小心地移除对象并在更新任何计数器时把被移除的对象也算在内。还有一个办法是将移除操作推迟到本次循环遍历结束之后。将要被移除的对象标记为“死亡”，但并不从列表中移除它。在更新期间，确保跳过那些被标记死亡的对象，接着等到遍历更新结束，再次遍历列表来移除这些“尸体”。

10.5　示例代码

这一模式十分浅显，从例子里我们就能看出其要点。这并不意味着它没用，而正因为它的简单才使得它好用——它是一个简明而不加任何修饰的解决方案。

但为了更具体地阐明此方法，我们还是来看一个基本的实现例子。让我们从这个代表着骷髅和雕像的实体类来开始吧：

```
class Entity
{
public:
  Entity()
  : x_(0), y_(0)  {}

  virtual ~Entity() {}
  virtual void update() = 0;

  double x() const { return x_; }
  double y() const { return y_; }

  void setX(double x) { x_ = x; }
  void setY(double y) { y_ = y; }

private:
  double x_,y_;
};
```

在这个类里我并没有加入太多东西，只有那些后面能用到的成员。实际的项目中还将包含有诸如图形和物理的部分。而上面的类中最重要的部分就是这一设计模式所要求的 update() 抽象方法。

游戏维护一系列这样的实体，在我们的例子中，我们将它们置入一个代表游戏世界的类中：

```
class World
{
public:
  World()
  : numEntities_(0)  {}

  void gameLoop();

private:
  Entity* entities_[MAX_ENTITIES];
  int numEntities_;
};
```

在一个实际的游戏项目中，你可能会用到一个实际的集合类，但在此我仅使用普通的数组来让事情简单些。

一切准备就绪，遍历实体逐帧更新的实现如下：

```
void World::gameLoop()
{
  while (true)
  {
    // Handle user input...

    // Update each entity.
    for (int i = 0; i < numEntities_; i++)
    {
      entities_[i]->update();
    }

    // Physics and rendering...
  }
}
```

见名知意，这就是游戏循环模式（第 9 章）的例子。

10.5.1 子类化实体

现在有些读者肯定很不舒服，因为我在这里对主要的实体类采用了继承的方式来定义不同的行为。假如你碰巧遇到了问题，那么我将会提供一些解决思路。

随着游戏产业从最初的 6502 汇编语言和 VBLANK（老式的阴极射线管）显示器到 OOP（面向对象），开发者陷入了一场软件架构的狂热。其中之一就是对继承的使用。高耸而错综复杂的类继承大厦被建立起来，遮天盖地。

而事实证明继承真是个恐怖的想法，没人能够在不拆解的情况下维护一个庞大的继承关系，甚至连 GoF 都在 1994 年发现了这一点，并写道：

“优先使用‘组合’而不是‘继承’。”（“Favor ‘object composition’ over ‘class inheritance’.”）

在你我之间，我想子类继承的问题离我们甚远。我几乎避开了它，但执着于避免使用继承就和执着于使用它一样糟。你完全可以适度使用它而不必完全禁用。

当游戏产业中的人们纷纷意识到类继承糟糕的一面时，组件模式（第 14 章）应运而生。借此，`update()`方法能够置于实体的组件之中而非依附实体本身。这将帮助你避免为了定义和复用不同表现的实体类，而构建出复杂的实体类继承关系。取而代之的是用各种组件来组装这些子类。

假如我在实际开发一款游戏，那我也会这么做。但这一章并不讨论组件模式而是 `update()`方法，因此我尽可能简洁并快速地表达出它们，并将这个方法直接放在 `Entity` 类里，进行一两个子类的继承就是最快的方法。

组件模式请看第 14 章。

10.5.2 定义实体

回到正题，我们最初的动机是要定义一个骷髅守卫和能放出电光石火的魔法雕像。从我们的骷髅朋友开始吧。为了定义其巡逻行为，我们通过恰当地实现 update()方法来创建新的实体类。

```
class Skeleton : public Entity
{
public:
  Skeleton()
  : patrollingLeft_(false) {}

  virtual void update()
  {
    if (patrollingLeft_)
    {
      setX(x() - 1);
      if (x() == 0) patrollingLeft_ = false;
    }
    else
    {
      setX(x() + 1);
      if (x() == 100) patrollingLeft_ = true;
    }
  }
private:
  bool patrollingLeft_;
};
```

如你所见，我们所做的仅仅是从游戏循环中复制代码并将它粘贴到 Skeleton 类的 update()方法中。一个微小的差异在于这里 patrollingLeft_ 从局部变量变成了一个类成员变量。借此便能确保 patrollingLeft 变量在 update()方法调用期间有效。

我们对 Statue 类如法炮制：

```
class Statue : public Entity
{
public:
  Statue(int delay)
  : frames_(0),
    delay_(delay)
  {}

  virtual void update()
  {
    if (++frames_ == delay_)
    {
      shootLightning();

      // Reset the timer.
```

```
      frames_ = 0;
    }
  }

private:
  int frames_;
  int delay_;

  void shootLightning()
  {
    // Shoot the lightning...
  }
};
```

再一次，最大的改动就是将代码从游戏循环移动到了类中并且做了些重命名。这样一来，我们使得代码更加简洁了。在原来杂乱的代码中，使用着单独的本地变量记录着每一个雕像的帧计数器和开火频率。

既然这些都已经被移动到 Statue 类之中，你可以随心所欲地创建 Statue 的实例，而它们各自拥有自己的计时器。这正是本设计方法背后的本意——现在向游戏世界中添加实体更加容易了，因为每个实体都携带着所有自己所必需的东西，自给自足。

这一模式不仅使我们避免了在扩展游戏时采用继承，更使我们能单独地使用数据文件或者关卡编辑器来扩展游戏世界。

还有人关心 UML 图吗？如果还有，那图 10-2 就对应着我们所创建的类结构的 UML 图。

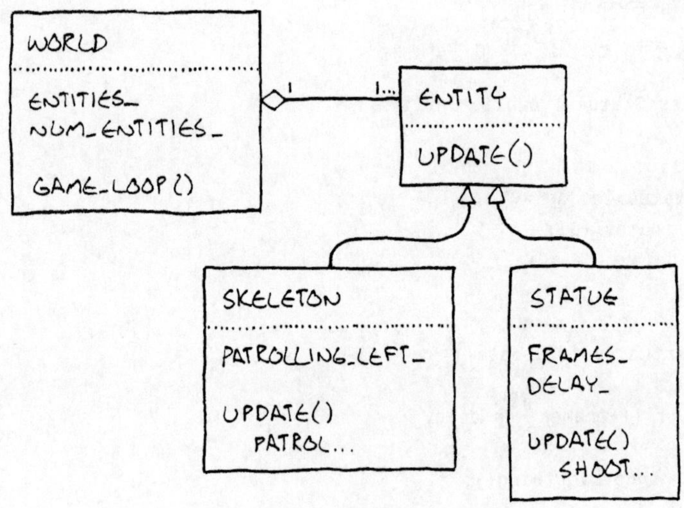

图 10-2　我们所创建的类结构 UML 图

10.5.3 逝去的时间

这是核心的设计模式，但我只是做了其最常用部分的提炼。至此，我们假设每次对 update()的调用都会让整个游戏世界向前推进相同固定的时间长度。

我更喜欢这种方式，但多数游戏使用变时步长的方式。在那种情况下，每次游戏循环可能会占用更多或更少的时间，具体取决于其处理更新和渲染前一帧所消耗的时间。

游戏循环模式（第 9 章）中详述了定时和变时步长的优劣。

这意味着每次 update()的调用需要知道虚拟时钟所流逝的时间，于是你常会看到流逝的时间会被作为参数传入。例如，我们可以像下面那样让骷髅卫兵处理一个变时步长更新：

```
void Skeleton::update(double elapsed)
{
  if (patrollingLeft_)
  {
    x - = elapsed;
    if (x <= 0)
    {
      patrollingLeft_ = false;
      x = - x;
    }
}
else
{
     x += elapsed;
    if (x >= 100)
    {
      patrollingLeft_ = true;
      x = 100 - (x - 100);
    }
  }
}
```

现在，骷髅移动的距离随着时间间隔而增长。你同样能看到处理变时步长时额外增加的复杂度。骷髅可能在很长的时间差下超出其巡逻范围，我们需要小心地对这一情况进行处理。

10.6 设计决策

这样一个简单的设计模式，并无太多可选项。但它也仍有选择的余地。

10.6.1 update 方法依存于何类中

你显然必须决定好该把 update() 方法放在哪一个类中。

- **实体类中**

假如你已经创建了实体类，那么这是最简单的选项。因为这不会往游戏中增加额外的类。假如你不需要很多种类的实体，那么这种方法可行，但实际项目中很少这么做。

每当希望实体有新的表现时就创建子类，这会积累大量的类而导致项目难以维护。你最终会发现你希望通过一种单一继承层次的优雅映射方式来复用代码模块，那时候你就该傻眼了。

- **组件类中**

如果你使用过组件模式，那么你应该知道如何去做。更新方法模式（第 10 章）与组件模式（第 14 章）享有相同的功能——让实体/组件独立更新，它们都使得每个实体/组件在游戏世界中能够独立于其他实体/组件。渲染、物理、AI 都仅需专注于自己。

- **代理类中**

将一个类的行为代理给另一个类，涉及了其他几种设计模式。状态模式（第 7 章）可以让你通过改变一个对象的代理来改变其行为。对象类型模式（第 13 章）可以让你在多个相同类型的实体之间共享行为。

假如你使用上述设计模式，那么自然而然地需要将 update() 方法置于代理类中。这么一来，你可能在主类中仍保留 update() 方法，但它会成为非虚的方法并简单地指向代理类对象的 update() 方法，如：

```
void Entity::update()
{
  // Forward to state object.
  state_->update();
}
```

这么做让你能在代理类之外定义新的行为方式。正像使用组件模式那样，这为不得不定义新类和新的行为方式带来灵活性。

10.6.2 那些未被利用的对象该如何处理

你常需要在游戏中维护这样一些对象：不论出于何种原因，它们暂时无需被更新。它们可能被禁用，被移除出屏幕，或者至今尚未解锁。假如大量的对象处于这种状态，则可能会导致 CPU 每一帧都浪费许多时间来遍历这些对象却毫无作为。

除了浪费 CPU 循环来检查对象是否被激活并跳过它的问题，空指针问题还可能破坏缓存区。CPU 通过将数据从 RAM 上加载到内存的方法来加快读取速度，这是基于在一段时间内读取的内存是连续的假设下进行的。

当你跳过一个对象时，你可能会跳过缓存区的末尾，而让 CPU 再去另一块内存寻址。

一种方法是单独维护一个需要被更新的“存活”对象表。当一个对象被禁用时，将它从其中移除。当它重新被启用时，把它添加回表中。这样做，你只需遍历那些实际上有作为的对象即可。

- **假如你使用单个集合来存储所有游戏对象**
  - ◆ 你在浪费时间。对于暂时无用的对象，你需要检查它们“是否死亡”的标志，或者调用一个空方法。
- **假如你使用一个单独的集合来维护活跃的对象**
  - ◆ 你将使用额外的内存来维护这第 2 个集合。因为往往你需要一个主集合来维护所有的对象，以便在需要所有对象时能够访问它们。这么说来，这额外的集合在技术上是多余的。当游戏对速度的要求比对内存的要求高时（往往是这样的），这样的取舍还是值得的。

    另一种解决此问题的办法是，同样维护两个集合，但另一个只维护那些未被激活的对象，而不是维护所有对象。
  - ◆ 你必须保持两个集合同步。当对象被创建或者销毁（并非临时禁用而是永久销毁）时，你必须记住同时修改主集合和活跃对象集合。

这里该使用什么方法，取决于你对非激活对象数目的预估。其数目越多，就越需要创建一个独立的集合来在存储它们，以便在游戏循环时避免处理这些非激活对象。

10.7 参考

- 这一模式与游戏循环（第 9 章）和组件模式（第 14 章）共同构成了多数游戏引擎的核心部分。
- 当你开始考虑实体集合或循环中组件在更新时的缓存效能，并希望它们更快地运转时，数据局部性模式（第 17 章）将会有所帮助。

- Unity[1]的引擎框架在许多类模块中使用了本模式，包括 MonoBehaviour[2]类。
- 微软的 XNA[3]平台在 Game 和 GameComponent 类中均使用了这一模式。
- Quintus[4]是基于 JavaScript 的游戏引擎，在其主要的 Sprite 类中使用了这一模式。

---

[1] http://unity3d.com/。

[2] http://docs.unity3d.com/Documentation/ScriptReference/MonoBehaviour.Update.html。

[3] http://creators.xna.com/en-US/。

[4] http://html5quintus.com/。

第4篇 行为型模式

一旦当你完成游戏框架，并加入了各种角色和道具之后，接下来便是开始构建场景。为此你需要定义一些行为——即用来告诉游戏中每个实体应该做什么的剧本。

当然了，所有代码都可以看作是“行为”，并且所有的软件都在定义行为，但游戏的不同之处通常在于你实现行为的广度上面。尽管你的文本处理软件有一长串功能特性列表，但是它们与角色扮演游戏中的人物、物品和任务的数量比起来就相形见绌了。

本篇中的模式，可以帮助你快速定义并提炼大量高质量且可维护的行为。类型对象让你无需定义实际的类，就可以创建各种类型的行为。子类沙盒提供了一系列安全的基础功能函数，它让你可以组合这些函数去定义各种行为。最高级的选择是字节码，它可以将行为从代码完全转移到数据中去。

本篇模式

- 字节码
- 子类沙盒
- 类型对象

第 11 章　字节码

11

“通过将行为编码成虚拟机指令，而使其具备数据的灵活性。”

11.1　动机

制作游戏很有趣，但当然也不容易。现代游戏需要庞大复杂的代码库。主机厂商和应用商店有严格的质量要求，一个导致游戏崩溃的 Bug 就会使你的游戏无法发布。

我曾参与制作一款有 600 万行 C++代码的游戏。相较而言，好奇号火星探测器的控制软件的代码量还不及它的一半。

同时，我们肩负着将平台的性能发挥到极致的重任。游戏的发展推动着硬件发展，我们当然必须不遗余力地优化来赶上发展的脚步。

为了达到这样的高稳定性和高效率，我们会选择像 C++这样的重量级语言，它兼备高效利用硬件的底层实现能力以及防止和阻截 bug 的强类型系统。

我们会为此感到骄傲，但这也是有代价的。成为一个精通 C++的程序员需要多年的专业训练，随后你又必须面对庞大的代码库。大型游戏的编译时间说短不过“喝杯咖啡”的时间，说长够你把“自己烘培咖啡豆、磨咖啡豆、倒咖啡、打奶泡、练练拿铁的拉花”统统做一遍。

除了这些挑战外，游戏还有一个独有的苛刻要求：有趣。玩家需要的是既新奇又具有平衡性的体验。这就需要持续迭代，但如果每一次小修小改都得工程师修改底层代码，随后等待漫长的重编译，那么事实上你已经毁了整个创作流程。

11.1.1　魔法大战

比如说，我们在开发一款关于魔法的战斗游戏。两个对峙的法师不断向对方释放法术直到分出胜负。我们可以在代码中定义法术，但这意味着对任何法术的修改都需要工程师介入。当一个设计师想要修改一些数值并测试效果时，就需要重新编译整个游戏，重启，然后重新进入战斗。

像如今大部分游戏一样，在游戏发布之后，我们需要能够对游戏进行更新，包括修正 Bug 以及添加新内容等。一次更新就意味着发布一个实际的、可执行的游戏。

更进一步，假设我们希望提供模组支持：让用户可以创建他们自己的法术。如果这些法术都在代码里面，那就意味着每一个制作模组的用户都需要一个完整的编译工具链来构建游戏，于是我们不得不公开所有源码。更糟糕的是，如果他们的法术存在 Bug，那么就可能在其他玩家的机器上引发游戏崩溃。

11.1.2 先数据后编码

很明显，我们引擎所使用的编程语言不适合解决这个问题。我们需要把法术从游戏核心转移到安全沙箱中。我们要让它们易于修改，易于重新加载并且在物理上与游戏的可执行文件相分离。

这种形式在我看来更像是一种“数据”，你或许也会这么想。我们可以在单独的数据文件中定义行为，游戏引擎以某种方式加载并“执行”它们，那么上述问题就都解决了。

我们只需要弄明白，对于数据，何谓“执行”。怎样才能以文件中的字节表示行为呢？有好几种方法。对比一下解释器模式[1]，你就能对此模式的优缺点有个大体了解。

11.1.3 解释器模式

本来这个模式我可以写成一整章的，但是 Gof 早已替我写了。所以这里我仅做简述。我们从一门你想使用它来执行的编程语言开始。例如它支持下面的数学表达式：

当然，我指的是 GoF 设计模式一书中的解释器模式。

```
(1 + 2) * (3 - 4)
```

然后，你取出表达式中的每个片段、语言语法中的每个规则，将它们变成对象。数字字面值就是一些对象（图 11-1）。

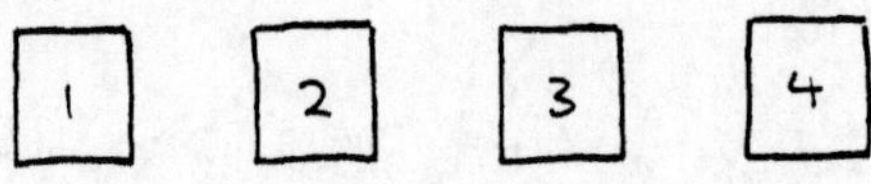

图 11-1 全在一排的四个数字字面值

[1] 解释器模式[维基百科]http://en.wikipedia.org/wiki/Interpreter_pattern。

简单来说，它们是在原始数值的基础上，做个小封装。运算符也是对象，它们拥有对操作数的引用。如果你使用括号来控制优先级的话，这个表达式就变成了一棵小的对象树（图 11-2）：

这个“变化”究竟是什么？很简单——解析。解析器接收输入的文本字符串，然后将它变成抽象的语法树，即一组用于表示文本语法结构的对象。

随便搞定上述过程中的一步，你便完成了编译器大半的工作。

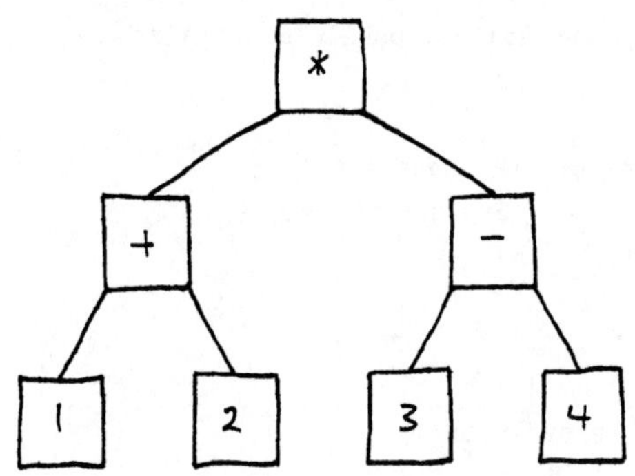

图 11-2　嵌套表达式的抽象语法树

解释器模式与创建语法树无关，它只关心如何执行它。它的处理很巧妙，树中的每个对象都被视为表达式或子表达式。在面向对象风格中，表达式会负责对自身进行计算。

首先，定义一个所有表达式都必须实现的基础接口。

```
class Expression
{
public:
  virtual ~Expression() {}
  virtual double evaluate() = 0;
};
```

然后为你的语言中的每个语法定义类来实现这个接口。其中，最简单的是数字：

```
class NumberExpression : public Expression
{
public:
   NumberExpression(double value)
   : value_(value)
   {}

   virtual double evaluate()   { return value_;   }

private:
  double value_;
};
```

一个数字的值就是它本身的数值大小。加法和乘法要稍微复杂一些，因为它们包含子表达式。它们需要先递归计算出所有子表达式的值，之后才能计算出它们自己的值。像这样：

我敢肯定你能够实现乘法的版本。

```
class AdditionExpression : public Expression
{
public:
  AdditionExpression(Expression* left,
                     Expression* right)
  : left_(left),
    right_(right)
  {}

  virtual double evaluate()
  {
    // Evaluate the operands.
    double left = left_->evaluate();
    double right = right_->evaluate();

    // Add them.
    return left + right;
  }

private:
  Expression* left_;
  Expression* right_;
};
```

Ruby 在大概 15 年前就是这么实现的。到了 1.9 版本，它们改成了本章所讲的字节码。看我替你省了多少时间！

显然，只要几个简单的类，就能够表达任何复杂的算术表达式了。我们要做的只是创建几个对象，并正确地把它们关联起来。

这个模式虽然简单漂亮，但是也有些问题。回头看看上面的插图，你看到了些什么？很多方框、它们之间箭头交错。代码表现为一个微小对象构成的蔓生分形树，这会带来一些令人糟心的副作用：

- 从磁盘加载它需要进行实例化并串联成堆的小对象。
- 这些对象和它们之间的指针占用大量内存。在 32 位机上，即使不考虑内存对齐，这个小小的表达式也要占用 68 字节（4 字节/指针*17 个指针）。
- 从每个指针遍历子表达式都会大量消耗数据缓存，而虚函数调用也会对指令缓存造成很大压力。

如果你想自己算算的话，别忘了算上虚函数表指针。

要了解更多关于缓存以及它如何影响性能的原理，不妨看看数据局部性（第 17 章）。

综上所述就一个字：慢！大部分广泛使用的编程语言没有基于解释器模式也正因于此。它太慢了，并且占用了大量的内存。

11.1.4 虚拟机器码

回到我们的游戏。当它运行时，计算机并不会去遍历 C++语法结构树，而是执行我们在编译期编译成的机器码。那么为什么要采用机器码呢？

- 高密度。它是坚实连续的二进制数据块，不浪费任何一个字节。
- 线性。指令被打包在一起顺序执行。不会在内存中跳跃访问（当然了，除非你确实编写了控制流）。
- 底层。每个单独的指令仅仅完成一小个动作，各种有趣行为都是这些小动作的组合。
- 迅速。以上几点让机器码疾行如风（当然还得算上机器码由硬件实现这一点了）。

听上去激动人心，但我们不想直接用机器码来编写法术。让用户提供游戏执行的机器码，简直是自找麻烦，这会带来很多安全问题。我们只能在机器码的效率和解释器模式的安全性之间折中考虑。

这就是为什么很多主机和 iOS 系统禁止程序运行时生成或加载机器码的原因。这反倒是个累赘，因为最快的编程语言就是基于这个原理实现的。它们包含一个即时（just-in-time）编译器，或者叫 JIT。它能飞快地把语言翻译成优化的机器码。

我们不去加载执行真正的机器码，而去定义自己的虚拟机器码，会怎样呢？我们在游戏中实现一个执行它们的模拟器。这些虚拟机器码与机器码相似（高密度、线性、相对底层）同时它完全受到游戏本身的安全管理。

我们将这个小型模拟器称为虚拟机（VM），这个虚拟机所执行的语义上的“二进制机器码”称为字节码。它具备在数据内定义对象的灵活性和易用性，同时也比解释器模式这种高级呈现方式更高效。

在编程语言的语境下，“虚拟机”和“解释器”是同义词，我在此交替使用它们。如果要说 Gof 的解释器模式的话，我会强调“模式”这个词，以免混淆。

听上去挺吓人的。我在本章里剩下的目标，就是要给你展示一下，如果你的功能清单不是太复杂的话，这个方案将非常可行。即使最终你自己也没把这个模式用起来，至少也能对 Lua 以及其他基于该原理的语言有更好的了解。

11.2 字节码模式

指令集定义了一套可以执行的底层操作。一系列指令被编码为字节序列。虚拟机逐条执行指令栈上这些指令。通过组合指令，即可完成很多高级行为。

11.3 使用情境

这是本书中最复杂的模式，它可不是轻易就能放进你的游戏里的。仅当你的游戏中需要定义大量行为，而且实现游戏的语言出现下列情况时才应该使用：

- 编程语言太底层了，编写起来繁琐易错。
- 因编译时间太长或工具问题，导致迭代缓慢。
- 它的安全性太依赖编码者。你想确保定义的行为不会让程序崩溃，就得把它们从代码库转移至安全沙箱中。

当然，这个列表符合大多数游戏的情况。谁不想提高迭代速度，让程序更安全？但那是有代价的。字节码比本地码要慢，所以它并不适合用作对性能要求极高的核心部分。

11.4 使用须知

这也正是游戏开发吸引我的地方。不论是开发语言还是游戏，我都在努力创建虚拟世界，让别人进来玩或参与创造。

建立你自己的语言或内嵌系统是一件很有吸引力的事。这里我只做个最小化的示例，在实际项目中，麻烦可多多了。

每当我看到有人创造出一种小语言或脚本时，他们会说“别担心，它会很小巧”。没法控制的是，他们会不断往里面添加小功能，直到它变成一个成熟的语言。但不像其他语言，它的发展是一些临时功能的有机组合，就像个精致的棚屋小镇。

举例来说，任何一种的模板语言都是如此。

当然，做个成熟的语言没什么错，只要你保证目标明确。否则，就对你的字节码所能表达的事物范围进行制约，在它超出你控制之前必须设定好范围。

11.4.1 你需要个前端界面

底层的字节码对性能提升很大，但你没法让你的用户直接编写二进制码。我们将行为从代码中移出来的一个原因是想在更高级的层面表述它。C++已经很底层了，如果让你的用户用更高效的汇编语言编写，这就不是改进了！

一个反例是有名的游戏 RoboWar[1]。在这个游戏中，玩家使用一种类似汇编的语言编写小程序来控制机器人。我们这里也会讨论指令集这种方式。

它就是我的首篇汇编类语言指南。

就像 GoF 的解释器模式一样，它假定你能够以某种方式生成字节码。通常，用户会在更高级的层次上编辑，一个工具负责将它转换成虚拟机能够理解的字节码。这个工具的名字，就是编译器。

我知道这听上去很可怕，所以这里得把丑话说在前头。如果你没有足够的资源去完成一个编辑工具，那么字节码不适合你。但你先别急，继续往下看，也许也没你想象中那么糟糕。

[1] http://en.wikipedia.org/wiki/RoboWar。

11.4.2 你会想念调试器的

编程并非易事。我们知道自己想让机器做什么，但是我们很难用正确的方式与之沟通——所以我们会写出 bug。为此，我们杂糅了一大堆工具来找出代码错在哪里，如何去改正。我们有调试器、静态分析器、反编译工具等。所有这些工具都是为某种已经存在的语言而设计的：机器码或者是高级语言。

当你定义自己的字节码虚拟机时，你就没法用这些工具了。当然了，你可以用调试器单步到虚拟机的代码里，但那只能告诉你虚拟机在做什么，与它正在解释的字节码没什么关系。它也没法替你把字节码映射回编译前的原始高级语言。

如果你定义的行为很简单，那么你可以在调试时勉强回避掉各种繁杂的辅助工具。但是随着内容规模的增长，你得规划好如何让用户能实时看到他们的字节码所带来的效果。这些功能可能不会随游戏发布，但是它们是你游戏可发布的绝对保障。

当然，如果你想让游戏支持 MOD，你就得发布这些功能，它们举足轻重。

11.5 示例

在上面几节讨论结束之后，你可能会惊异于它的实现方式如此的直接。首先，要为虚拟机设计一个指令集。在真正考虑字节码之类的东西前，可以先把它们当成是 API。

11.5.1 法术 API

假设我们要直接用 C++代码去实现各种法术，那么我们需要让代码调用哪些 API 呢？为了定义法术，引擎中要定义哪些基础操作呢？

绝大多数法术会改变巫师身上的某个状态，我们就从一组状态开始：

```
void setHealth(int wizard, int amount);
void setWisdom(int wizard, int amount);
void setAgility(int wizard, int amount);
```

第一个参数定义受到影响的巫师，比如说用 0 代表玩家，用 1 代表对手。这样一来，治疗法术就能够施加到玩家自己的巫师身上，同时也可以伤害到对手。毋庸置疑，这 3 个小函数能够支持非常广泛的法术效果。

然而如果法术只是闷声改变状态，那么这虽然在游戏逻辑上不会有问题，但是玩这样的游戏会让玩家无聊到哭的。我们来做些调整：

```
void playSound(int soundId);
void spawnParticles(int particleType);
```

这些不会影响到玩法，但是会增加游戏的体验感。我们还会添加摄像机抖动、动画等。但是上面这两个就足够我们展开了。

11.5.2 法术指令集

现在让我们看看如何将这些程序 API 转换成数据可控的形式。让我们由简入繁来完成整件事。首先拿掉这些函数中所有的参数。假设所有的“set---()”函数都会影响玩家控制的法师并强化其对应属性。类似的，FX 系列操作会播放一个硬编码的音效或者粒子特效。

在这个前提之下，法术就是一系列的指令。每个指令定义一个你想要执行的操作。我们可以枚举它们：

一些字节码虚拟机使用多个字节去存储单个指令，这需要有更加复杂的解码规则。现实中常见芯片上的机器码，比如 x86，就更加复杂了。
但是单字节对于形成.Net 平台中坚力量的 Java Virtual Machine[1] 以及微软的 Common Language Runtime[2] 来说已经足够用了，所以这对我们来说已经可以了。

```
enum Instruction
{
  INST_SET_HEALTH      = 0x00,
  INST_SET_WISDOM      = 0x01,
  INST_SET_AGILITY     = 0x02,
  INST_PLAY_SOUND      = 0x03,
  INST_SPAWN_PARTICLES = 0x04
};
```

为了将法术编码成数据，我们在数组中存储一系列枚举值。我们只有几种基本操作，所以枚举值长度取一个字节足矣，这意味着法术代码都是一个字节列表——这就是所谓的字节码。

执行一条指令时，我们首先找到对应的基础属性，然后调用正确的 API：

```
switch (instruction)
{
  case INST_SET_HEALTH:
    setHealth(0, 100);
    break;

  case INST_SET_WISDOM:
```

[1] https://en.wikipedia.org/wiki/Java_virtual_machine。
[2] https://en.wikipedia.org/wiki/Common_Language_Runtime。

```
      setWisdom(0, 100);
      break;

    case INST_SET_AGILITY:
      setAgility(0, 100);
      break;

    case INST_PLAY_SOUND:
      playSound(SOUND_BANG);
      break;

    case INST_SPAWN_PARTICLES:
      spawnParticles(PARTICLE_FLAME);
      break;
  }
```

借此，我们的解释器在代码和数据这两个世界间搭建了一座桥梁。我们可以将它封装进一个小型的虚拟机中，像下面这样来施放一个完整的法术：

```
class VM
{
public:
  void interpret(char bytecode[], int size)
  {
    for (int i = 0; i < size; i++)
    {
      char instruction = bytecode[i];
      switch (instruction)
      {
        // Cases for each instruction...
      }
    }
  }
};
```

把这段代码写进去，你就完成了你的第一个虚拟机。可惜它还不够灵活。我们没办法去定义一个能够伤害到对手或者削弱某个属性的法术，而只是播个音效罢了。

为了多一点真正语言的感觉，我们需要在这里引入参数。

11.5.3 栈机

要执行一个复杂的嵌套表达式，你得从最内层的子表达式开始。内层表达式的结果在计算完后，将被作为包含它的外层表达式的参数传给外层表达式以供其继续计算，以此类推直至整个表达式计算完毕。

解释器模式将这一过程显式建模成一棵嵌套对象树，但我们想要获得像指令列表一样的高速度。同时要保证表达式的结果能够正确地传入外层表达式。但由于我们的数据是被展平的，因此我们得通过指令的顺序去控制。我们会采用与你的 CPU 相同的方式——堆栈。

毫无疑问，这个架构就是所谓的栈机[1]。例如 Forth[2]、PostScript[3] 和 Factor[4] 这类编程语言将这个模型直接暴露给了用户。

```
class VM
{
public:
  VM() : stackSize_(0) {}

    // Other stuff...

private:
  static const int MAX_STACK = 128;
  int stackSize_;
  int stack_[MAX_STACK];
};
```

这个虚拟机内部包含了一个值堆栈。在我们的例子中，与指令相关的唯一数据类型是数字，所以我们可以使用一个 int 型数组。当一段数据要求指令逐一执行下去时，实际上就是在遍历堆栈。

顾名思义，数值可以往这个堆栈中入栈或出栈。因此，让我们为它添加出入栈方法：

```
class VM
{
private:
  void push(int value)
  {
    // Check for stack overflow.
    assert(stackSize_ < MAX_STACK);
    stack_[stackSize_++] = value;
  }

  int pop()
  {
    // Make sure the stack isn't empty.
```

[1] https://en.wikipedia.org/wiki/Stack_machine。
[2] https://en.wikipedia.org/wiki/Forth_(programming_language)。
[3] https://en.wikipedia.org/wiki/PostScript。
[4] https://en.wikipedia.org/wiki/Factor_(programming_language)。

```
    assert(stackSize_ > 0);
    return stack_[--stackSize_];
  }

  // Other stuff...
};
```

当某个指令需要输入参数时，它会按照下面的方式从堆栈中弹出来：

```
switch (instruction)
{
  case INST_SET_HEALTH:
  {
    int amount = pop();
    int wizard = pop();
    setHealth(wizard, amount);
    break;
  }

  // Similar for SET_WISDOM and SET_AGILITY...

  case INST_PLAY_SOUND:
    playSound(pop());
    break;

  case INST_SPAWN_PARTICLES:
    spawnParticles(pop());
    break;
}
```

为了向堆栈中添加一些数值，我们需要一个新的指令：字面值。它表示一个字面上的整数数值。但是它又从哪里获得这个值呢？这里究竟该如何避免死循环呢？

这个小技巧就是利用指令流是字节序列的特性——我们可以将数字直接塞进字节数组。我们用如下方式定义一个字面数字的指令类型：

```
switch (instruction)
{
  // Other instruction cases...

  case INST_LITERAL:
  {
    // Read the next byte from the bytecode.
    int value = bytecode[++i];
```

```
      push(value);
      break;
    }
  }
```

这里，为了避开处理多字节整型的情况，我仅读取单字节整数，但是在实际实现中，你肯定想要支持所有你所需范围的整数参数。

它读取了字节码流中的下一个字节，将它作为一个数值写入堆栈。

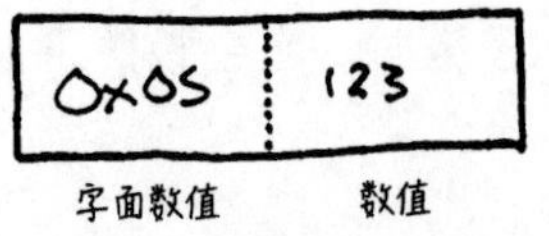

图 11-3　字节码的字面数值

为了能够对堆栈的工作方式有个直观感受，我们把几条指令串起来，看看它们如何被解释器执行。从一个空栈开始，解释器指向第一个指令。

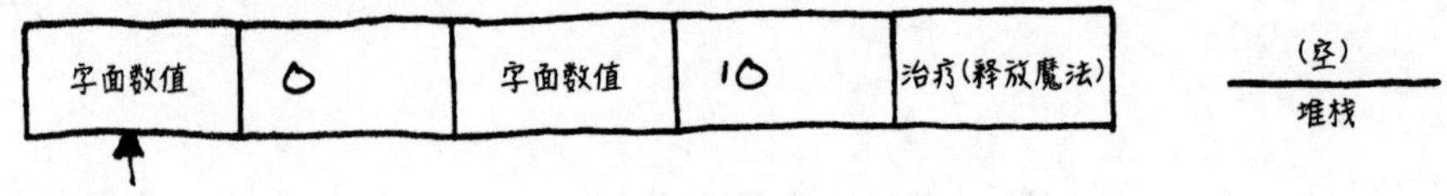

图 11-4　在执行任何指令之前

首先，它执行第一个“INST_LITERAL”。它会读取从“bytecode(0)”开始的下一个字节，并将它压入堆栈。

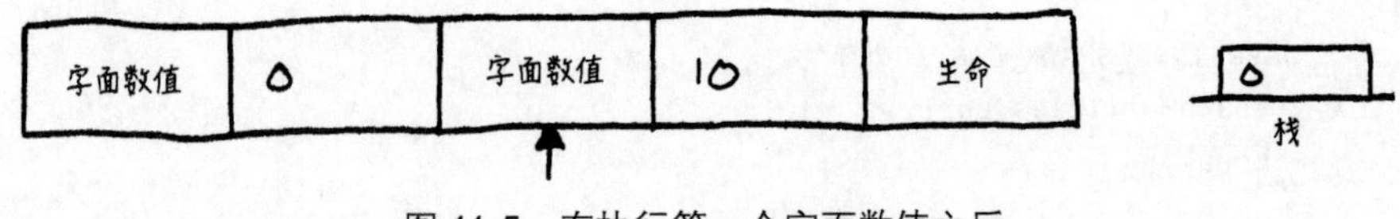

图 11-5　在执行第一个字面数值之后

然后，它执行第二个“INST_LITERAL”。它读取数字 10，并将其压入堆栈。

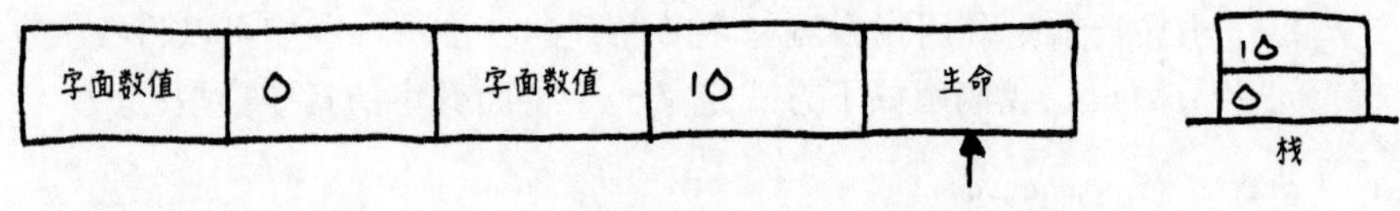

图 11-6　大约执行到最后一个指令时

最后，它执行“INST_SET_HEALTH”。它会出栈 10 并将其存储到变量“amount”中，然后出栈 0 将其存储到“wizard”中。之后，使用这两个参数调用“setHealth()”。

嗒哒！我们完成了一个将玩家巫师的生命值设定为 10 点的法术。现在，我们就拥有了足够的灵活性，来把任何巫师的状态设定到任何想要的值。我们也可以播放不同的音效以及发粒子。

但是，这感觉更像是数据结构。我们没法做到诸如将巫师的生命提高其法力值一半的操作。我们的设计师想要制定法术的计算规则，而不仅是数值。

11.5.4 组合就能得到行为

如果将我们的虚拟机看做是一种编程语言，它目前所支持的仅是些内置函数，以及它们的常量参数。为了让字节码更接近行为，我们得进行组合。

我们的设计师想要创建一些表达式，能够将不同的值通过有趣的方式组合起来。举个简单的例子，他们想让一个法术对某种属性造成一个相对量的变化，而不是改变到一个绝对的量。

那就需要考虑状态的当前值。我们已经有了写入状态的指令，但还得加上些读取它们的指令：

```
case INST_GET_HEALTH:
{
  int wizard = pop();
  push(getHealth(wizard));
  break;
}

case INST_GET_WISDOM:
case INST_GET_AGILITY:
  // You get the idea...
```

如你所见，它对堆栈做了双向操作。它首先出栈一个参数，来确定要获取哪个巫师的状态，然后找到这个状态值并入栈。

这使得我们能够编写任意拷贝状态值的法术。我们能够创造一个巫术将巫师的敏捷值设定为其智力值，甚至是神奇地复制对手的生命值。

比之前好了一点儿，但还差得多。接下来，我们需要算术。是时候让我们牙牙学语的虚拟机学 1+1 了。我们得添加些新的指令。到现在为止，你应该已经发现它的规律并能够猜到它会是怎样的了。下面是加法：

```
case INST_ADD:
{
  int b = pop();
  int a = pop();
  push(a + b);
  break;
}
```

和其他指令一样，它出栈一些数值，做一些处理，然后将结果入栈。到现在为止，每个指令都提高了一点儿我们对表达式的支持，但这是个很大的跨越。它看起来不起眼，但我们能够处理各种复杂的、深层嵌套的算术表达式了。

让我们看看一个稍微复杂点的例子。比如说，要制作一个法术，能够将玩家巫师的生命设定成他们敏捷值和智力值的平均值。在代码里面，是这样的：

```
setHealth(0, getHealth(0) +
    (getAgility(0) + getWisdom(0)) / 2);
```

你可能会认为我们需要指令来控制这个表达式里面由括号形成的显式分组。但实际上堆栈已经支持它了。下面是手工求值的过程：

1. 取出并保存巫师当前的生命值。
2. 取出并保存巫师当前的敏捷度。
3. 对智力值做同样的操作。
4. 取出保存的敏捷度和智力值，将它们相加并保留结果。
5. 将 4 的结果除以 2 后保存结果。
6. 取出巫师的生命值并加到结果里面去。
7. 取出 6 的结果值，并将其赋值给巫师的生命值属性。

你看到那些“保存”和“取出”了吗？每个“保存”对应于一个 push，每个“取出”对应于一个 pop。这意味着我们可以轻易将其转换为字节码。例如，第一行获取巫师的当前生命值：

```
LITERAL 0
GET_HEALTH
```

这段字节码将巫师的生命值入栈。如果我们重复这样的工作，最终会得到一段能计算出原表达式的字节码。为了让你体会指令是怎样组合的，我已经帮你做好了。

为了演示堆栈如何随时间变化，且将巫师的初始状态设置为 45 点生命、7 点敏捷和 11 点智力。跟在每个指令后面的是执行后的堆栈状态，以及这个指令作用的注释：

```
LITERAL 0      [0]               # Wizard index
LITERAL 0      [0, 0]            # Wizard index
GET_HEALTH     [0, 45]           # getHealth()
LITERAL 0      [0, 45, 0]        # Wizard index
GET_AGILITY    [0, 45, 7]        # getAgility()
LITERAL 0      [0, 45, 7, 0]     # Wizard index
GET_WISDOM     [0, 45, 7, 11]    # getWisdom()
ADD            [0, 45, 18]       # Add agility and wisdom
LITERAL 2      [0, 45, 18, 2]    # Divisor
DIVIDE         [0, 45, 9]        # Average them
```

```
ADD           [0, 54]          # Add average to health
SET_HEALTH    []               # Set health to result
```

如果你一步一步地看完这个堆栈，你就会发现数据像魔法一样在它内部流动。我们在一开始入栈巫师的索引 0，然后做了很多不同的操作，直到最后在栈底设置巫师生命值时用到它。

也许我这里对“魔法”的范围定义得有点宽泛。

11.5.5 一个虚拟机

我可以继续深入，添加更多各种各样的指令，但这儿是个停下来的好时机。像它现在这样，我们有了一个不错的小虚拟机，好让我们能使用简单又可压缩的数据根式来定义相对可扩展的指令。虽然“字节码”和“虚拟机”听起来有点吓人，但你会发现它们往往简单到一个堆栈、一个循环或是一个 switch 语句。

还记得我们最初的目标是让字节码得到很好的沙箱化吗？现在你看过了虚拟机的整个实现过程，很明显我们已经做到了。字节码没法深入引擎的各个部分做有恶意的事情，因为我们只定义了少量访问引擎内部的指令。

我们通过控制堆栈尺寸来限制它的可用内存，我们要当心以免内存溢出。我们甚至可以限制它的执行时间。在指令循环中，我们可以记录它已经运转了多久，在超出某个时间限制时，取消其执行。

限制执行时间在我们的例子中并非必要，因为我们没有任何循环指令。我们可以通过限制字节码的总尺寸来限制执行时间。这也意味着字节码并非图灵完备。

只剩下一个问题了：真正去创建字节码。眼下我们将一段伪代码编译成了字节码。除非你真的很闲，否则这在实践中根本行不通。

11.5.6 语法转换工具

我们的一个最初目标是在较高的层次上编写行为，但是我们已经做了些比 C++还底层的东西。它能兼顾我们需要的运行时性能和安全性，但是彻底缺乏对设计师友好的可用性。

为填补这个缺陷，需要制作些工具。我们需要一个程序，让用户在高层次上定义法术的行为，并能够生成对应的低层次栈机字节码。

这听起来比创建一个虚拟机还难。很多程序员在大学的时候被塞进一门编译器课程中，其所得只有课本封面上那条龙或者“lex”和“yacc”等词引发的创伤后应激障碍症。

我所说的，当然是这本经典的《编译器：原则、技术和工具》[1]。

其实，编译一个基于文本的语言并非不能，只是这里篇幅有限。然而你也没必要这么做。我指的是我们需要一个工具，并不一定得是个能编译

[1] https://en.wikipedia.org/wiki/Compilers:_Principles,_Techniques,_and_Tools。

输入文本的编译器。

恰恰相反，我希望你考虑做一个图形界面来让用户定义行为，特别面向那些不太擅长技术的人。对于一个不熟悉编译器的各种错误及如何修复的人来说，书写语法正确的文本太难了。

反之，你可以创建一个应用，让用户通过点击和拖拽一些小方块、点选菜单或者其他任何对创建行为有意义的脚本化工作。

我为《亨利·海茨沃斯大冒险[1]（Henry Hatsworth in the Puzzling Adventure）》编写的脚本系统的原理就是这样的。

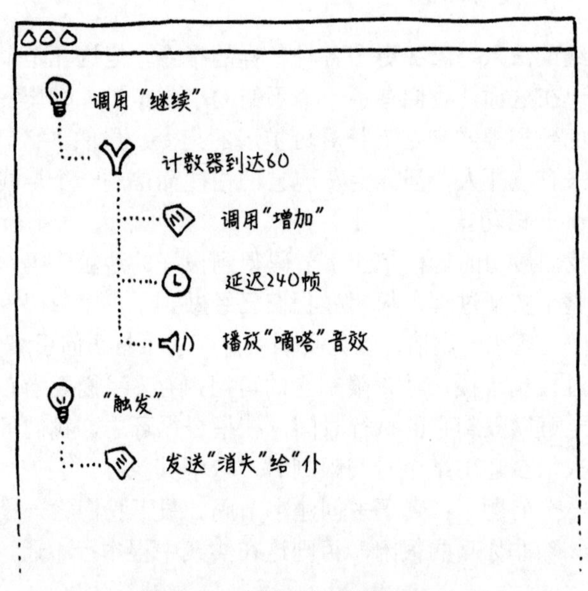

图 11-7 创建行为的图形化 UI

我要强调下错误处理的重要性。作为程序员，我们倾向于把人为错误看做是耻辱的人性缺陷而竭尽全力避免发生在自己身上。

为了做出一个用户喜欢的系统，你得拥抱他们的人性，这就包括了不可靠性。人们总是犯错，它是创造活动的基石。通过撤销之类的功能来优雅地处理这些问题能让你的用户更有创造力并更好地完成任务。

这么做的好处是你的 UI 让用户几乎难以创建“非法的”程序。你可以前瞻性地禁用按钮或者提供默认值来保证他们创建的东西在任何时候都是合法的程序。你可以通过对按钮进行禁用、提供默认值来确保用户所创建出来的东西在游戏中总是合法的，而不是抛出一大堆错误信息。

这让你免于为一个小语言设计语法并编写语法分析器。但我也清楚，有些人对 UI 编程同样很不习惯。不过这我可就没辙啦。

最终，这个模式还是关于如何以用户友好的、以高层次可编辑的方式来表达行为。你得去精心营造用户体验。为了获得高执行效率，你又得将它翻译成低级形式。这就是你真正要做的，如果你接受这个挑战，那么它会给你回报的。

[1] https://en.wikipedia.org/wiki/Henry_Hatsworth_in_the_Puzzling_Adventure。

11.6 设计决策

我试图让这一章尽可能简单，但是我们实际上是在创造一种语言。这是个很开放的设计空间。在其中尝试会非常有趣，所以，别忘了完成你的游戏。

然而这是本书中最长的一章，这个任务我失败了。

11.6.1 指令如何访问堆栈

字节码虚拟机有两种大风格：基于栈和基于寄存器。在基于栈的虚拟机中，指令总是操作栈顶，正如我们的示例代码一样。例如，“INST_ADD”出栈两个值，将它们相加，然后将结果入栈。

基于寄存器的虚拟机也有一个堆栈。唯一的区别是指令可以从栈的更深层次中读取输入。不像“INST_ADD”那样总是出栈操作数，它在字节码中存储两个索引来表示应该从堆栈的哪个位置读取操作数。

- **基于栈的虚拟机**
  - ◆ 指令很小。因为每个指令都隐式从栈顶寻找它的参数，你无需对任何数据做编码。这意味着每个指令都非常小，通常只采用一个字节。
  - ◆ 代码生成更简单。当你要编写一个编译器或生成字节码输出的工具时，你会发现基于栈的虚拟机更简单。每个指令都隐式操作栈顶，你只需要以正确的顺序输出指令，就能实现参数传递。
  - ◆ 指令数更多。每个指令都只操作栈顶。这意味着生成类似 `a = b + c` 这样的代码，你就得分别用指令把 `b` 和 `c` 各自放到栈顶，执行操作，最后将结果存入 `a`。
- **基于寄存器的虚拟机**
  - ◆ 指令更大。因为它需要记录参数在栈中的偏移量，单个指令需要更多的位数。例如，在众所周知的寄存器式虚拟机 Lua 中，每个指令占用 32 位。其中 6 位存储指令类型，剩下的存储参数。
  - ◆ 指令更少。因为每个指令都能做更多的事情，其数量相应就会少些。因为你无需把堆栈中的值挪来挪去，所以也可以说你获得了性能提升。

Lua 的开发者并未明确指出 Lua 的字节码格式，它的每个版本都在变化。我这里讲的是 Lua5.1。想要看一篇精彩的 Lua 内部剖析，不妨读读[1]《A No-Frills Introduction to Lua5.1 VM Instructions》。

那么你应该怎么选呢？我的建议是实现基于栈的虚拟机。它们更容易实现，生成代码也更加简单。寄存器虚拟机因为 Lua 转换为它的格式之后

[1] http://luaforge.net/docman/83/98/ANoFrillsIntroToLua51VMInstructions.pdf。

执行效率更高而受到称赞，但这实际上深切依赖于你虚拟机的实际指令集设计和其他很多细节。

11.6.2 应该有哪些指令

你的指令集划定了字节码表达能力的界限，它对虚拟机的性能也有影响。以下详细列出了几种你可能需要的指令类型：

- **外部基本操作**：它们是位于虚拟机之外、引擎内部的，做一些玩家能看到的事情的东西。它们决定字节码能够表达的真正行为。如果没有它们，你的虚拟机除了在循环中烧 CPU 之外，没有任何用处。
- **内部基本操作**：它们操作虚拟机内部的值——例如字面值、算术运算符、比较运算符和操作栈的指令。
- **控制流**：我们的例子中没有这部分，但如果你想要让指令有选择地执行或是循环重复执行，那你就需要控制流。在字节码的底层语言部分中，它们极其简单——跳转。

在我们的指令循环中，我们有一个索引指向字节码堆栈的当前位置。每条跳转指令所做的就是改变该索引的值从而改变当前的执行位置。换句话说，它是个 `goto`。你可以用它来实现任何高级语言的控制流。

- 抽象化：如果你的用户开始往数据中定义很多内容，那最终他们会希望能重用字节码而不是反复复制粘贴。你也许会用到可调用过程。

最简情况下，调用过程并不比跳转复杂。唯一不同的是虚拟机要维护另一个“返回”堆栈。当它执行到一个“call”指令时，它将当前指令压入返回栈中然后跳转到被调用的字节码。当它遇到一个“return”时，虚拟机从返回栈中弹出索引并跳转回索引所指位置。

11.6.3 值应当如何表示

我们的示例虚拟机只支持一种值类型：整形。这让答案变得很简单——这个堆栈仅仅是个存放 int 值的栈。一个功能完善的虚拟机应当支持不同的数据类型：字符串、对象、列表等。你必须决定如何在内部存储它们。

- **单一数据类型**
  - 它很简单。你不用担心标签、转换或者类型检查。
  - 你无法使用不同的数据类型。这个缺陷太明显了。将不同的类型填入到一种单一的呈现方式中——例如将数字存储成字符串——就是在自找麻烦。

- **标签的一个变体**

这是动态类型语言通用的形式。每个值都由两部分组成。第一部分是个标签——一个用来标志所存储数据类型的枚举值。

```
enum ValueType
{
  TYPE_INT,
  TYPE_DOUBLE,
  TYPE_STRING
};
```

剩下的位根据这个类型来解析，例如：

```
struct Value
{
  ValueType type;
  union
  {
    int    intValue;
    double doubleValue;
    char*  stringValue;
  };
};
```

◆ 值存储了自身的类型信息。这种呈现方式的好处是，能够在运行时对值的类型做检查。这对动态调用很重要并能够保证你不会把操作执行到不支持它们的类型上。

◆ 占用更多内存。每一个值必须携带标志它们类型的额外位。在虚拟机这样的底层中，这几个位的占用增长得很快。

- **不带标签的联合体**

与前一种方式一样使用联合体，但不为每个值携带类型标签。你有一个小数据块去表示多种类型，你需要自行确保值能得到正确的解析，你不需要在运行时检查类型。

这也是无类型语言比如汇编和 Forth 的储值方式。这些语言让用户自己保证解析值的方式是正确的。玻璃心伤不起！

这就是静态类型语言在内存中表达事物的方式。由于类型系统在编译期就确保了不会对值进行错误的解析，故而你无需在运行时再做检查。

◆ 紧凑。没有比只存储值本身更加高效的储值方式了。

◆ 快速。没有类型标签意味着你也无需在运行时检查它们。这也是静态类型语言比动态类型语言快的原因。

◆ 不安全。当然，这是真正的代价。一段错误的字节码，让你把一个数字当做指针或者是相反的情况，都会破坏游戏的安全性如果你的字节码是从静态类型语言编译而来的，那么你可能会因为编辑器不会生成不安全的字节码而认为它是安全的。这也许是正确的，但是不要忘了用户可能绕过你的编译器去手工编写一些恶意的字节码。

这就是 Java 虚拟机等要在加载程序时执行字节码检查的原因。

而导致崩溃。

- **一个接口**

确定值类型的一种面向对象的解决方案是多态。比如接口可以提供各种类型测试和转换的虚方法，像下面这样：

```
class Value
{
public:
  virtual ~Value() {}

  virtual ValueType type() = 0;

  virtual int asInt() {
    // Can only call this on ints.
    assert(false);
    return 0;
  }

  // Other conversion methods...
};
```

你可能像下面这样定义数据的具体类：

```
class IntValue : public Value
{
public:
  IntValue(int value)
  : value_(value)
  {}

  virtual ValueType type() { return TYPE_INT; }
  virtual int asInt() { return value_; }

private:
  int value_;
};
```

- ◆ 开放式。你可以在核心虚拟机之外定义任何实现基础接口的数据类型。
- ◆ 面向对象。如果你遵循面向对象的准则，那么它就能以正确的方式进行处理，对类型采取多态性调度，而不是像我的例子里那样对类型标签进行 switch。
- ◆ 累赘。你得为每一个数据类型定义一个类，并在里面填写一些重复而又固定的内容。在前一个例子中，我们定义了所有的值类型，这个例子里才只定义了一个！

◆ 低效。为了实现多态，你得借助于指针。这意味着像布尔和数字这种微小的值也要被封装到对象中，并在堆上面分配。每次访问一个值，你都是在做虚函数调用。

在虚拟机核心中，这样影响效率的点会不断累加。事实上正因为这些问题，致使我们尽力避免使用解释器模式，但现在问题在我们的值中而不是代码中。

我的建议是，如果你能坚持使用单一数据类型，那就这么做。否则，使用带标签的联合体。这是几乎所有编程语言的解析方式。

11.6.4 如何生成字节码

我把最重要的问题留到了最后。我带你理解消化并分析了字节码，现在轮到你做些东西来生成它们了。标准的解决方案是编写一个编译器，但这并非唯一途径。

- **如果你定义了一种基于文本的语言**

  ◆ 你得定义一种语法。无论业余或专业的设计师都会想当然地低估这件事的难度。定义一种对分析器友好的语法很容易，但是定义一种对用户友好的语法就很难。

  语法设计也是种用户界面设计，即使用户界面变成了一串字符，也容易不到哪儿去。

  ◆ 你要实现一个分析器。不管它们的名声怎么样，这部分很简单。你可以使用 ANTLR 或 Bison 这样的解析器生成器，或者——跟我一样——自己写一个好用的递归分析，这样就行了。

  ◆ 你必须处理语法错误。这是整个过程中最重要也是最难的部分。当用户出现语法或语义错误的时候——他们当然会，而且会一直出错——将他们领回到正确的道路上是你的事情。当你所知仅仅是分析器卡在一个意外标点上时，提供有用的反馈并不容易。

  ◆ 对非技术人员没有亲和力。程序员喜欢文本文件，配合强大的命令行工具，我们将它们当做计算机里的乐高块——简单，却有无数种组合方式。

  多数非程序员并不这样看待纯文本。对他们来说，文本文件如同给一个机器稽核员填写的纳税表，即使少填一个分号，他也会朝你大叫。

- **如果你设计了一个图形化编辑工具**

  ◆ 你要实现一个用户界面。按钮、点击、拖拽等诸如此类的操作。这个方法感觉有点低三下四，但是我个人很喜欢它。如果你选择这个方向，那么设计好用户界面就是做好这件事情的关键，这可不是件能应付了事的无聊事。

这里你做的每一点儿额外工作都会使得工具更加易用而友好，这会直接提高你游戏内容的质量。如果回头看看很多你喜欢的游戏，那么你常常会发现它们的秘密是有一个有趣的编辑工具。

◆ 不易出错。因为用户一步步交互式地构建行为，所以你的程序能够在发现错误时立刻引导他们改正。

使用文本语言时，工具只有在提交整个文件时才能看到用户内容。这使得避免和控制错误都变得困难。

◆ 可移植性差。文本编译器的一点好处是它是通用的。一个简单的编译器仅仅读取一个文件并输出另一个文件。在操作系统间移植是很容易的。

换行符和编码除外。

当你制作 UI 时，你得选择使用什么框架，很多框架都依赖于一种操作系统。也有一些跨平台的 UI 工具包，但其代价在于亲切感——它们在所有的平台上都让人感到陌生。

11.7 参考

- 这个模式是 GoF 解释器模式[1]的姊妹版。它们都会为你提供一种用数据来组合行为的方法。

事实上，你经常会将两个模式一起使用。你用来生成字节码的工具通常会有一个内部对象树来表达代码。这正是解释器模式能做的事情。

为了将它编译成字节码，你需要递归遍历整棵树，正如你在解释器模式中解析它那样。唯一的不同是你并不是直接执行一段代码而是将它们输出成字节码指令并在以后执行它们。

- Lua[2]编程语言是游戏中广泛使用的编程语言。它内部实现了一个紧凑的基于寄存器的字节码虚拟机。
- Kismet[3]是内置在 UnrealEd（Unreal Engine 的编辑器）中的图形化脚本工具。
- 我自己的小型脚本语言，Wren[4]，是一个简单的基于堆栈的字节码解释器。

---

[1] https://en.wikipedia.org/wiki/Interpreter_pattern。

[2] http://www.lua.org/。

[3] https://en.wikipedia.org/wiki/Unreal_(series)#Kismet。

[4] https://github.com/munificent/wren。

第 12 章 子类沙盒

12

“使用基类提供的操作集合来定义子类中的行为。”

12.1 动机

每个孩子都有一个超级英雄梦，但是理想很丰满，现实很骨感。玩游戏或许是令你成为超级英雄的最佳途径。因为游戏设计师从来不会说“不”，我们的超级英雄游戏目标是提供成百上千种不同的超能力（superpower）以供玩家选择。

我们的计划是建立一个 `Superpower` 基类，然后，我们有一个派生类来实现各种超能力。我们将把设计文档分摊给团队中的程序员进行编码。完成时就将得到数以百计的 superpower 类。

当你发现你的设计里像本例一样充满大量子类的时候，这通常意味着使用数据驱动方法可能更适合。你需要尝试找到一种使用数据来定义行为的方法，而不是用大量的重复代码来定义不同的行为。

比如一些模式：对象类型（第 13 章）、字节码（第 11 章）和解释器模式[1]，或许能有所帮助。

我们想让玩家沉浸在一个充满无限可能的世界里。无论他们小时候梦想过得到什么超能力，在我们的游戏里都能找到。这就意味着这些 superpower 子类几乎能够做任何事情：播放音效、产生视觉效果、与 AI 交互、创建和销毁其他游戏实体以及产生物理效果。它们将触及代码库的每一个角落。

如果发动我们的团队开始编写这些 superpower 类，那将会发生什么呢？

- 这将产生大量冗余代码。尽管不同的能力实现可能有所不同，但我们仍然可以料到其中必有不少冗余。它们中的多数将以同样的方式来产生视觉效果和播放音效。当你完成冰冻射线、火焰射线、芥末射线时，会发现它们在实现上都极为相似。如果人们在实现它们时没有整合起来，那么将会产生大量重复的代码和重复的劳动。
- 游戏引擎的每个部分都将与这些类产生耦合。在未深入了解所有

[1] http://en.wikipedia.org/wiki/Interpreter_pattern。

细节之前，人们会编写一些代码去调用原本不应该与 superpower 产生关系的子系统。就算我们将渲染器漂亮地划分成一些结构清晰的层，并只允许其中一层被图形引擎之外的代码所使用，我们也仍坚信最后 superpower 代码会入侵渲染器的每一个分层。

- 当这些外部系统需要改变的时候，superpower 的代码很有可能遭到随机性的破坏。一旦我们的各种 superpower 类与游戏引擎的零散部分产生耦合，改变这些系统无疑将影响这些 superpower 类。这可不好玩，因为你的图形、音效、UI 程序员可不想成为游戏逻辑程序员。

- 定义所有 superpower 都遵循的不变量是很困难的。例如说我们想保证所有的 power 类播放的音效得到合理的优先级划分和排队。如果这几百个 power 类都直接地调用音效引擎的话，就将会很难实现。

我们需要的是给每个设计 superpower 的游戏逻辑程序员一系列可用的基本操作函数。想让你的 power 播放音效？那就提供给你 `playSound()` 函数。想要粒子效果吗？这里有 `spawnParticles()` 方法。我们会保证这些操作覆盖你所有的需求，这样一来你就不必滥用 `#include` 包含其他类或者在代码库里胡乱摸索了。

我们通过把这些操作设置成 `Superpower` 基类的、受保护的方法来实现。把它们放在基类就能让每个 `power` 子类简单而直接地访问这些方法。把它们设置为受保护状态（并且很可能是非虚的）来交互，以供子类调用，这正是它们存在的意义。

我们已经有了角色，现在是时候找地方安置它们了。为此我们定义一种沙盒方法，这是个子类必须实现的抽象保护方法。在有了这些之后，为实现一种新的 power，你要做的就是：

1. 创建一个继承自 `Superpower` 的新类。
2. 覆写沙盒函数 `activate()`。
3. 通过调用 `Superpower` 提供的保护函数来实现新类方法的函数体。

我们通过将基础操作提取到更高的层次来解决冗余代码问题。当我们发现在子类中存在大量重复代码时，我们就会把它向上移到 `Superpower` 中作为一个新的可用基本操作。

我们已经通过把耦合制约于一处来解决耦合问题。`Superpower` 最终将与不同的游戏系统耦合，但我们的上百个子类则不会，它们仅与基类耦合。当这些游戏系统中的某部分变化时，对 `Superpower` 进行修改可能是必须的，但是这些子类则不应被改动。

这个设计模式会催生一种扁平的类层次架构。你的继承链不会太深，但是会有大量的类与 `Superpower` 挂钩。通过使一个类派生大量的直接子类，我们限制了该代码在代码库里的影响范围。游戏中大量的类都会获益于我们精心设计的 Superpower 类。

近来，你会发现许多人在批判面向对象语言中的继承。继承的确是个有争议的问题——在代码库中没有比基类与子类之间更深的耦合了——但是我发现扁平的继承树比起长纵深的继承树更易用。

12.2 沙盒模式

一个基类定义了一个抽象的沙盒方法和一些预定义的操作集合。通过将它们设置为受保护的状态以确保它们仅供子类使用。每个派生出的沙盒子类根据父类提供的操作来实现沙盒函数。

12.3 使用情境

沙盒模式是运用在多数代码库里、甚至游戏之外的一种非常简单通用的模式。如果你正在部署一个非虚的受保护方法，那么你很有可能正在使用与之相类似的模式。沙盒模式适用于以下情况：

- 你有一个带有大量子类的基类。
- 基类能够提供所有子类可能需要执行的操作集合。
- 在子类之间有重叠的代码，你希望在它们之间更简便地共享代码。
- 你希望使这些继承类与程序其他代码之间的耦合最小化。

12.4 使用须知

近些年“继承”一词被部分程序圈所诟病，原因之一是基类会衍生越来越多的代码。这个模式尤其受这个因素的影响。

由于子类是通过它们的基类来完成各自功能的，因此基类最终会与那些需要与其子类交互的任何系统产生耦合。当然，这些子类也与它们的基类密切相关。这个蜘蛛网式的耦合使得无损地改变基类是很困难的——你遇到了脆弱的基类问题[1]。

而从另一个角度来说，你所有的耦合都被聚集到了基类，子类现在便与其他部分的代码划清了界限。理想状态下，你的绝大部分操作都在子类中。这意味着你的大量的代码库是独立的，并且更易于维护。

如果你仍然发现本模式正在把你的基类变得庞大不堪，那么请考虑把一些提供的操作提取到一个基类能够管理的独立的类中。这里组件模式（第 14 章）能够有所帮助。

---

[1] http://en.wikipedia.org/wiki/Fragile_base_class。

12.5 示例

由于这是一个如此简单的设计模式，所以示例代码并不长。这不意味着它没有用，这个模式重在思想而非其实现的复杂度。

从我们的 Superpower 基类开始：

```
class Superpower
{
public:
  virtual ~Superpower() {}

protected:
  virtual void activate() = 0;

  void move(double x, double y, double z)
  {
  // Code here...
  }

  void playSound(SoundId sound)
  {
    // Code here...
  }

  void spawnParticles(ParticleType type, int count)
  {
    // Code here...
  }
};
```

activate()就是沙盒函数。由于它是抽象虚函数，因此子类必须要重写它。这是为了让子类实现者能够明确它们该对 power 子类做些什么。

其他的受保护函数 move()、playSound()和 spawnParticles()都是所提供的操作。这些就是子类在“activate()”函数实现时能够调用的函数。

我们没有在这个示例中实现提供的操作，但是在实际的游戏中需要用真实的代码来实现这些操作。这个函数是 Superpower 在游戏中与其他系统耦合的地方——move()函数也许会调用物理引擎代码，playSound()将与音效引擎通讯等。所有这些都在基类中实现，这就使得所有的耦合都封装在 Superpower 自身之中。

好啦，现在让我们创造一些放射性蜘蛛并创建一个 power 类。示例如下：

```
class SkyLaunch : public Superpower
{
protected:
  virtual void activate()
  {
    move(0, 0, 20);       // Spring into the air.
    playSound(SOUND_SPROING);
    spawnParticles(PARTICLE_DUST, 10);
  }
};
```

好啦，也许能够跳跃并不足以算是超能力，我只是删繁就简。

这个 power 把超级英雄弹向空中，伴随着一段恰当的音效并留下一些尘埃。如果所有的超级 power 都如此简单——仅仅是音效、粒子效果和动作的组合，那么我们就不再需要这个模式了。相反，Superpower 可以自实现 activate(),这个 activate()可以访问音效 ID、粒子类型和移动运算。但是这么做仅当所有的 power 实质上以同样的方式来工作、且仅在数据上有差异时才有效。让我们更详细地看一下：

```
class Superpower
{
protected:
  double getHeroX() { /* Code here... */ }
  double getHeroY() { /* Code here... */ }
  double getHeroZ() { /* Code here... */ }

  // Existing stuff...
};
```

这里我们添加了一个方法用于获取英雄的位置。我们的 SkyLaunch 子类现在可以使用它们：

```
class SkyLaunch : public Superpower
{
protected:
  virtual void activate()
  {
    if (getHeroZ() == 0)
    {
      // On the ground, so spring into the air.
      playSound(SOUND_SPROING);
      spawnParticles(PARTICLE_DUST, 10);
      move(0, 0, 20);
    }
    else if (getHeroZ() < 10.0f)
```

```
        {
            // Near the ground, so do a double jump.
            playSound(SOUND_SWOOP);
            move(0, 0, getHeroZ() - 20);
        }
        else
        {
            // Way up in the air, so do a dive attack.
            playSound(SOUND_DIVE);
            spawnParticles(PARTICLE_SPARKLES, 1);
            move(0, 0, -getHeroZ());
        }
    }
};
```

起初，我建议对 power 类采用数据驱动的方式。此处就是一个你决定不采用它的原因。如果你的行为是复杂的、命令式的，那么用数据定义它们会更加困难。

由于可以访问状态，因此现在沙盒函数可以做些实际而有趣的控制流了。这里仍然仅仅是些简单的 if 语句，但你可以做任何你想做的事情。通过将沙盒方法变成一个可包含任意代码的成熟方法，便可具备无限潜力。

12.6 设计决策

如你所见，子类沙盒模式是一个相当“温和”的模式。它描述了一个基本思想，但并没有给出过于详细的机制。这就意味着你每次应用它的时候将面临一些抉择，大概包括如下的几个问题：

12.6.1 需要提供什么操作

这是最大的问题。这深深地影响了本模式的样貌及它的表现。从一个极端看，基类不提供任何操作。它仅仅包含一个沙盒方法。为实现它，你将不得不调用基类之外的系统。从这个角度来说，说你正在使用这个模式恐怕有些牵强。

另一个极端是，基类为子类提供所需的所有操作。子类仅仅与基类耦合并且不调用任何外部系统。

具体来说，这意味着每个子类的源文件仅需 #include 其基类的头文件即可。

在这两种极端之间，有一个很宽阔的中间地带。在这个空间里，一些操作由基类提供，另外一些则通过定义它的外部系统直接访问。基类提供越多的操作，子类与外部系统的耦合越少，但基类与外部耦合的程度就越高。它去掉了继承类的耦合，但这是通过把耦合聚集到基类自身来实现的。

如果你有一堆与外部系统耦合的继承类的话，那么就可以使用这个模式。通过把耦合提取进一个操作方法，你将它们聚集到了一个地方——基类。但是你越是这么做，基类就变得越大且越来越难以维护。

因此你该如何做出选择呢？这里有些经验法则：

- 如果所提供的操作仅仅被一个或者少数的子类所使用，那么不必将它加入基类。这只会给基类增加复杂度，同时将影响每个子类，而仅有少数子类从中受益。

将该操作与其他提供的操作保持一致或许值得，但让这些特殊子类直接调用外部系统或许更为简单和清晰。

- 当你在游戏的其他模块进行某个方法调用时，如果它不修改任何状态，那么它就不具备侵入性。它仍然产生了耦合，但这是个“安全”的耦合，因为在游戏中它不带来任何破坏。

带引号的“安全”意指，在技术上即使是访问数据也会引发问题。如果你的游戏是多线程的，则你可能在数据被修改的同时读取数据。如果你不当心，那么最终得到的可能就是错误的数据。

另一个令人不快的情况是如果你的游戏状态是严格准确的（许多在线游戏要求保持玩家同步），而你访问了一些同步游戏状态集合之外的东西，则将引发非常严重的非确定性 bug。

而另一方面，如果这些调用确实改变了状态，则将与代码库产生更大的耦合，你需要对这些耦合更上心。因为此时这些方法更适合由更可视化的基类提供。

- 如果提供的操作，其实现仅仅是对一些外部系统调用的二次封装，那么它并没有带来多少价值。在这种情况下，直接调用外部系统更为简单。

然而，极其简单的转向调用也仍有用——这些函数通常访问基类不想直接暴露给子类的状态。例如，让我们看看 Superpower 提供的这个方法：

```
void playSound(SoundId sound)
{
  soundEngine_.play(sound);
}
```

它仅仅转向调用了 Superpower 中的某个 soundEngine_ 字段。这样的好处是把这个域封装在 Superpower，以免子类直接接触它。

12.6.2 是直接提供函数，还是由包含它们的对象提供

这个设计模式的挑战在于最终你的基类可能塞满了方法。你能够通过转移一些函数到其他类中来缓解这种情况，并于基类的相关操作中返回相应的类对象即可。

例如，为使 power 类播放音效，我们直接在 Superpower 中添加下列代码：

```
class Superpower
{
protected:
  void playSound(SoundId sound) { /* Code... */ }
  void stopSound(SoundId sound) { /* Code... */ }
  void setVolume(SoundId sound) { /* Code... */ }
```

```
  // Sandbox method and other operations...
};
```

但是如果 Superpower 已经变得臃肿不堪，那么我们或许想避免这样做。反而，我们创建一个 SoundPlayer 类来暴露这种功能：

```
class SoundPlayer
{
  void playSound(SoundId sound) { /* Code... */ }
  void stopSound(SoundId sound) { /* Code... */ }
  void setVolume(SoundId sound) { /* Code... */ }
};
```

然后 Superpower 提供这个对象的访问：

```
class Superpower
{
protected:
  SoundPlayer& getSoundPlayer()
  {
    return soundPlayer_;
  }

  // Sandbox method and other operations...

private:
  SoundPlayer soundPlayer_;
};
```

把提供的操作分流到一个像这样的辅助类中能给你带来些好处：

- 减少了基类的函数数量。在这里的例子中，我们把 3 个函数变成了一个 getter 函数。
- 在辅助类中的代码通常更容易维护。像 Superpower 这样的核心基类，不论我们的设想得如何好，都将因大量的依赖关系而变得难以修改。通过把功能转移到一个耦合更低的第二候选类，我们可以在不造成破坏的同时令这些代码更易于访问。
- 降低了基类和其他系统之间的耦合。当 playSound()是一个直接定义在 Superpower 内的函数时，无论实现中调用了什么音效代码，我们的基类都直接与 SoundId 绑定。把它转移到 SoundPlayer 中减少了 Superpower 对单个 SoundPlayer 类的耦合，SoundPlayer 会自行封装其他的依赖关系。

12.6.3 基类如何获取其所需的状态

你的基类常希望封装一些数据以对子类保持隐藏。在我们的第一个例子中，Superpower 类提供了一个 spawnParticles() 方法。如果这个方法的实现需要一些粒子系统的对象，那么它该如何获得？

- **把它传递给基类构造函数**

最简单的方案是让将粒子系统作为基类构造函数的一个参数传入：

```
class Superpower
{
public:
  Superpower(ParticleSystem* particles)
  : particles_(particles)  {}
  // Sandbox method and other operations...
private:
  ParticleSystem* particles_;
};
```

这安全地保证了每个 superpower 在它构造的时候都能得到一个粒子系统。但是让我们看看子类：

```
class SkyLaunch : public Superpower
{
public:
  SkyLaunch(ParticleSystem* particles)
  : Superpower(particles)  {}
};
```

问题来了。每个继承类将需要一个构造函数来调用基类的构造函数并传入那个粒子系统参数。这样就向每个子类暴露了一些我们并不希望暴露的状态。

这样做也存在维护负担。如果后面为基类中添加另一个状态，那么我们不得不修改每个继承类的构造函数来传递它。

- **进行分段初始化**

为了避免通过构造函数传递所有的东西，我们可以把初始化拆分为两个步骤。构造函数将不带参数，仅仅负责创建对象。然后，我们调用一个直接定义在基类中的函数来传递它所需的其他数据。

```
Superpower* power = new SkyLaunch();
power->init(particles);
```

这里注意我们没有为 SkyLaunch 的构造函数传递任何东西，它并没有与我们希望在 Superpower 保持隐藏的东西产生耦合。采用这种方法的问题在于你必须确保紧接着调用 init()。如果忘记了，你将得到一个创建了一半而无法运转的 power 实例。

你可以通过封装整个过程到单个函数中来解决这个问题，像这样：

通过一点小技巧，比如私有化构造函数和友元函数，你可以保证 createSkylaunch() 函数是能够实际创建 power 实例的唯一函数。借此你就不会错过任何的初始化步骤了。

```
Superpower* createSkyLaunch(
    ParticleSystem* particles)
{
  Superpower* power = new SkyLaunch();
  power->init(particles);
  return power;
}
```

- **将状态静态化**

在之前的例子中，我们用一个粒子系统实例来初始化每个 Superpower 实例。当每个 power 实例需要它们独有的状态时这是有意义的。但是让我们看看粒子系统是一个单例（第 7 章），每一个 power 实例都将共享相同状态的情况。

在这种情况下，我们可以声明这个状态为基类私有成员，同时也是静态的。游戏将仍然不得不保证初始化这个状态，但它仅需针对整个游戏对 Superpower 类初始化一次，而不是为每个实例都初始化一次。

```
class Superpower
{
public:
  static void init(ParticleSystem* particles)
  {
    particles_ = particles;
  }

  // Sandbox method and other operations...
private:
  static ParticleSystem* particles_;
};
```

请记住，单例仍存在许多的问题。你已经使一些状态在大量的对象之间共享（所有的 Superpower 实例）。粒子系统被封装，因此它并非全局可见，这很棒，但是仍然使得合理化 power 实例更困难，因为它们可以访问同一个对象。

此处注意 init() 和 particles_ 都是静态的。只要游戏尽早调用 Superpower::init()，所有的 power 实例就都可以访问粒子系统。与此同时，Superpower 实例可以通过调用正确的继承类构造函数来自由创建。

更棒的是，现在 particles_ 是静态变量，我们不必为每个 Superpower 实例储存它，因此我们的类占用了更少的内存。

- **使用服务定位器**

前面的办法严格要求外部代码必须在基类使用相关状态之前将这些状态传递给基类，这给周围代码的初始化工作带来了负担。另外一个选择是让基类把它需要的状态拉进去进行处理。一个实现方法是使用服务定位器模式（第 16 章）。

```
class Superpower
{
protected:
  void spawnParticles(ParticleType type, int count)
  {
    ParticleSystem& particles =
        Locator::getParticles();
    particles.spawn(type, count);
  }

  // Sandbox method and other operations...
};
```

这里，spawnParticles()需要一个粒子系统。它从服务定位器获取了一个，而不是由外部代码主动提供。

12.7 参考

- 当你采用更新方法（第 10 章）模式的时候，你的更新函数通常也是一个沙盒函数。
- 模板函数模式[1]正好与本模式相反。在这两个模式中，你都使用一系列操作原语来实现一个函数。使用子类沙盒模式时，函数在继承类中，原语操作则在基类中。使用模板函数时，基类定义函数骨架，而原语操作被继承类实现。
- 你可以将这个模式看作是在外观模式[2]上的一个变种。外观模式将许多不同的系统隐藏在了一个简化的 API 之下。在子类沙盒模式中，基类对于子类来说充当着隐藏游戏引擎实现细节的角色。

[1] http://en.wikipedia.org/wiki/Template_method_pattern。
[2] http://en.wikipedia.org/wiki/Facade_Pattern。

第 13 章　类型对象

13

"通过创建一个类来支持新类型的灵活创建，其每个实例都代表一个不同的对象类型。"

13.1　动机

设想我们在开发一款奇幻 RPG 游戏。我们的任务是为凶狠的怪物群编写代码，它们会追杀我们英勇的主角。怪物具备一系列属性：生命值、攻击力、图形效果、声音表现等，但我们仅以生命值和攻击力为例。

游戏中的每个怪物都包含一个表示其当前生命的值。它一开始是满的，每当怪物受伤的时候，都会减掉一些。怪物们也都有一个表示攻击力的字符串。当怪物攻击主角时，这个文本会通过某种形式呈现给玩家（此处我们不关心具体实现）。

设计师告诉我们怪物的种族繁多，比如"龙"和"巨魔"。每个种族描述了游戏中的一类怪物，地下城中可能同时有许多属于相同种族的怪物在游荡。

怪物的种族决定着怪物的初始生命值——龙一开始拥有比巨魔更多的生命，这使它们更难被杀死。另外种族也决定着攻击字符串——同族的所有怪物以相同的方式攻击。

13.1.1　经典的面向对象方案

考虑好这个游戏设计之后，我们启动文本编辑器开始编写代码。根据上面的设计，龙是一种怪物，巨魔是另一种怪物，其他的种类以此类推。按面向对象的思路做，我们得到了一个 Monster 基类：

这也被称作"is-a"关系，在常规面向对象编程的思想中，因为龙"是"怪物，故建模时我们将 `Dragon` 定义成 `Monster` 的子类。我们知道，继承只是在代码中实现这种概念关系的方式之一。

```
class Monster
{
public:
  virtual ~Monster() {}
  virtual const char* getAttack() = 0;

protected:
  Monster(int startingHealth)
  : health_(startingHealth) {}

private:
  int health_; // Current health.
};
```

公有的 getAttack()函数允许战斗模块代码在怪物攻击主角时获取要显示的攻击力字符串。每个派生的种族类将会重写该函数以提供不同的信息。

构造函数是受保护的，它接收怪物的初始生命值作为参数。我们会从每个派生种族类自身的公有构造函数中调用它，并把这个种类的初始生命值传进去。

现在我们来看看两个子种族类：

```
class Dragon : public Monster
{
public:
  Dragon() : Monster(230) {}

  virtual const char* getAttack()
  {
    return "The dragon breathes fire!";
  }
};

class Troll : public Monster
{
public:
  Troll() : Monster(48) {}

  virtual const char* getAttack()
```

```
  {
    return "The troll clubs you!";
  }
};
```

感叹号总会激动人心！

每个从 Monster 派生的类都传入了初始生命值，并重写 getAttack() 方法来返回这个种族的攻击字符串。一切都和预想的一样。很快，主角就能四处疾跑并杀死各种怪物了。继续编写代码，我们始料未及的是大量的怪物派生类纷纷冒了出来，从酸性史莱姆到僵尸山羊应有尽有。

很快事情陷入了泥沼。设计师最终设计了上百个种族，我们发现自己的时间几乎都投入到了编写那短短 7 行代码长的派生类以及反复地重新编译。更糟糕的是——设计师想要调整代码中已经有的种族。我们的日常工作流程变成了下面这样：

1. 收到设计师的邮件，要把巨魔的攻击力从 48 修改成 52。
2. 查看并修改 Troll.h。
3. 重新编译游戏。
4. 查看变化。
5. 回复邮件。
6. 重复上述步骤。

我们开始沮丧，因为我们变成了填数据的猴子。我们的设计师也很沮丧，因为仅要调好一个数值就要花费大量的时间。我们需要一种无需重新编译整个游戏，就能修改种族数值的能力。如果设计师在无需程序员介入的情况下就能创建并调整种族属性，那就更好了。

13.1.2 一种类型一个类

站在较高的层面上看，我们要解决的问题非常简单。游戏中有一堆不同的怪物，我们想让它们共享一些特性。成群的怪物在攻击主角，我们要让一部分怪物在攻击时有相同的伤害表现。我们通过将它们定义成相同的“种类”来实现，而这个种类就决定了其攻击的伤害表现。

由于这样的情况很容易让人联想到类，因此我们决定使用派生来实现这个概念。龙是一种怪物，游戏中的每头龙是这个龙“类”的实例。将每个种族定义成抽象基类 Monster 的派生类，让游戏中的每个怪物成为派生类的实例来反映这一关系。我们最终得到这样的类层次（图 13-1）：

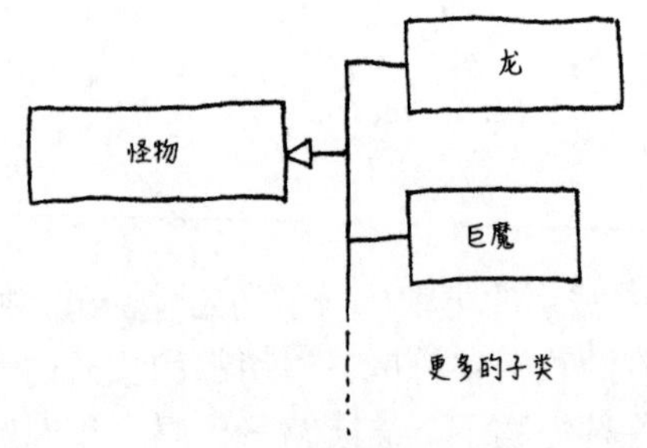

图 13-1　很多子类

这里◁—意为“由此派生而来”。

游戏中每只怪物实例都将属于某一种派生的怪物种族。种族越多，类继承树就越大。这显然是个问题：添加新的种族意味着添加新的代码，并且每个种族不得不按照自己的类型来编译。

这么做是奏效的，但并非唯一的选择。我们可以重构我们的代码，使得每个怪物都“has a”种类。我们仅声明单个 `Monster` 类和单个 `Breed` 类，而不是从 `Monster` 派生出各个种族（图 13-2）：

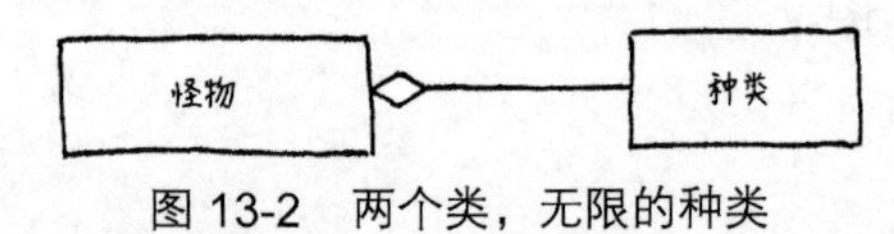

图 13-2　两个类，无限的种类

这里，◇——指的是“被引用于”。

搞定，就两个类。注意这里没有任何派生。在这个系统里，游戏中的每个怪物是一个简单的 `Monster` 类的实例。`Breed` 类包含了同一种族的所有怪物之间共享的信息：初始生命值和攻击字符串。

为了将怪物与种族关联起来，我们让每个 `Monster` 实例化一个包含了其种族信息的 `Breed` 对象的引用。为了获得攻击字符串，一个怪物只需在它的这个引用上调用一个方法。`Breed` 类本质上定义了怪物的“类型”。每个种族实例都是一个对象，代表着不同的概念类型，而这个模式的名字就是：类型对象。

这个模式的强大之处在于，它允许我们在不使代码库复杂化的情况下添加新的类型。我们已经基本上将一部分类型系统从硬编码的类继承中解放出来，并转化为可在运行时定义的数据。

我们可以通过实例化更多的 `Breed` 实例来创建数以千计的种族。如果我们通过某些配置文件里的数据来初始化种族，那么我们就能够完全在数据里定义新的怪物类型。这简单到设计师都能搞定！

13.2　类型对象模式

定义一个类型对象类和一个持有类型对象类。每个类型对象的实例表示一个不同的逻辑类型。每个持有类型对象类的实例引用一个描述其类型的类型对象。

实例数据被存储在持有类型对象的实例中，而所有同概念类型所共享的数据和行为被存储在类型对象中。引用同一个类型对象的对象之间能表现出“同类”的性状。这让我们可以在相似对象集合中共享数据和行为，这与类派生的作用有几分相似，但却无需硬编码出一批派生类。

13.3 使用情境

当你需要定义一系列不同“种类”的东西，但又不想把那些种类硬编码进你的类型系统时，本模式都适用。尤其是当下面任何一项成立的时候：

- 你不知道将来会有什么类型（例如，我们的游戏是否需要支持包含怪物新种类的资料包下载？）。
- 你需要在不重新编译或修改代码的情况下，修改或添加新的类型。

13.4 使用须知

这个模式旨在将“类型”的定义从严格生硬的代码语言转移到灵活却弱化了行为的内存对象中。灵活性是好的，但是把类型移动到数据里仍有所失。

13.4.1 类型对象必须手动跟踪

一个使用类似C++类型系统的好处是编译器自动处理了所有的类注册。定义类的数据自动编译到可执行程序的静态内存区中，它就运转起来了。

使用类型对象模式，我们现在不但要负责管理内存中的怪物，还要管理它们的类型，我们得保证只要有怪物存在，其对应的种族对象就应该被实例化并驻留于内存。一旦创建新的怪物，我们就必须确保它是以一个有效种族实例的引用来进行正确的初始化。

我们把自己从编译器的一些限制中解放出来，但代价是得重新实现从前编译器为我们提供的一部分功能。

在C++内部，虚方法通过“虚函数表”实现，简称“vtable”。一个虚函数表是包含了函数指针集合的简单结构体，每个函数指针指向类里的一个虚方法。每个类在内存中驻存一张虚函数表。而每个实例都有一个指向其类虚函数表的指针。

当你调用虚函数的时候，代码首先从对象的虚函数表中查找，然后通过存储在表里的相应函数指针进行函数调用。

听起来很熟悉？虚函数表就是我们的种族对象，指向虚函数表的指针就是怪物对其种族的引用。C++类是类型对象模式在C上的应用，由编译器自动处理。

13.4.2 为每个类型定义行为更困难

通过类派生，你可以重写一个方法，让它做任何你能想到的事——用程序计算数值，调用其他代码等，无拘无束。我们甚至可以定义一个怪物子类，让它的攻击字符串根据月相而变化（我觉得，用在狼人身上来说很不错）。

而当我们改用类型对象的时候，我们用成员变量替代了方法重写。不再是派生出怪物类然后重写父类中的方法来异化攻击字符串，而是定义另一个种族对象来存储攻击字符串。

这使得通过类型对象去定义类型相关的数据非常容易，但是定义类型相关的行为却很难。如假设不同的怪物种类需要采用不同的 AI 算法，那么使用这种模式就将面临很大的挑战。

有几种方法可以跨越这个限制。一个简单的方法是创建一个固定的预定义行为集合，让类型对象中的数据从中任选其一。例如，我们的怪物 AI 总是处于"站着不动"、"追逐主角"或者"在恐惧中瑟瑟发抖"（嘿，巨龙可不都是这样）的状态。我们可以定义函数来实现每种行为。然后，我们可以在种类里放一个指向特定方法的指针与 AI 算法关联。

听起来也很熟悉？我们这就是真正在类型对象中实现了虚函数表。

另一个更强大、更彻底的解决方案是支持在数据中定义行为。解释器模式[1]和字节码模式（第 11 章）都可以编译代表行为的对象。如果我们能读取数据文件并提供给上述任意一种模式来实现，行为定义就完全从代码中脱离了出来，而被放进数据文件内容中。

时过境迁，游戏变得越来越由数据驱动。硬件变得更加强大，我们发现真正的瓶颈在于制作内容的局限而非硬件的发展。64K 卡带时代的挑战是把一款游戏存储进卡带，而双面 DVD 时代的挑战则是往里面存储满游戏。

脚本语言和其他高级定义游戏行为的方式能够为我们带来必要的生产力提升，其代价是运行时性能无法达到最优。硬件发展之快，人脑的发展速度唯恐不及。因此这种交换变得越来越有意义。

13.5 示例

在我们的第一个实现中一切从简，实现 13.1 节中所述的基础系统。首先从 Breed 类开始：

```
class Breed
{
public:
  Breed(int health, const char* attack)
  : health_(health),
    attack_(attack)
  {}

  int getHealth() { return health_; }
  const char* getAttack() { return attack_; }

private:
  int health_; // Starting health.
  const char* attack_;
};
```

[1] http://c2.com/cgi-bin/wiki?InterpreterPattern。

非常简单，它是一个包含两个数据字段的容器：初始生命值和攻击字符串。让我们看看怪物如何使用它：

```
class Monster
{
public:
  Monster(Breed& breed)
  : health_(breed.getHealth()),
    breed_(breed)
  {}

  const char* getAttack()
  {
    return breed_.getAttack();
  }
private:
  // Current health.
  int health_;
  Breed& breed_;
};
```

当我们构造一个怪物时，我们给它一个种族对象的引用。由此定义怪物的种族，取代之前的类派生关系。在构造函数中，怪物使用种族来确定它的初始生命值。要获得攻击字符串，怪物只需调用它所属种族的相应方法。

这段简单的代码是这个模式的核心思想。以下内容则都是额外的好处。

13.5.1 构造函数：让类型对象更加像类型

以上，我们直接构造了一个怪物并负责赋予它种族。这与大多数面向对象语言实例化对象的过程有点相反——我们通常不会分配一段空内存然后给它一个类型。面向对象的思想是调用类自身的构造函数，由它负责为我们创建新的实例。

我们可以将这个模式应用到类型对象上面：

```
class Breed
{
public:
  Monster* newMonster()
  {
  return new Monster(*this);
  }
```

“模式”一词用在此处正合适。我们所提到的其实就是经典设计模式中的：工厂模式[1]。

在一些语言中，这个模式用来创建所有对象。在 Ruby、Smalltalk、Objective-C 和其他一些将类作为对象的语言里，你通过调用类对象上的一个方法来构造新的实例。

```
  // Previous Breed code...
};
```

使用它们的类：

```
class Monster
{
  friend class Breed;

public:
  const char* getAttack()
  {
    return breed_.getAttack();
  }

private:
  Monster(Breed& breed)
  : health_(breed.getHealth()),
    breed_(breed)
  {}

  int health_; // Current health.
  Breed& breed_;
};
```

关键的区别是 Breed 类里面的 newMonster() 函数。它是一个“构造器”工厂方法。在我们的原始实现中，创建一个怪物的过程是这样的：

```
Monster* monster = new Monster(someBreed);
```

这里有另一个小区别。由于示例代码采用 C++语言，故我们可以使用一个方便的小特性：友元类。

我们将怪物的构造函数定为私有，使得任何人都不能直接调用它。友元类绕开了这个限制，因此 Breed 仍然能够访问到它。这意味着 newMonster() 是创建怪物的唯一方法。

在修改过后，它看起来是这样的：

```
Monster* monster = someBreed.newMonster();
```

那么，为什么要这么做呢？创建一个对象分为两步：分配内存和初始化。Monster 的构造函数让我们能够做所有的初始化操作。在例子中所做的仅仅是保存了一个种族的引用，但如果是完整的游戏，还需要加载图形、初始化怪物 AI 并进行其他设定工作。

但是，这都发生在内存分配之后。我们在怪物的构造函数被调用前，就已经获得一段用于容纳它的内存。在游戏里，我们也希望能控制对象创建的这一环节：通常使用一些自定义内存分配器或者对象池模式（第 19 章）来控制对象在内存中存在的位置和时机。

[1] http://c2.com/cgi/wiki?FactoryMethodPattern。

在 Breed 里定义一个“构造函数”让我们有地方实现这套逻辑。取代简单 new 操作的是，newMonster() 函数能在控制权被移交至初始化函数前，从一个池或者自定义堆栈里获取内存。把此逻辑放进唯一能创建怪物的 Breed 里，就保证了所有的怪物都由我们预想的内存管理体系经手。

13.5.2 通过继承共享数据

我们现在已经实现了一个完全可用的类型对象系统，但是它还很基础。我们的游戏最终会有上千个种族，每个都包含大量属性。如果设计师想要调整 30 多个巨魔种类，使它们更强一点，那么她将要面对的是海量的数据。

一个有效的方法是仿照多个怪物通过种族共享特性的方式，让种族之间也能够共享特性。就像我们在开篇的面向对象方案那样，我们可以通过派生来实现。只是，我们不采用语言本身的派生机制，而是自己在类型对象里实现它。

简单起见，我们仅支持单继承。和基类一样，种族都有一个基种族：

```
class Breed
{
public:
  Breed(Breed* parent, int health,
        const char* attack)
  : parent_(parent),
    health_(health),
    attack_(attack)
  {}

  int         getHealth();
  const char* getAttack();

private:
  Breed*      parent_;
  int         health_; // Starting health.
  const char* attack_;
};
```

当我们构造一个种族时，先为它传入一个基种族。我们可以传入 NULL 来表示它没有祖先。

为使其更实用，子种族需要明确哪些特性从父类继承，哪些特性由自己重写和特化。以我们的例子打比方，子种族只继承基种族中的非零生命值以及非 NULL 的攻击字符串。

实现方式有两种，一个是在属性每次被请求的时候执行代理调用，像这样：

```
int Breed::getHealth()
{
  // Override.
  if (health_ != 0 || parent_ == NULL)
  {
    return health_;
  }
  // Inherit.
  return parent_->getHealth();
}
const char* Breed::getAttack()
{
  // Override.
  if (attack_ != NULL || parent_ == NULL)
  {
    return attack_;
  }

  // Inherit.
  return parent_->getAttack();
}
```

这么做的好处是，即便在运行时修改了种类、去掉种类继承或者去掉对某个特性的继承，它仍能够正常运作。但另一方面，它会占用更多的内存（必须保留一个指向父级的指针），而且更慢。因为为查找某个特性，它必须在派生链上进行遍历。

如果我们能确保基种族的属性不会改变，那么一个更快的解决方案是在构造时采用继承。这也被称为“复制”代理，因为我们在创建一个类型时把继承的特性复制到了这个类型内部。代码如下：

```
Breed(Breed* parent, int health, const char* attack)
: health_(health),
  attack_(attack)
{
  // Inherit non-overridden attributes.
  if (parent != NULL)
  {
    if (health == 0) health_ = parent->getHealth();

    if (attack == NULL)
    {
      attack_ = parent->getAttack();
    }
  }
}
```

注意我们不再需要基类中的属性了。一旦构造结束，我们就可以忘掉基类，因为它的属性已经被拷贝了下来。要访问一个种族的特性，现在只需返回它自身的字段。

```
int         getHealth() { return health_; }
const char* getAttack() { return attack_; }
```

又好又快！

假设游戏引擎从 JSON 文件创建种族。数据示例如下：

```
{
  "Troll": {
    "health": 25,
    "attack": "The troll hits you!"
  },
  "Troll Archer": {
    "parent": "Troll",
    "health": 0,
    "attack": "The troll archer fires an arrow!"
  },
  "Troll Wizard": {
    "parent": "Troll",
    "health": 0,
    "attack": "The troll wizard casts a spell"
  }
}
```

我们有段代码会读取每个种族项，用其中的数据创建实例。例子中巨魔的基种族是“Troll”，“Throll Archer”和“Troll Wizard”都是派生种族。

因为这两个派生类的生命值都是 0，所以这个值可以从父类继承。这意味着设计师能在“Troll”类中调整这个值，所有三个种族都会一起更新。随着种族的数量和每个种族内部属性的增加，这能够节省很多时间。现在，通过一个非常小的代码段，我们能保证将控制权移交给设计师，完成了一个能让他们有效利用时间的开放系统。同时，我们也可以不被打扰地编写其他功能。

13.6 设计决策

类型对象模式让我们像在设计自己的编程语言一样设计一个类型系统。设计空间非常广阔，我们可以尝试很多有趣的事情。

实际操作中，有些事情会破坏我们的好梦。时间开销和可维护性会把事情变得复杂而使我们感到沮丧。更重要的是，不论我们如何设计类型系统，都必须让用户（通常是非程序员）容易理解它。我们做得越简单，它就越可用。所以，这里谈到的其实是个需要反复推敲的领域，就把这些更深入的内容交给学者和爱探索的人吧。

13.6.1 类型对象应该封装还是暴露

在我们的例子中，Monster 类有一个对种族的引用，但这个引用不是公开的。外部代码无法直接访问到怪物的种族。从代码库的角度来说，怪物事实上是无类型的，而它们持有种类这件事只是个实现细节。

我们可以做个修改，让 Monster 类返回它的种族：

```
class Monster
{
public:
  Breed& getBreed() { return breed_; }

  // Existing code...
};
```

在本书的另一个例子里，我们紧接着进行了转换，返回引用而不是指针，以便让用户知道返回值永远不会是 NULL。

这么做改变了 Monster 的设计。如此每只怪物都有其所属种族这件事就在 API 中可见了。不管采用哪种设计都是有优点的。

- **如果类型对象被封装**
  - ◆ 类型对象模式的复杂性对代码库的其他部分不可见。它成为了持有类型对象才需关心的实现细节。
  - ◆ 持有类型对象的类可以有选择性地重写类型对象的行为。比如说我们想把怪物濒死时的攻击字符串改掉。由于攻击字符串都是从 Monster 访问的，故我们有个现成的位置可以改写：

```
const char* Monster::getAttack()
{
  if (health_ < LOW_HEALTH)
  {
    return "The monster flails weakly.";
  }

  return breed_.getAttack();
}
```

如果外部代码直接调用种族上的 getAttack()，我们就没有机会插入这段逻辑了。

- 我们得给类型对象暴露的所有内容提供转发函数。这部分工作是枯燥的。如果我们的类型对象类有一大堆方法，那么对象类为了公开，也必须提供一一对应的成堆方法。

- **如果类型对象被公开**
  - 外部代码在没有持有类型对象类实例的情况下就能访问类型对象。如果类型对象被封装，那么就无法在没有持有类型对象的情况下使用它。这样一来，诸如调用种族方法去实例化新怪物的构造模式，就不再适用了。因为用户无法直接获得其种族，那么他们也就没法调用它。
  - 类型对象现在是对象公共 API 的一部分。通常，窄接口比宽接口更容易维护，即你暴露给代码库的越少，你要面对的复杂性和维护工作就越少。通过暴露类型对象，我们拓宽了对象的API，把类型对象提供的所有东西都包含了进来。

13.6.2 持有类型对象如何创建

通过这种模式，每个“对象”现在都成了一对对象：主对象以及它所使用的类型对象。那么我们如何创建并将它们绑定起来呢？

- **构造对象并传入类型对象**
  - 外部代码可以控制内存分配。因为调用代码自己负责构造这两个对象，所以它能够控制其内存位置。如果我们想把对象用于各种不同的内存情景（不同的分配器、分配在堆栈上等），这种设计就完全支持。
- **在类型对象上调用“构造”函数**
  - 类型对象控制内存分配。这是该选择的副作用。如果我们不想让用户选择对象的内存位置，则类型对象上的工厂方法可以做到这一点。如果我们希望确保所有的对象都来自同一个特定的对象池或者内存分配器，那这么做就很有用。

13.6.3 类型能否改变

到目前为止，我们假定对象一旦创建完成，就与其类型对象绑定，并从不再改变。对象的类型伴随着它的整个生命周期。而这并非必须。我们可以让对象动态改变类型。

回顾一下我们的例子。当一个怪物死的时候，设计师希望尸体能变成会动的僵尸。我们可以通过创建一个僵尸类型的新怪物来实现这个需求，但另外一个办法是把死去怪物的种族修改成僵尸。

- 类型不变
  - ◆ 无论编码还是理解起来都更简单。在概念层面上，“类型”是大多数人都不希望改变的东西。此方案正是基于这一假定。
  - ◆ 易于调试。假设我们在定位一个让怪物陷入奇怪状态的 Bug，此时如果能确定怪物的种族始终不变，那事情就相对简单了。
- 类型可变
  - ◆ 减少对象创建。前面的例子里，如果类型不能改变，那么我们得在 CPU 循环中创建新的僵尸怪物。把原怪物中需要保留的属性逐个拷贝过来，随后删除它。如果我们能改变类型，那么简单地赋个值就完事了。
  - ◆ 做约束时要更加小心。对象和其类型之间存在相对紧的耦合。例如，一个种族可能假定怪物的当前血量永远不会超过该种族的初始血量。

    如果允许改变种族，那么我们就需要确保现有对象能符合新类型的要求。当我们修改类型时，我们可能会需要执行一些验证代码来保证对象现在的状态对新类型来说有意义。

13.6.4 支持何种类型的派生

- 没有派生
  - ◆ 简单。简单总是好的。如果你的类型对象之间无需共享成堆的数据，何必自找麻烦呢？
  - ◆ 可能会导致重复劳动。我曾见过供设计师使用的编辑系统不支持派生。当你有 50 种精灵时，必须去 50 个地方把它们的血量修改成相同的数字，这就非常无趣。
- 单继承
  - ◆ 仍然相对简单。很容易实现，但更重要的是，它很容易理解。如果非技术用户使用这个系统，那么要操作的部分越少就越好。很多编程语言只支持单继承是有原因的。它看起来是强大和简洁之间不错的平衡点。
  - ◆ 属性查找会更慢。要获得类型对象中的特定数据，我们需要在派生链中找到其类型，才能最终确定它的值。如果在编写高性能要求的代码，那么我们可能不想在这里浪费时间。
- 多重派生
  - ◆ 能避免绝大多数的数据重复。通过一个好的多继承系统，用户能够创建一个几乎没有冗余的继承体系。比如做调整数值这件事，我们可以避免大量的复制粘贴。

- 复杂。很不幸的是，它的优点更多停留在理论上而不是实践上。多重派生难以理解或说明。

  如果我们的僵尸龙类型从僵尸和龙派生，那么哪些属性从僵尸获得，哪些属性从龙获得呢？为了使用这个系统，用户必须理解派生图如何遍历并要有预见性地设计一个智能的体系。

  我所见到的大多数现代 C++编码标准倾向于禁用多重派生，Java 和 C#则完全不支持。这承认了一件不幸的事实：让它正确工作太难了，以至于干脆舍弃它。虽然值得考虑，但是你很少会希望在游戏的类型对象中使用多继承。还是那句话，越简单越好。

13.7 参考

- 这个模式所围绕的高级问题是如何在不同对象之间共享数据。从另一个不同角度尝试解决这个问题的是原型模式（第 5 章）。
- 类型对象与享元模式（第 3 章）很接近。它们都让你在实例间共享数据。享元模式倾向于节约内存，并且共享的数据可能不会以实际的“类型”呈现。类型对象模式的重点在于组织性和灵活性。
- 这个模式与状态模式（第 7 章）也有诸多相似性。它们都把对象的部分定义工作交给另一个代理对象实现。在类型对象中，我们通常代理的对象是：宽泛地描述对象的静态数据。在状态模式中，我们代理的是对象当前的状态，即描述对象当前配置的临时数据。

当我们讨论到可改变类型对象的时候，你可以认为是类型对象在状态模式的基础上身兼二职。

第 5 篇
解耦型模式

当你掌握了一门编程语言时，你会发现编写代码来实现你想要实现的功能是一件相当容易的事情。难的是编写能够容易应对需求变更的代码。因为我们几乎没有可能不去更改程序的功能或者特性。

我们拥有一个强大的工具即解耦，它能够让变化变得简单点。当我们提到两块代码是“解耦”时，我们指的是某块代码中的变化通常不会影响到另一块代码。当你在更改游戏的一些功能时，代码更改的地方越少就会越简单。

组件将游戏中的不同域相互解耦成单一实体，这些实体仍然具备它们的特性。事件队列能够静态而且及时地将两个通信中的对象解耦开来。服务定位器允许代码访问功能却不需要被绑定到提供服务的代码上。

本篇模式

- 组件模式
- 事件队列
- 服务定位器

第 14 章　组件模式

14

“允许一个单一的实体跨越多个不同域而不会导致耦合。”

14.1　动机

举个例子，假设我们准备要制作一个平台类游戏。既然叫超级马里奥的意大利水管工早已闻名于世，那我们不如从一个丹麦面包师 Bjørn 开始吧。显而易见，我们将设计一个能够表示我们友善面包师的类，这个类包含了面包师的所有动作跟特性。

我之所以是个程序员而非设计师就是因为我总想要去实现这些很棒的想法。

玩家控制他，这就意味着需要读取控制器的输入并且将输入转换成动作。当然，角色类还需要跟平台交互，所以还需要一些物理和碰撞方面的东西。当这些都完成后，角色通过动画和渲染就显示在屏幕上了。角色可能还会播放一些音效。

且慢，事情似乎在往失控的方向发展。在第 1 章软件架构中我们曾经提到，一个程序中的不同域应该互相隔离。如果我们设计一个文字处理器，那么处理打印部分的代码则不应该受到读取、保存文档的代码的任何影响。也许游戏的域与商业应用的域不完全相同，但规则仍然生效。所以尽可能地，我们不应让 AI、物理、渲染、声效以及其他域互相影响，但目前这一切全部被塞在一个类中。我们可以预料到这样做的后果：形成一个代码量 5000 行以上的巨大源文件，以至于只有团队中最勇敢的程序员才敢去尝试阅读和修改它。

如此庞大的工作量对于那些能够驾驭它的人来说这件很棒的事情，但是对我们其余人来说则如同地狱。一个如此庞大的类意味着即使最微不足道的修改都可能会产生深远的影响。所以很快，这个类产生 bug 的速度就远远超过了其实现功能的速度。

14.1.1 难题

这种耦合的设计在任何游戏中都是一种糟糕的设计，但是在使用并发性的现代游戏中尤为糟糕。代码是否能够运行在多个线程上对拥有多核的硬件来说至关重要。而一个常见的实现多线程并行设计的方法就是设置域隔阂，比如让 AI 计算在一个核中完成，声效在另外一核，渲染在第三个核，以此类推。

而要实现以上所说的设置不同域之间的隔离，最至关重要的就是让不同的域之间保持解耦来避免产生死锁以及其他致命的并发错误。一个单类，尝试在一个线程上调用 UpdateSounds() 方法而在另一个线程上调用 RenderGraphics() 方法，这无疑就是自取灭亡。

比简单的规模问题更糟糕的是耦合问题。我们游戏里所有不同的系统被杂糅进犹如一团乱麻的代码之中，比如：

```
if (collidingWithFloor() &&
    (getRenderState() != INVISIBLE))
{
  playSound(HIT_FLOOR);
}
```

任何试图想要修改以上代码的程序员都必须要了解物理、图像以及声音的相关知识以确保不会破坏任何功能。

这两个问题互相耦合，一个包含了很多域的类将要求每个想要修改他的程序员做大量的工作，而这无疑就是个噩梦。当代码变得足够糟糕时，程序员们为了回避 Bjorn 类这团乱麻而开始编写代码库的其他部分。

14.1.2 解决难题

想要解决这个问题，我们应该像挥剑的亚历山大一样快刀斩乱麻[1]：将独立的 Bjorn 类根据域边界切分成相互独立的部分。举个例子，我们将所有用来处理用户输入的代码放到一个单独的类 InputComponent 中。而 Bjorn 将拥有这个类的一个实例。我们将重复对 Bjorn 类包含的所有域做同样的工作。

当我们完成这项工作后，我们几乎将 Bjorn 类中的所有东西都清理了出去。剩下的便是一个将所有组件绑在一起的外壳。我们通过简单地将代码分割成多个更小类的方式解决了这个超大类问题，但完成这项工作所达到的效果远远不止这些。

14.1.3 宽松的末端

现在我们的组件类实现了解耦。尽管 Bjorn 类仍然有物理组件 PhysicsComponent 以及图像组件 GraphicsComponent，但是这两块内容互不干涉。这意味着想要修改物理块内容的程序员不再需要了解图像块的知识了，反之亦然。

[1] 译者注：此句来源于古希腊传说“亚历山大拔剑斩绳结”同时呼应前面的“绳结”。

在实践中，这些组件之间需要一些互动。例如，AI 组件可能会告知物理组件 Bjørn 将去哪里。然而，我们可以将通信限制在那些需要交互的组件之间而不是将它们全部放到一起。

14.1.4 捆绑在一起

这个设计的另一种特性是组件现在成为了可重用的包。到目前为此，我们只是考虑了面包师这一个角色，但在游戏中可能会出现别的对象。游戏世界中的装饰是玩家可以看到但却无法交互的对象，例如灌木，碎片和其他的可视化的细节。道具与装饰类似，却可以被触摸，如盒子、巨石、树木等。区域则与装饰正好相反——玩家看不到它却能与之交互。它们非常有用，比如在 Bjørn 进入一个区域时触发一个过场。

当我们使用面对对象编程的时候，继承总是最抢眼的工具。它被视为代码重用的终极武器，程序员们常常抡起它大展神威。然而我们发现这个武器很多时候是块绊脚石，继承有它的用途，但是对某些代码重用来说实现起来太麻烦了。

相反，软件设计的趋势应该是尽可能地使用组合而不是继承。为实现两个类之间的代码共享，我们应该让它们拥有同一个类的实例而不是继承同一个类。

现在我们考虑如何在不用组件的情况下建立这些类的继承层次结构，第一遍应该如图 14-1 所示：

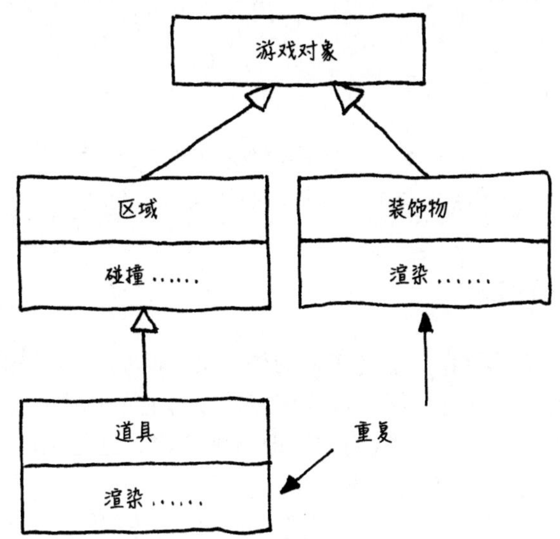

图 14-1 没有办法在单一继承体系里复用两把斧头（译者注：黑色实心箭头指向的两个轴向继承树）

我们有一个 GameObject 基类，它包含像位置和方向这种基本的元素。而 Zone 类继承了这个基类并在其基础上增加了碰撞检测。相似地，Decoration 类也继承了 GameObject 类并且添加了渲染。Prop 类继承自 Zone 类，所以它可以重用其碰撞检测的代码。而 Prop 类不能同时继承自 Decoration 类来重用渲染代码，否则继承结构将陷入“致命的菱形多继承”（Deadly Diamond）的窘境。

“致命的菱形多继承”发生在对同一基类有多条路径的多重继承的类层次结构中。该错误的诱因不在这本书的讨论范畴内，但是请相信称之为“致命的”不是没有原因的。

我们可以做些转变让 Prop 类能够继承 Decoration 类。但是我们将不得不复制碰撞部分的代码。无论如何，都没有办法不通过多重继承而在多个类之间重用碰撞跟渲染部分的代码。唯一的选择就是将这两段代码同时放到基类中，这么做的结果就是 Zone 类会因其无需的渲染代码而浪费内存，Decoration 类在处理物理方面也是同样的问题。

现在，让我们试着用组件来实现。所有的子类将完全消失，取而代之的是一个简单的 GameObject 基类和两个组件：图像组件（GraphicsComponent）以及物理组件（PhysicsComponent）。装饰对象就是一个包含图像组件而不包含物理组件的 GameObject 对象，而 Zone 则恰恰相反，道具对象则同时包含这两个组件，没有代码重复，没有多重继承，只有简单的三个类而不是四个。

这好比餐厅的一张菜单，如果每个实体都是一个单独的类，那么也许你就只能点设定好的几个套餐。我们需要一个独立的类来支持任何可能的特性组合。为了满足客户，我们可能需要数十个套餐。而组件就像按菜单点菜用餐，每个客户都能够选择那些他们喜欢的菜，而菜单则是一个他们选择菜品的列表。

组件对于对象而言基本上是即插即用的。借由组件，我们能通过往实体身上接插不同的、可重用的组件对象来构造复杂而且行为丰富的实体。想想软件 Voltron。

14.2 模式

单一实体横跨了多个域。为了能够保持域之间相互隔离，每个域的代码都独立地放在自己的组件类中。实体本身则可以简化为这些组件的容器。

“组件”一词像“对象”一样，这些词在编程领域代指着万物与虚无。正因为如此，它被用来描述一些概念。在商业软件中，有一种“组件”设计模式，它描述了通过网络进行通信的解耦服务。

我试图寻找一个不同的名字来命名这个与上述无关并出现于游戏中的模式，但是“组件”仍然是最合适的名称。既然设计模式用于记录已经存在的东西，那么我也没有那个荣幸能够创造一个新的术语。所以犹如 XNA，Delta3D 以及其他词汇一样，我保留了“组件”一词。

14.3 使用情境

组件最常见于游戏中定义实体的核心类，但是它们也能够用在别的地方。当如下条件成立时，组件模式就能够发挥它的作用：

- 你有一个涉及多个域的类，但是你希望让这些域保持相互解耦。
- 一个类越来越庞大，越来越难以开发。
- 你希望定义许多共享不同能力的对象，但采用继承的办法却无法令你精确地重用代码。

14.4 注意事项

组件模式相较直接在类中编码的方式为类本身引入了更多的复杂性。每个概念上的“对象”成为一系列必须被同时实例化、初始化，并正确关联的对象的集群。不同组件之间的通信变得更具挑战性，而且对它们所占用内存的管理将更复杂。

对于一个大型代码库，它的复杂性相对其带来的解耦合与代码重用是值得的，但是请注意，你并不是在不存在问题的代码库中过度设计而使用这样一个“解决方案”。

使用组件的另外一个后果是你经常需要通过一系列间接引用来处理问题，考虑容器对象，首先你必须得到你需要的组件，然后你才可以做你需要做的事情，在一些性能要求较高的内部循环代码中，这个组件指针可能会导致低劣的性能。

凡事总有两面，组件模式当然也有优点。组件模式通常能够提升性能和缓存的一致性。组件结构使得在使用数据本地化模式时能够更容易地按照 CPU 所需的顺序来组织数据。

14.5 示例代码

写这本书对我来说最大的挑战是找到独立出每个模式的方法。许多设计模式都包含了不属于本模式的代码。为了提取模式的精华，我试着尽可能地简化，但是这就变得有点像是在展示一个没有任何衣服的衣柜。

而组件模式则尤其困难。如果你没有纵览过模式所解耦的各个域中的代码，便无法真正体会到组件模式。所以我在 Bjørn 的代码上扩展开来向你们描述。模式实际上只关乎组件类本身，但其中的代码应该有助于理解这些类所发挥的作用。它是一段伪代码，调用了其他不属于这里的类，但是它应该能够让你明白我们正在干什么。

14.5.1 一个庞大的类

为了更清楚地了解如何应用该模式，我们从单一而庞大的 Bjorn 类开始，该类拥有我们需要做的一切，但我们暂不使用组件模式。

我应该指出，在代码库中使用实际名称通常都是一个糟糕的想法。市场部有一个恼人的习惯就是要求你在发布应用前修改名字。“专注力测试的结果表示 11 岁到 15 岁的男性对 ‘Bjorn’ 反响平平，请改为 ‘Sven’。”

这也是为什么许多软件项目使用只面向内部的代号的原因。告诉别人你正在开发一个叫“大电子猫”的程序比“新版本的 Photoshop”要有趣多了。

```
class Bjorn
{
public:
  Bjorn() : velocity_(0), x_(0), y_(0) {}

  void update(World& world, Graphics& graphics);
private:
  static const int WALK_ACCELERATION = 1;

  int velocity_;
  int x_, y_;

  Volume volume_;

  Sprite spriteStand_;
  Sprite spriteWalkLeft_;
```

```
  Sprite spriteWalkRight_;
};
```

Bjorn 中有个 update()方法来调用游戏中的每一帧：

```
void Bjorn::update(World& world, Graphics& graphics)
{
  // Apply user input to hero's velocity.
  switch (Controller::getJoystickDirection())
  {
    case DIR_LEFT:
      velocity_ -= WALK_ACCELERATION;
      break;

    case DIR_RIGHT:
      velocity_ += WALK_ACCELERATION;
      break;
  }

  // Modify position by velocity.
  x_ += velocity_;
  world.resolveCollision(volume_, x_, y_, velocity_);

  // Draw the appropriate sprite.
  Sprite* sprite = &spriteStand_;
  if (velocity_ < 0) sprite = &spriteWalkLeft_;
  else if (velocity_ > 0) sprite = &spriteWalkRight_;
  graphics.draw(*sprite, x_, y_);
}
```

它通过读取操纵杆的输入来判定如何对面包师进行加速。然后通过物理引擎来确定其新的位置。最后，将面包师绘制到屏幕上。

这个示例实现非常简单。没有重力、动画或者其他任何能够让游戏变得有趣的细节。但即便如此，我们可以看到，该函数会让团队中的几个程序员都得为其花费时间，而且它也开始变得有点混乱。试想下，如果代码扩展到一千行将会是多么痛苦的一件事情。

14.5.2 分割域

我们从一个域开始，将一部分 Bjorn 代码抽离出来并封装到一个独立的组件类中。我们从首个被处理的域——输入域开始。Bjorn 类做的第一件事情就是读入用户的输入并调整自身的速度。让我们将这个逻辑封装到一个独立的类中：

```
class InputComponent
{
public:
  void update(Bjorn& bjorn)
  {
    switch (Controller::getJoystickDirection())
    {
      case DIR_LEFT:
        bjorn.velocity -= WALK_ACCELERATION;
        break;

      case DIR_RIGHT:
        bjorn.velocity += WALK_ACCELERATION;
        break;
    }
  }

private:
  static const int WALK_ACCELERATION = 1;
};
```

非常简单，我们只需要将 Bjorn 类中的 update 方法放到一个新的类中就好了，而对 Bjorn 类的修改也相当简单：

```
class Bjorn
{
public:
  int velocity;
  int x, y;

  void update(World& world, Graphics& graphics)
  {
    input_.update(*this);

    // Modify position by velocity.
    x += velocity;
    world.resolveCollision(volume_, x, y, velocity);

    // Draw the appropriate sprite.
    Sprite* sprite = &spriteStand_;
    if (velocity < 0)
    {
      sprite = &spriteWalkLeft_;
    }
    else if (velocity > 0)
    {
```

```
      sprite = &spriteWalkRight_;
    }
    graphics.draw(*sprite, x, y);
  }

private:
  InputComponent input_;

  Volume volume_;

  Sprite spriteStand_;
  Sprite spriteWalkLeft_;
  Sprite spriteWalkRight_;
};
```

现在 Bjorn 拥有一个输入组件（InputComponent）类，之前它通过调用 update 方法来处理用户的输入，现在它只需代理组件即可：

```
input_.update(*this);
```

我们才刚刚开始，就已经摆脱了一部分耦合——我们将逐步使得核心 Bjorn 类不再涉及任何控制器。

14.5.3　分割其余部分

现在，让我们对物理以及图形的代码继续做同样的工作。这里给出了新的物理组件（PhysicsComponent）的代码：

```
class PhysicsComponent
{
public:
  void update(Bjorn& bjorn, World& world)
  {
    bjorn.x += bjorn.velocity;
    world.resolveCollision(volume_,
        bjorn.x, bjorn.y, bjorn.velocity);
  }

private:
  Volume volume_;
};
```

除了将物理行为从核心类 Bjorn 中移除外，你还能看到我们同时将数据也移除了：现在 Volume 对象被物理组件持有。

最后同样重要的，是渲染部分的代码：

```
class GraphicsComponent
{
public:
  void update(Bjorn& bjorn, Graphics& graphics)
  {
    Sprite* sprite = &spriteStand_;
    if (bjorn.velocity < 0)
    {
      sprite = &spriteWalkLeft_;
    }
    else if (bjorn.velocity > 0)
    {
      sprite = &spriteWalkRight_;
    }

    graphics.draw(*sprite, bjorn.x, bjorn.y);
  }

private:
  Sprite spriteStand_;
  Sprite spriteWalkLeft_;
  Sprite spriteWalkRight_;
};
```

我们几乎将所有东西都移除了，只剩下没有多少代码的 `Bjorn` 类：

```
class Bjorn
{
public:
  int velocity;
  int x, y;

  void update(World& world, Graphics& graphics)
  {
    input_.update(*this);
    physics_.update(*this, world);
    graphics_.update(*this, graphics);
  }

private:
  InputComponent input_;
  PhysicsComponent physics_;
  GraphicsComponent graphics_;
};
```

现在 Bjorn 类基本只做两件事：持有一些真正定义了 Bjorn 的组件，并持有这些域所共享的那些状态量。位置和速度的信息之所以还保留在 Bjorn 类中主要有两个原因，首先它们是“泛域”（pan-domain）状态，几乎所有的组件都会使用它们，所以如果将它们放到组件中是不明智的。

第二点也是最重要的一点就是，将位置与速度这两个状态信息保留在 Bjorn 类中使得我们能够轻松地在组件之间传递信息而不需要耦合它们。让我们来看看应该如何应用吧。

14.5.4 重构 Bjorn

到目前为止，我们已经将行为封装到单独的组件类中，但是我们没有将这些行为从核心类中抽象化。Bjorn 仍然精确地知道行为是在哪个类中被定义的。让我们来修改下。

我们将处理用户输入的组件隐藏到一个接口下，这样就能够将输入组件变成一个抽象的基类：

```
class InputComponent
{
public:
  virtual ~InputComponent() {}
  virtual void update(Bjorn& bjorn) = 0;
};
```

然后，我们将现有的用于处理用户输入的代码封装到一个实现了接口的类中：

```
class PlayerInputComponent : public InputComponent
{
public:
  virtual void update(Bjorn& bjorn)
  {
    switch (Controller::getJoystickDirection())
    {
      case DIR_LEFT:
        bjorn.velocity -= WALK_ACCELERATION;
        break;

      case DIR_RIGHT:
        bjorn.velocity += WALK_ACCELERATION;
        break;
    }
  }
```

```
private:
  static const int WALK_ACCELERATION = 1;
};
```

我们改变 Bjorn 类，让它持有一个指向输入组件的指针而不是一个内联实例：

```
class Bjorn
{
public:
  int velocity;
  int x, y;

  Bjorn(InputComponent* input)
  : input_(input)
  {}

  void update(World& world, Graphics& graphics)
  {
    input_->update(*this);
    physics_.update(*this, world);
    graphics_.update(*this, graphics);
  }

private:
  InputComponent* input_;
  PhysicsComponent physics_;
  GraphicsComponent graphics_;
};
```

现在，当我们实例化 Bjorn 时，可以通过传递一个输入组件来使用，像这样：

```
Bjorn* bjorn = new Bjorn(new PlayerInputComponent());
```

这个实例可以是任何实现了我们抽象输入组件接口的具体类型。但是我们也因此付出代价，现在 update 方法是一个抽象方法调用，相对有点慢。我们应该反思，付出了这个代价我们得到了什么？

大多数主机游戏需要支持“演示模式”。如果玩家停留在主菜单并且不做任何事情，电脑则会代替玩家让游戏自动地演示起来。这么做的目的是为了避免游戏长时间地停留在主菜单画面，同时也为了在销售商店展示时让游戏看起来更棒些。

将输入组件类隐藏到一个接口下有助于完成这项工作。我们已经有了一个可供玩家正常游戏时使用的 PlayerInputComponent。现在我们来编写另外一个输入组件：

```
class DemoInputComponent : public InputComponent
{
public:
  virtual void update(Bjorn& bjorn)
  {
    // AI to automatically control Bjorn...
  }
};
```

当游戏进入演示模式时，我们不再像之前那样构建 Bjorn 类，取而代之的是将它连接到新的组件上：

```
Bjorn* bjorn = new Bjorn(new DemoInputComponent());
```

这个，还有咖啡。甜的热气腾腾的咖啡。

现在，仅仅只是交换了一个组件，我们就得到了一个功能完备的完全由电脑控制的演示模式。我们能够重用 Bjørn 的所有其他代码，包括物理以及图形，甚至不需要了解这两者之间有什么区别。也许是我有些奇怪，但是像这样的东西能让我在早上精神起来。

14.5.5 删掉 Bjorn

现在让我们看看 Bjorn 类，你会发现基本上没有 Bjørn 独有的代码，它更像是个组件包。事实上，它是一个能够用到游戏中所有对象身上的游戏基本类的最佳候选。我们需要做的只是为其传入所有组件，然后我们就可以像 Dr. Frankenstein[1] 一样去构建任何类型的对象了。

让我们把剩下的两个具体组件——物理以及图形组件隐藏到接口之下，就像我们处理输入组件一样：

```
class PhysicsComponent
{
public:
  virtual ~PhysicsComponent() {}
  virtual void update(GameObject& object,
                      World& world) = 0;
};

class GraphicsComponent
{
public:
  virtual ~GraphicsComponent() {}
```

[1] 译者注：弗兰肯斯坦，用碎尸块和其他生化技术拼凑制造“人”的疯狂科学家、“造物主”。

```
  virtual void update(GameObject& object,
                      Graphics& graphics) = 0;
};
```

然后我们重构 Bjorn 类，并将它改造成一个使用了以上接口的通用游戏类：

有一些组件系统在此基础上更进一步，整个游戏实体就是一个 ID、一个数字而不是一个包含组件的游戏类。然后只需在游戏中维护几个单独的组件集合即可，其中的每个组件都知道它所关联的实体 ID。

这些实体组件系统将解耦组件的设计发挥到了极限。它允许你对一个实体添加新的组件而不让实体知晓。数据局部性（第 17 章）将更详细地阐述这个细节。

```
class GameObject
{
public:
  int velocity;
  int x, y;

  GameObject(InputComponent* input,
             PhysicsComponent* physics,
             GraphicsComponent* graphics)
  : input_(input),
    physics_(physics),
    graphics_(graphics)
  {}

  void update(World& world, Graphics& graphics)
  {
    input_->update(*this);
    physics_->update(*this, world);
    graphics_->update(*this, graphics);
  }

private:
  InputComponent* input_;
  PhysicsComponent* physics_;
  GraphicsComponent* graphics_;
};
```

我们将现有的具体类重命名并且实现以上接口：

```
class BjornPhysicsComponent : public PhysicsComponent
{
public:
  virtual void update(GameObject& obj, World& world)
  {
    // Physics code...
  }
};

class BjornGraphicsComponent
    : public GraphicsComponent
{
public:
  virtual void update(GameObject& object,
```

```
                               Graphics& graphics)
  {
    // Graphics code...
  }
};
```

现在我们可以构建一个拥有所有 Bjorn 原本行为的对象，但是却不需要因此生成一个类，就像：

```
GameObject* createBjorn()
{
  return new GameObject(
        new PlayerInputComponent(),
        new BjornPhysicsComponent(),
        new BjornGraphicsComponent());
}
```

当然，createBjorn() 方法是一个典型的 GoF 工厂设计模式[1]的示例。

通过定义其他的函数来实例化拥有不同组件的游戏类，我们能够创建游戏中所有所需的对象。

14.6 设计决策

关于这个设计模式的最重要的问题是：你需要的组件集合是什么？答案取决于你的游戏需求与风格。引擎越大越复杂，你就越想要将组件切分得更细。

除此之外，有一些更具体的选择需要考虑。

14.6.1 对象如何获得组件

一旦我们将一个单独的对象分割成数个独立的组件，我们就必须决定谁在背后来联系这些组件。

- **如果这个类创建了自己的组件**
  - ◆ 它确保了这个类一定有它所需要的组件。你不必担心有人忘记了将类链接到正确的组件上而导致游戏崩溃。容器类将会负责这件事。
  - ◆ 但是这么做将导致重新配置这个类变得困难。此设计模式一个强大的特性之一就是能够让你通过简单地组合组件来构建任何你需要的对象。如果我们的对象总是连着一组硬编码的组件，那我们将失去这种灵活性。
- **如果由外部代码提供组件**
  - ◆ 对象将变得灵活。我们完全可以通过添加不同的组件来改变类的行为。我们甚至能把这个类当做一个通用的组件容器，一遍

[1] http://c2.com/cgi/wiki?FactoryMethod。

又一遍地为不同的目的重用代码。

◆ 对象可以从具体的组件类型中解耦出来。假如我们允许外部代码传入组件，那么我们就很可能也要允许传入这些组件的派生类。就这一点而言，对象只是知道组件的接口而不知道其具体类型，这能够很好地封装结构。

14.6.2 组件之间如何传递信息

完美地将组件互相解耦并且保证功能隔离是个很好的想法，但这通常是不现实的。这些组件同属于一个对象的事实暗示了它们都是整体的一部分因此需要相互协作——亦即通信。

所以组件之间又是如何传递信息的呢？有好几个选择，但是不像这本书中大多数的设计模式，它们不是唯一的，所以你可以同时使用好几种不同的方法。

- **通过修改容器对象的状态**

  ◆ 它使得组件间保持解耦。当我们的输入组件在设置 `Bjorn` 的速度时，以及物理组件稍后使用它时，这两个组件甚至都不知道对方的存在，它们知道的仅仅是，`Bjorn` 类的速度已经发生了某种改变。

  ◆ 它要求组件间任何需要共享的数据都由容器对象进行共享。通常，某些状态只是一少部分组件所需要的。举个例子，动画以及渲染的组件可能需要共享图形方面的信息，但是将这些信息放到所有组件都能够获取到的容器类中则会弄乱这个对象类。

  更糟糕的是，如果我们使用相同的容器类以及不同的组件配置，则将会把宝贵的内存浪费在可能不被任何组件需要的状态上。如果我们将一些特定的渲染数据放到容器类汇总，那么任何不可见的对象非但无法从中获益，反而会为此浪费内存。

  ◆ 这使得信息传递变得隐秘，同时对组件执行的顺序产生依赖。在我们的示例代码中，最原始的 `update` 方法有一个非常谨慎的操作顺序。用户输入改变了速度，然后物理代码据此修改位置，最终渲染代码根据最终位置在屏幕上显示 `Bjorn`。当我们将代码分割成不同的组件后，我们需要小心翼翼地保留操作的顺序。

  如果我们不这么做的话，则可能会导致一些很细小的、难以追踪的 bug。举个例子，如果我们首先加载了图形组件，那么我们极有可能会将 `Bjorn` 显示在上一帧而非当前帧的位置上。如果加入更多的组件和代码，你就会发现避免执行顺序发生错乱是件多么困难的事情。

大量的像这样共享可变的状态信息的代码无论对阅读还是写来说都是非常难以保持正确的。这也是为什么学者会花时间研究出像 Haskell 这样没有可变状态的纯函数语言的主要原因。

- **直接互相引用**

有一个想法就是当组件需要与其他组件进行信息传递时，它不通过容器类而是直接访问相互之间的引用。

假设我们想让 Bjorn 跳起来。图形代码需要知道它是否应该渲染一个跳跃的动作。一个比较简单方法就是让图形组件与物理组件取得直接的联系：

```
class BjornGraphicsComponent
{
public:
  BjornGraphicsComponent(
     BjornPhysicsComponent* physics)
  : physics_(physics)
  {}

void Update(GameObject& obj, Graphics& graphics)
{
  Sprite* sprite;
  if (!physics_->isOnGround())
  {
    sprite = &spriteJump_;
  }
  else
  {
    // Existing graphics code...
  }

  graphics.draw(*sprite, obj.x, obj.y);
}
private:
  BjornPhysicsComponent* physics_;

  Sprite spriteStand_;
  Sprite spriteWalkLeft_;
  Sprite spriteWalkRight_;
  Sprite spriteJump_;
};
```

当我们构建 Bjorn 的图形组件时，我们给它一个对应的物理组件的引用。

◆ 这简单且快捷。组件之间的信息传递是通过一个对象调用另一个对象的方法。组件能够调用其代码中所引用的组件的任何方法。这是全开放式的。

◆ 组件之间紧密耦合。缺点就是会变得相当混乱。我们好像又回到了当初一个巨大的单类的时候，但其实这远没有那么糟糕，起码我们将耦合限制在了需要交流的组件之间。

- **通过传递信息的方式**

◆ 这是选项中最复杂的一个。我们可以在容器类中建立一个小的消息传递系统，让需要传递信息的组件通过广播的方式去建立组件间的联系。

以下是一种可能的实现方式。我们将首先定义一个所有组件都能实现的基本组件接口：

```
class Component
{
public:
  virtual ~Component() {}
  virtual void receive(int message) = 0;
};
```

它有一个 `receive` 方法，组件通过实现它来监听传入信息。在这里我们将信息定义成 `int` 型，通过更加全面的实现我们也可以将额外的数据附加到信息中。

然后，我们在容器类中添加一个方法来发送消息：

```
class ContainerObject
{
public:
  void send(int message)
  {
    for (int i = 0; i < MAX_COMPONENTS; i++)
    {
      if (components_[i] != NULL)
      {
        components_[i]->receive(message);
      }
    }
  }

private:
  static const int MAX_COMPONENTS = 10;
  Component* components_[MAX_COMPONENTS];
};
```

如果你真的乐意，那么你甚至可以将这个消息系统队列改成可以延迟发送。更多细节请查看事件队列章节（第 15 章）。

现在，如果一个组件访问它的容器，那么它能够将信息发送给容器，并且通过容器将信息广播给容器所包含的所有组件。

- 兄弟组件之间是解耦的。就好像前述共享状态的选择一样，我们通过上层容器类来确保组件之间是解耦的。使用传递消息系统的方法，组件之间唯一的耦合就在于消息本身。
- 容器对象十分简单。不像状态共享那样容器类能够获知应该传递给组件的信息，在这里，容器类的工作只是将信息发送出去。

GoF 称之为中介模式[1]，两个或两个以上的对象通过将信息传递到一个中介的方法来取得相互之间的联系。而本章节中，容器类则充当了中间的角色。

[1] 中介模式：http://c2.com/cgi-bin/wiki?MediatorPattern。

这对两个类之间传递非常特定的信息而不让容器类获知是个非常有用的方法。

意料之外的是，没有哪个选择是最好的。你最终有可能将上述所说的三种方法都使用到。状态共享对于每个对象都拥有的基本状态如位置和尺寸等非常管用。

有些域虽然不同但是仍然紧密相关。比如说动画和渲染、用户输入、AI，又或者物理与碰撞。如果你有上述这些强关联的组件的话，那么最简单的方法就是在它们之间建立直接的联系。

消息传递是个对“不太重要”的通信有用的机制。其“即发即弃”（fire-and-forget）的特性非常适合类似于当物理组件发送一个消息告知对象与物体发生碰撞时，通知声音组件去播放声音的情况。

与往常一样，我建议你从简单的开始，然后在你需要组件通信的时候再考虑应该添加哪种信息传递的方法。

14.7 参考

- Unity[1]框架的核心 `GameObject`[2]类完全围绕组件来设计。
- 开源引擎 Delta3D[3]有一个 `GameActor` 基类，该基类使用一个名叫 `ActorComponent` 的基类实现了组件模式。
- 微软的 XNA[4]游戏框架附带了一个核心游戏类。它拥有一系列游戏组件对象。本文中的举例是在单个游戏层面上使用组件，而 XNA 则实现了主要游戏对象的设计模式，但是本质是一样的。
- 这种设计模式与 GoF 中的策略模式[5]很类似。都是将对象的行为委托给一个独立的从对象。不同的是策略模式的“策略”对象通常都是无状态的，它封装了一个算法，但是没有数据。它定义了一个对象的行为方式，而不是对象本身。

组件本身具有一定的功能性。它们经常会持有描述对象以及定义对象实际标识的状态。然而，这个界限可能有点模糊。你可能有一些不需要任何状态的组件。在这种情况下，你可以在跨多个容器对象的情况下使用相同的组件实例。在这一点上，它的确表现得像是一个策略对象。

---

[1] http://unity3d.com/。

[2] http://docs.unity3d.com/Documentation/Manual/GameObjects.html。

[3] http://www.delta3d.org/。

[4] http://creators.xna.com/en-US/。

[5] http://c2.com/cgi-bin/wiki?StrategyPattern。

第 15 章　事件队列

15

“对消息或事件的发送与受理进行时间上的解耦。”

15.1　动机

除非你生活在那些没有互联网的世界里，否则你很可能已经对“事件队列”有所耳闻了。如果对这个词不熟悉，那么你也许听过“消息队列”、“事件循环”、“消息泵”。也许你还是不太记得，那么让我们先一起来回顾一下，看看这一模式的两个常见应用吧。

在本章中我将“事件”和“消息”替换着使用，如果需要区分它们我会另外提醒大家。

15.1.1　用户图形界面的事件循环

如果你曾从事过用户界面编程，那你肯定对“事件”不陌生了。每当用户与你的程序交互时：比如点击按钮，下拉菜单，或者按下一个键盘的键，操作系统都会为之生成一个事件。系统将这个事件对象抛给你的应用程序，你的任务就是获取到这些事件并将其与你自定义的行为挂钩。

这种应用程序风格很常见，它被视为一种编程范式：事件驱动式编程[1]。

为了能收到这些事件，在你的底层代码中必然有个事件循环。它的大致结构如下：

```
while (running)
{
  Event event = getNextEvent();
  // Handle event...
}
```

[1] http://en.wikipedia.org/wiki/Event-driven_programming。

对 getNextEvent()的调用为你的应用程序导入了大量未经处理的用户输入事件。它被导向一个事件处理回调——于是你的应用程序魔法般地活了起来。有趣的地方在于应用程序会在它需要时才“引入”事件，操作系统并不在用户操作外设时就立即跳转入你的程序内部。

反之，操作系统的中断却是立即跳转的。当中断发生时，操作系统终止你应用程序的一切运转，并强制让程序跳转入一个中断处理回调中。这样粗野的做法也正是中断之所以难处理的原因。

这意味着当用户的输入到来时，必须要有个位置处理这些输入，以防它们在硬件报告输入时直至你的应用程序调用 getNextEvent()期间被操作系统漏掉。这里所谓的“安置位置”正是一个队列（图 15-1）。

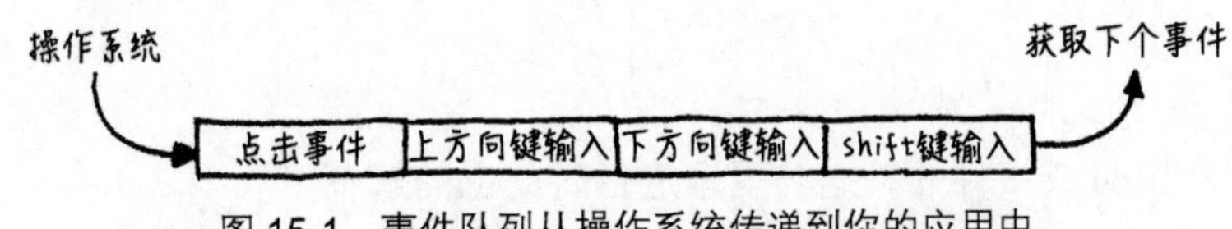

图 15-1　事件队列从操作系统传递到你的应用中

当有用户输入时，操作系统便将它添加到一个未处理事件队列中。当你调用“getNextEvent()”时，函数会将最早的事件取出并将它交给你的应用程序。

15.1.2　中心事件总线

如果你想知道为何它们不是事件驱动的，可以打开游戏循环模式（第 9 章）看看。

多数游戏的事件驱动机制并非如此，但是对于一个游戏而言维护它自身的事件队列作为其神经系统的主干是很常见的。你会常常听到“中心式”、“全局的”、“主要的”类似这样的描述。它被用于那些希望保持模块间低耦合的游戏，起到游戏内部高级通信模块的作用。

新手教程系统往往是优雅继承设计的硬伤，而且多数玩家寻求系统帮助的时间极少，于是这看起来吃力不讨好。然而这短暂的引导时间却是将玩家代入游戏的宝贵机会。

假设你的游戏有一个新手教程，该新手教程会在完成指定的游戏事件后弹出帮助框。例如，玩家首次击败一个蠢怪物，你希望弹出一个上面写着“按下 X 键以拾取战利品”的小气球框。

你的游戏玩法以及战斗相关的代码会很复杂。你最不想做的就是往这些复杂的代码里塞入一系列检查以用于触发引导。当然你可以用一个中心事件队列来取而代之。游戏的任何一个系统都可以向它发送事件，于是战斗模块的代码可以在你每次消灭一个敌人后向该队列添加一个“敌人死亡”的事件。

这个共享空间能够让实体向其发送消息并能收到它的通知，这一模式与 AI 领域的黑板系统[1]（blackboard systems）有相似之处。

相似的，游戏的任意系统都能从队列中“收取”事件。新手引导模块向事件队列注册自身，并向其声明该模块希望接收“敌人死亡”事件。借此，敌人死亡的消息可以在战斗系统和新手引导模块不进行直接交互的情况下在两者之间传递（图 15-2）。

---

[1] http://en.wikipedia.org/wiki/Blackboard_system。

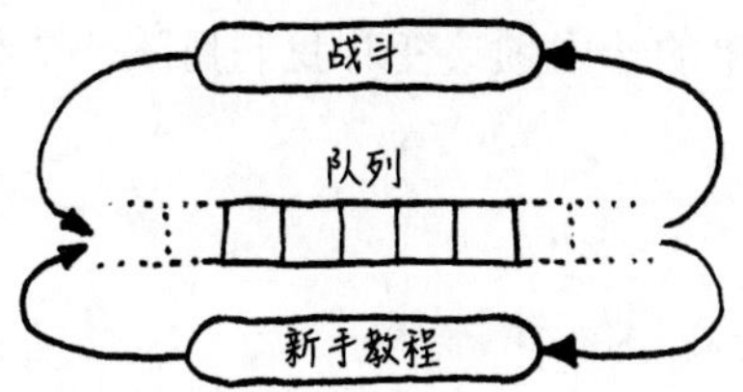

图 15-2 战斗和新手教程通过一个共享队列进行交互

我本想将此作为本章后续的一个例子，但实际上我对大型全局系统并不很感兴趣。事件队列所负责的通讯并不一定要横跨整个游戏引擎，它也可以仅在一个类或一定作用域内发挥作用。

15.1.3 说些什么好呢

来说说别的，让我们往游戏中加入音乐。人类是强视觉化的动物，而听觉则将我们与自身情感以及对物理空间的知觉深刻地联系在一起。恰当的回音模拟可以让漆黑的屏幕有巨大洞穴的感觉，而一段时机恰当的抒情小提琴旋律会拨动你的心弦令你产生共鸣并随之轻声哼唱。

为了让游戏在音乐方面有突出的表现，我们从最简易的方法入手来看看它是如何运作的。我们将向游戏中添加一个小的“音效引擎”，它包含根据标识和音量来播放音乐的 API：

虽然我总是回避单例模式，但在此这是一种可行的方案，好比一台机箱只配一副喇叭那样。我将采取一个更简单的方法：仅仅将方法声明为静态。

```
class Audio
{
public:
  static void playSound(SoundId id, int volume);
};
```

这个类要做的是，根据 SoundID 加载对应的声音资源，提供可用的声道并开始将它播放出来。本文与具体平台的音效 API 无关，所以我任意采用一个，你可以假设它适用于任何平台。借此我们的方法可以实现如下：

```
void Audio::playSound(SoundId id, int volume)
{
  ResourceId resource = loadSound(id);
  int channel = findOpenChannel();
  if (channel == -1) return;
  startSound(resource, channel, volume);
}
```

添加以上代码，创建一些声音文件，并在游戏代码中加入少量的“playSound()”调用进行播放，它们就像一些带着魔法的小喇叭。例如在 UI 代码中，当菜单的选中项改变时我们播放一个小音效：

```
class Menu
{
public:
  void onSelect(int index)
  {
    Audio::playSound(SOUND_BLOOP, VOL_MAX);
    // Other stuff...
  }
};
```

在此之后，我们注意到有时切换菜单项时，整个屏幕会卡顿几帧，这便遇到了我们需要解决的第一个问题。

- **问题 1：在音效引擎完全处理完播放请求前，API 的调用一直阻塞着调用者。**

我们的“playSound()”方法是“同步”执行的，它只有在音效被完全播放出来后才会返回至调用者的代码。假如一个声音文件需要先从磁盘中加载，那么这次调用就要花去一些时间。此时游戏的其他部分便都卡住了。

现在我们暂时不考虑它，继续往下看。在 AI 代码中，我们增加一个调用来让怪物在遭受玩家攻击时发出痛苦的哀嚎声。没有比对虚拟生命造成模拟伤害更能令玩家兴奋的了。

这可行，但有时英雄的猛攻会在同一帧中击中两个（以上）的怪物。这就引起游戏同时发出两次哀嚎声。如果你了解一些音效知识，那你就会知道多个声音混合在一起会叠加它们的声波。也就是说，当声波相同时，声音听起来和一个声音一样，但声量会大两倍，听起来很刺耳。

在亨利·海茨沃斯大冒险游戏中偶然遇到该情况。解决方案和我们将要提到的类似。

在 boss 战中，当有许多小喽啰跑来跑去捣乱时，也会遇到相同问题。硬件一次只能播放这么多声音。一旦并发量超过临界值，声音就会被忽略或中断。

为了处理这些问题，我们需要观察整个音效调用集合，并加以汇总和区分。不幸的是，我们的声音 API 每次仅单独处理一个“playSound()”函数。对整个音效调用集合的处理和穿针引线一样，一次一个。

- **问题 2：不能批量地处理请求。**

以上两个问题跟下面要解释的问题可谓小巫见大巫。代码库中在许多不同的游戏系统中都涉及“playSound()”函数的调用。但是我们的游戏引擎运行在现代多核硬件上面。为了充分利用多核，我们将它们分配在不同的线程中。

由于我们的 API 是同步的，它会在调用者的线程中执行，所以在不同的游戏系统中调用它时，我们就遇到了线程同步调用 API 的情况。详见示例代码。看见任何的线程同步了吗?反正我没有看见。

这非常糟，因为我们期望有一个独立的音频线程。而这里当其他线程相互干涉并把事情搞砸时，它却几乎在吃闲饭。

- **问题 3：请求在错误的线程被处理**

这些问题的共同点是声音引擎调用“`playSound()`”函数的意思是“放下所有事情，马上播放音乐!”“马上处理”就是问题所在。其他游戏系统在它们合适的时候调用“`playSound()`”函数，而声音引擎此时却未必能应付这一需求。为修复这一问题，我们将对请求的接收与受理进行解耦。

15.2 事件队列模式

事件队列是一个按照先进先出顺序存储一系列通知或请求的队列。发出通知时系统会将该请求置入队列并随即返回，请求处理器随后从事件队列中获取并处理这些请求。请求可由处理器直接处理或转交给对其感兴趣的模块。这一模式对消息的发送者与受理者进行了解耦，使消息的处理变得动态且非实时。

15.3 使用情境

如果你只想对一条消息的发送者和接收者进行解耦，那么诸如观察者模式和命令模式都能以更低的复杂度满足你。需要在某个问题上对时间进行解耦时，一个队列往往足矣。

最近的每章节中我都有提到这个模式，但它是值得强调的。复杂性会让你慢下来，所以要视简洁为宝贵资源。

按照推送和拉取的方式思考：代码 A 希望另一个代码块 B 做一些事情。A 发起这一请求最自然的方式就是将它推送给 B。

同时，B 在其自身的循环中适时地拉取该请求并进行处理也是十分自然的。当你具备推送端和拉取端之后，在两者之间需要一个缓冲。这正是缓冲队列比简单的解耦模式多出来的优势。

队列提供给拉取请求的代码块一些控制权：接收者可以延迟处理，聚合请求或者完全废弃它们。但这是通过“剥夺”发送者对队列的控制来实现的。所有的发送端能做的就是往队列里投递消息。这使得队列在发送端需要实时反馈时显得很不适用。

15.4 使用须知

不像本书中其他更简单的模式，事件队列会更复杂一些并且对你的游戏框架产生广泛而深远的影响。这意味着你在决定如何使用、是否使用本模式时须三思。

15.4.1　中心事件队列是个全局变量

该模式的一种普遍用法被称为“中央枢纽站”，游戏中所有模块的消息都可以通过它来传递。它是游戏中强大的基础设施，然而强大并不总意味着好用。

关于“全局变量是糟糕的”这点，大多数人在走过不少弯路后才恍然大悟。当你有一些系统的任何部分都能访问的状态时，各种细小部分不知不觉地产生了互相依赖。本模式将这些状态封装成为一种不错的小协议，但仍然是全局性的，故仍具有任何全局变量所包含的危险性。

15.4.2　游戏世界的状态任你掌控

假设当一个虚拟仆从耗尽它的生命时，人工智能代码会投递一个“实例死亡”事件给队列。这个事件挂在队列中直到前端移出并处理，才能将仆从从显示画面中完全清除。

与此同时，经验系统想要记录女英雄击杀怪物的尸体数量并就其强大的能力予以嘉奖。它会收到每个“实体死亡”事件并确定被杀实体的种类以及击杀的难易度以便最终分发合适的奖励。

世界需要不同种类的状态。我们需要死亡的实体，以便了解它有多难杀死。我们可能想要检查周围，看看附近其他的障碍物或爪牙。但如果事件到后来没有被接收到，则这些细节就会消失。实体可能会被释放，附近的其他敌人也会分散。

当你接收到一个事件，你要十分谨慎，不可认为当前世界的状态反映的是消息发出时世界的状态。这就意味着队列事件视图比同步系统中的事件具有更重量级的数据结构。后者只需通知“某事发生了”然后接收者可以检查系统环境来深入细节，而使用队列时，这些细节必须在事件发生时被记录以便稍后处理消息时使用。

15.4.3　你会在反馈系统循环中绕圈子

任何一个事件或消息系统都得留意循环。

1. A 发送一个事件。
2. B 接收它，之后发送一个响应事件。

3．这个响应事件恰巧是 A 关心的，所以接收它。作为反馈 A 也会发送一个响应事件……

4．回到 2。

当你的消息系统是同步的时，你很快就能发现死循环——它们会导致栈溢出并造成游戏崩溃。对于队列来说，异步的放开栈处理会使这些伪事件在系统中来回徘徊，但游戏可能会保持运行。一个常用的规避法则是避免在处理事件端代码中发送事件。

在事件系统中使用一个小的调试日志也是一个不错的主意。

15.5 示例代码

我们已经见到一些代码。它们不是很完美，但是具备基本的功能——我们需要的公共 API 和正确的底层音频调用。现在剩下事情就是要修复代码中存在的问题。

首先我们的 API 会阻塞。当一段代码播放声音时，在“playSound()”函数加载完资源并让扬声器播放音频前我们做不了任何事。

我们想推迟这些工作以便“playSound()”可以快速返回。为了实现，我们需要将播放声音的请求具体化。我们需要一些结构来存储待处理的请求，以便在后续保持请求的信息。

```
struct PlayMessage
{
  SoundId id;
  int volume;
};
```

接下来，我们需要给“Audio”类一些存储空间以便它可以追踪这些播放的消息。现在，你的算法老师可能会建议你用一些令人振奋的数据结构，比如斐波那契[1]或者跳跃列表[2]。实在不行，起码来个链表吧。但实践中普通的数组几乎总是存储一系列同结构事物的最佳方法。

算法研究者们通过发布新颖的数据结构的研究报告来赚取酬劳。他们对于深入基本的结构没啥进取心。

- 无动态分配。
- 没有为记录信息的存储额外产生开销或指针。
- 可缓存的连续存储空间。

关于“可缓存”的更多信息，详见数据局部性章节（第 17 章）。

于是我们这样做：

```
class Audio
{
public:
```

[1] http://en.wikipedia.org/wiki/Fibonacci_heap。

[2] http://en.wikipedia.org/wiki/Skip_list。

```
  static void init() { numPending_ = 0; }

  // Other stuff...
private:
  static const int MAX_PENDING = 16;

  static PlayMessage pending_[MAX_PENDING];
  static int numPending_;
};
```

调节数组的大小来覆盖我们最坏的情况。为了播放声音，我们简单地在数组末尾放置一个新的消息：

```
void Audio::playSound(SoundId id, int volume)
{
  assert(numPending_ < MAX_PENDING);

  pending_[numPending_].id = id;
  pending_[numPending_].volume = volume;
  numPending_++;
}
```

这让“playSound()”函数几乎能够即时返回，当然，我们仍然需要播放音乐。这段代码需要在某处运行，即“update()”方法中：

见名知意，这是更新方法模式（第10章）。

```
class Audio
{
public:
  static void update()
  {
    for (int i = 0; i < numPending_; i++)
    {
      ResourceId resource = loadSound(
          pending_[i].id);
      int channel = findOpenChannel();
      if (channel == -1) return;
      startSound(resource, channel,
          pending_[i].volume);
    }

    numPending_ = 0;
  }

  // Other stuff...
};
```

现在，我们需要在某处适时地调用它，“适时”意味着这取决于你的游戏。它可能在主游戏循环（第 9 章）被调用，或者在一个专用的声音线程中被调用。

它运行得很好，但上述代码假定我们对每个音效的处理都能够在一次“update()”的调用中完成。如果你做一些，例如在声音资源加载后异步处理其请求的事情，上面的代码就不奏效了。为保证“update()”一次只处理一个请求，它必须能够在保留队列中其他请求的情况下将要处理的请求单独拉出缓冲区。换句话说，我们需要一个真正的队列。

15.5.1 环状缓冲区

有很多方法可以实现队列，但我最喜欢的是环状缓冲区。它保有数组所有的优点，同时允许我们从队列的前端持续地移除元素。

现在，我知道你在想什么。如果我们从数组的开始移除元素，难道不会移动剩下所有的元素吗？这不会很慢吗？

这就是老师们让我们学习链表的原因——你可以移动节点，但不必移动周围的任何元素。不过，事实是你也可以在数组中实现一个无需移动元素的队列。我会带你了解它，但首先让我们明确一些术语。

- 队列的 head（队头）是请求被读取的地方。头部中存储的是最早的请求。
- 队列的 tail（队尾）是另一端，是下一个入队请求写入的位置。注意它就是恰好超出队尾的下一个位置，将整个队列想象成一个半开的排列，或许有助于理解。

由于“playSound()”会在数组末尾追加新的请求，因此队头下标以 0 开始，队尾向右增长（图 15-3）。

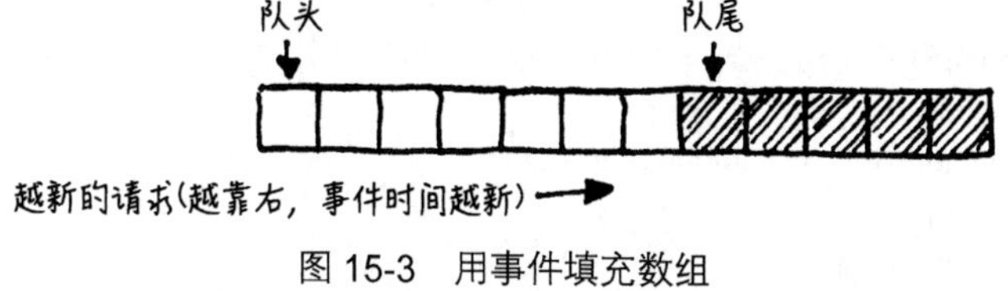

图 15-3　用事件填充数组

让我们来编写代码。首先，我们对类成员进行一些调整，声明这两个标志：

```
class Audio
{
public:
  static void init()
```

```
  {
    head_ = 0;
    tail_ = 0;
  }

  // Methods...
private:
  static int head_;
  static int tail_;

  // Array...
};
```

在“playSound()”函数实现中，“numPending_”被替换成“tail_”，其他地方是一样的：

```
void Audio::playSound(SoundId id, int volume)
{
  assert(tail_ < MAX_PENDING);

  // Add to the end of the list.
  pending_[tail_].id = id;
  pending_[tail_].volume = volume;
  tail_++;
}
```

更有趣的变化在“update()”函数中：

```
void Audio::update()
{
  // If there are no pending requests, do nothing.
  if (head_ == tail_) return;

  ResourceId resource = loadSound(
      pending_[head_].id);
  int channel = findOpenChannel();
  if (channel == -1) return;
  startSound(resource, channel,
      pending_[head_].volume);
  head_++;
}
```

这就是为什么我们把队尾定义为最后一个元素的下一个。如果头和尾拥有相同的索引，则意味着队列是空的。

我们会处理队列头部的请求，并通过移动头指针来废弃它。通过检查头尾之间的距离是否为0来检测空队列。

现在我们的有了一个队列——我们可以从尾部增加元素然后从头部移除。然而还有一个明显的问题。当我们的队列运转起来时，头部和尾部都慢慢向右移动。最终，tail_到达数组的最后，然后派对时间就结束了。这就是聪明的地方（图 15-4）。

你想要派对时间结束吗？不，你不想。

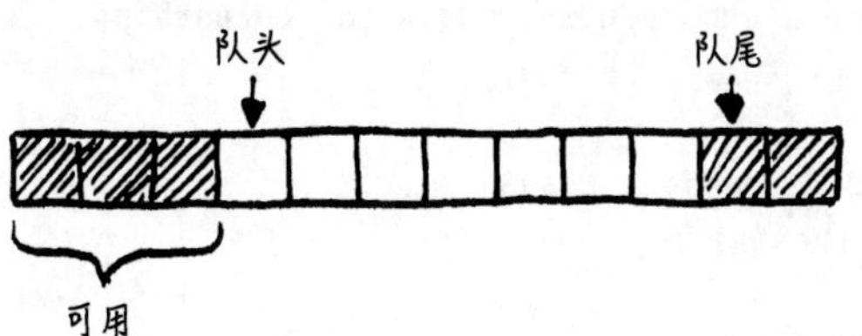

图 15-4 事件队列通过数组后会留下空白

注意尾部一直向前移动，头部也是。这就意味着我们不再使用从数组头到队头的那些元素。当队尾移动到最后时，我们要做的就是把尾部到绕回到头部。这就是为什么它叫做环状缓冲区——它运转起来像个圆形细胞阵列（图 15-5）。

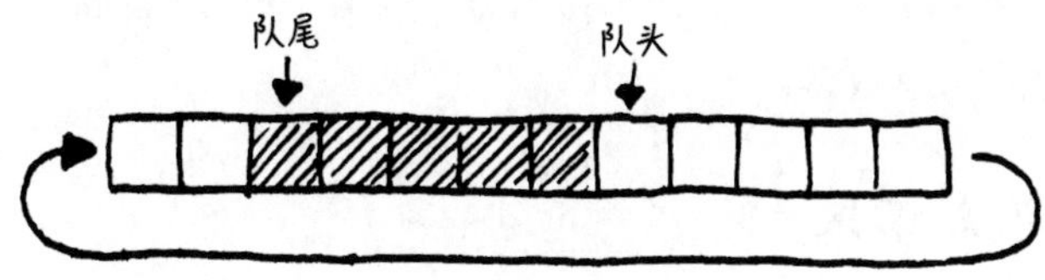

图 15-5 尾部循环到数组的开始位置

实现它非常容易。当我们将一个元素入列时，我们仅需保证队尾到达底部时绕回到数组的开始：

```
void Audio::playSound(SoundId id, int volume)
{
  assert((tail_ + 1) % MAX_PENDING != head_);

  // Add to the end of the list.
  pending_[tail_].id = id;
  pending_[tail_].volume = volume;
  tail_ = (tail_ + 1) % MAX_PENDING;
}
```

用增量模数组的数组大小代替“tail_++”，尾部就能绕回来。此外我们新增了断言。我们需要保证队列不能溢出。随着队列中的请求数越来越接近“MAX_PENDING”，队头队尾之间的空隙越来越小。一旦队列填满，空隙就会完全消失，而接下去就像蛇神 Ouroboro[1]那样，头尾相吞并产生覆盖。断言保证了该情况不会发生。

在“update()”函数中，我们同样对头部做了绕回的处理：

---

[1] 译者注：Ouroboro，音译乌洛波洛斯，见维基百科 https://en.wikipedia.org/wiki/Ouroboros。

```
void Audio::update()
{
  // If there are no pending requests, do nothing.
  if (head_ == tail_) return;

  ResourceId resource = loadSound(
    pending_[head_].id);

  int channel = findOpenChannel();
  if (channel == -1) return;
  startSound(resource, channel,
    pending_[head_].volume);

  head_ = (head_ + 1) % MAX_PENDING;
}
```

这下你该上手了——这是个没有动态分配的、没有向周围拷贝元素的、可缓存的简单数组。

如果最大容量会有问题，你可以使用可增长的数组。当队列满了以后，分配一个新的数组，大小是当前数组的二倍（或其他的倍数），并把原数组中的项拷贝过去。

即使在数组增长的时候拷贝，入列一个元素仍然有常量级的复杂度。

15.5.2 汇总请求

现在我们已经有了一个队列，我们可以将注意力转移到其他的问题上。第一个是多个播放相同音乐的请求会导致声音过大。由于我们能够获知当前正在等候处理的是哪个请求，所以需要做的就是将与当前等待处理的请求相符（播放同一个音乐）的请求进行合并：

```
void Audio::playSound(SoundId id, int volume)
{
  // Walk the pending requests.
  for (int i = head_; i != tail_;
      i = (i + 1) % MAX_PENDING)
  {
    if (pending_[i].id == id)
    {
      // Use the larger of the two volumes.
      pending_[i].volume = max(volume,
          pending_[i].volume);

      // Don't need to enqueue.
      return;
    }
  }

  // Previous code...
}
```

当我们得到两个请求播放相同的音乐时，将它们兼并为一个单独的请求，按两者中声音最大为准。“汇总”是相当初步的，但我们可以用同样的想法批量处理做更多有趣的事情。

注意，当请求“入列”时合并它，而不是在“处理”它的时候。对于我们的队列而言这更容易些，因为我们不会在那些冗余的、随后会被压缩的请求上浪费数组项。这也很好实现。

但是，这会给调用者增加处理负担。调用“playSound()”返回之前会遍历全部的队列，一旦队列非常大，就会很慢。可能在“update()”函数中汇总请求会更奏效。

另一种避免 O(n)检索成本的方式是用一种不同的数据结构，如果我们对“SoundId”使用哈希表，那么就可以用常量时间开销来快速检查重复了。

这里有一些重要的事情必须记住。我们可汇总的“同步发生”的请求数量只和队列一般大小。如果我们更快地处理请求，队列尺寸保持很小，那么可以批量处理请求的机会就较小。同样，如果处理请求滞后，队列被填满，我们将会发现更多的崩溃。

这种模式将请求方与请求被处理的时间进行隔离，但是当你把整个队列作为一个动态的数据结构去操作时，提出请求和处理请求之间的滞后会显著地影响系统表现。所以，确认这么做之前你已准备好了。

15.5.3 跨越线程

最后，最严重的问题。对于我们的同步音频 API，无论什么线程调用“playSound()”函数，该线程都必须处理该请求。这通常不是我们想要的。

在今天的多核硬件时代，如果你想最大程序地利用你的芯片，则需要不止一个线程。有无数种方式可以跨越线程分发代码，一个普遍的策略就是将游戏各个模块的代码移至其对应线程上——声音，渲染，人工智能等。

串行代码一次只能运行在单核上面。如果不使用线程，那么即使用正时兴的异步编程，也至多就是保持其中一核忙碌，这只是发挥了CPU 能力的一小部分。

服务端开发者通过把他们的应用程序分解为多个独立的进程来缓解单核忙碌的情况。这就让操作系统可以同步运行在不同的核上。游戏大部分是单进程，所以使用一些线程真的会有帮助。

由于我们有三点严格的要求，所以在线程上做文章并不难。

- 请求声音的代码和播放声音已解耦。
- 两者之间有一个队列来封送处理。
- 队列从程序的其余部分中被单独封装出来。

剩下要做的事情是将修改队列的“playSound()”函数和“update()”函数改进为线程安全的。通常，我会用一些具体的代码来实现，但由于这是一本关于框架的书，所以我不打算陷入任何特定的 API 或锁定机制的细节。

站在更高角度来看，我们所需要做的是保证队列不被同步修改。“playSound()”函数做的工作量非常小——基本上就是分配一些字段的空间——因此可以在很短的时间内阻塞处理进程的同时锁住它。在“update()”函数中，我们等待某个条件变量以免消耗 CPU 周期，直到有请求需要处理。

15.6 设计决策

许多游戏将事件队列作为通讯架构的一个关键部分，你可以花大量的时间来设计各种复杂的路由和消息过滤机制。但在你准备建立类似于洛杉矶电话交换机系统那样的东西之前，我建议你开始要简单点。下面是入门时要考虑的一些问题。

15.6.1 入队的是什么

迄今为止，“事件”和“消息”总是被我替换着使用，因为这无伤大雅。无论你往队列里塞什么，它都具备相同的解耦与聚合能力，但二者仍然有一些概念上的不同。

- **如果队列中是事件**

一个“事件”或“通知”描述已经发生的事情，比如“怪物死亡”。你将它入队，所以其他对象可以响应事件，有几分像一个异步的观察者模式（第 4 章）。

  - ◆ 你可能会允许多个监听器。由于队列包含的事件已经发生，因此发送者不关心谁会接收到它。从这个角度来看，这个事件已经过去并且已经被忘记了。
  - ◆ 可访问队列的域往往更广。事件队列经常用于给任何和所有感兴趣的部分广播事件。为了允许感兴趣的部分有最大的灵活性，这些队列往往有更多的全局可见性。

另一种关于“请求”的说法就是“命令”，在命令模式（第 2 章）中，也可以使用队列。

- **如果队列中是消息**

一个“消息”或“请求”描述一种“我们期望”发生在“将来”的行为，类似于“播放音乐”。你可以认为这是的一个异步 API 服务。

  - ◆ 你更可能只有单一的监听器。示例中，队列中的消息专门向音频 API 请求播放声音。如果游戏的其他任何部分开始从队列中偷窃消息，那并不会起到好的作用。

说它们“更可能”，是因为你入列消息时，只要它能如预期的那样被处理，便无需关心哪些代码会处理它。这种情况下，你做的事情类似于服务定位器（第 16 章）。

15.6.2 谁能从队列中读取

在我们的示例中，队列被封装，只有“Audio”类可以读取它。在用户界面接口的事件系统中，你可以随心地注册监听器。你有时会耳闻术语“单播（single-cast）”和“广播(broadcast)”以进行区别，这两者都很有用。

- **单播队列**

当一个队列是一个类的API本身的一部分时，单播再合适不过了。类似我们的声音示例，站在调用者的角度，它们能调用的只是一个“`playSound()`”方法。

  - ◆ 队列成为读取者的实现细节。所有的发送者知道的只是它发送了一条消息。
  - ◆ 队列被更多地封装。所有其他条件相同的情况下，更多的封装通常是更好的。
  - ◆ 你不必担心多个监听器竞争的情况。在多个监听者的情况下，你不得不决定它们是否都获取队列中的每一项（广播）或是否队列中的每一项都只打包分配给一个监听器（更像一个工作队列）。

在其他情况，监听器可能会做重复的工作或者互相干扰，所以必须仔细思考你想要实现的行为。对于一个单一的监听器，这种复杂性会消失。

- **广播队列**

这是大多数“事件”系统所做的事情。当一个事件进来时，如果你有十个监听器，则它们都能看见该事件。

  - ◆ 事件可以被删除。先前观点的一个推论是如果你有零个监听器，就没人会看见事件。在大多数的广播系统中，如果某一时刻处理事件没有监听器，那么事件就会被废弃。
  - ◆ 可能需要过滤事件。广播队列通常是在系统内大范围可见的，而且最终你会有大量的监听器。大量事件乘以大量监听器，于是你将调用大量的事件句柄。

为了缩减规模，大部分广播事件系统会让一个监听器过滤它们收到的事件集合。例如，它们会说它们想要接收鼠标事件或者用户界面一定区域内的UI事件。

- **工作队列**

类似于一个广播队列，此时你也有多个监听器。不同的是队列中的每一项只会被投递到一个监听器中。这是一种对于并发线程支持不好的系统中常见的工作分配模式。

  - ◆ 你必须做好规划。因为一个项目只投递给一个监听器，队列逻辑需要找出最好的选择。这可能是简单循环或随机选择，或者是一些更复杂的优先级系统。

15.6.3 谁可以写入队列

这是以前设计选择的另一面。该模式适用于所有可能的读/写配置：一你有时会听说用于描述多对一的“扇入(fan-in)”通信系统和用于描述一对多的“扇出(fan-out)”通信系统。

对一，一对多，多对一，多对多。

- **一个写入者**

这种风格尤其类似于同步式观察者模式（第 4 章）。你拥有一个可以生成事件的特权对象，以供其他模块接收。

◆ 你隐式地知道事件的来源。因为只有一个对象可以向队列添加事件，任何监听器可以安全地假设事件来自该发送者。

◆ 通常允许多个读取者。你可以创造一对一接收者的队列，但是，这样不太像通信系统，而更像是一个普通的队列数据结构。

- **多个写入者**

这是我们的音频引擎例子的工作原理。因为“playSound()”函数是一个公共方法，所以任何代码库部分都可以为队列添加一个请求。“全局”或“中央”事件总线工作原理类似。

◆ 你必须小心反馈循环。因为任何东西都可能放到队列中，处理事件期间很可能突然入列一些东西。如果你不小心，可能会触发反馈循环。

◆ 你可能会想要一些发送方在事件本身的引用。当监听器得到一个事件时，它不知道是谁发送的，因为可能是任何人。如果这是它们需要知道的，你要将发送方的引用打包进事件对象，监听器就可以使用它了。

15.6.4 队列中对象的生命周期是什么

同步消息提醒模式下，调用执行只有在所有的接收者都处理完消息后才会返回到发送者。这就意味着消息本身可以安全地存活于栈中的本地变量中。对于一个队列，消息生存于入列调用之外。

如果你使用一个具有垃圾回收机制的语言，那么你不需要过多担心这个。填满队列中的消息，只要是必要的时候就会逗留在内存里。C 或者 C++中，消息生存的长短则是由你决定的。

- **转移所有权**

C++中，unique_ptr <T>由此而生。

这是手动管理内存时的一种传统方法。当一个消息排队时，队列声明它，发送者不再拥有它。当消息处理时，接收者取走所有权并负责释放它。

- **共享所有权：**

同样地，C++类型中针对分享所有权的是 shared_ ptr <T>。

当前，虽然 C++程序员能更舒服地进行垃圾回收了，但分享所有权会更容易接受。这样一来，只要任何事情对它有一个引用，消息就依然存在。当被忘记时它就会自动释放。

- **队列拥有它**

另一个观点是消息总是存在于队列中。不用自己释放消息，发送者会从队列中请求一个新的消息。队列返回一个已经存在于队列内存的消息引用，接着发送者会填充队列。消息处理时，接收者参考队列中相同消息的操作。

换句话说，支持该存储队列的是一个对象池（第 19 章）。

15.7 参考

- 我已经提到事件队列许多次了，但在很多方面，这个模式可以看成是我们所熟知的观察者模式（第 4 章）的异步版本。
- 和很多模式一样，事件队列有过一些其他别名。其中一个概念叫做“消息队列”，它通常是指一个更高层面的概念。当事件队列应用于应用程序内部时，消息队列通常用于消息之间的通信。
- 另一个术语是“发布/订阅”，有时缩写为“订阅”。类似于“消息队列”，它通常在大型分布式系统中被提及，而不专用于像我们例子这样简陋的编码模式中。
- 一个有限状态机[1]，类似于 GoF 的状态模式（第 7 章），需要一个输入流。如果你想要异步地响应它们，把它们入列就好。

当你有一堆状态机互相发送消息的时候，每个状态机都有一个小的队列等待输入（称为邮箱），于是你就重新发明出了计算角色模型[2]。

- Go[3]编程语言内置的“通道”类型，本质上就是一个事件队列或者消息队列。

[1] http://en.wikipedia.org/wiki/Finite-state_machine。

[2] http://en.wikipedia.org/wiki/Actor_model。

[3] http://golang.org/。

第 16 章　服务定位器

16

“为某服务提供一个全局访问入口来避免使用者与该服务具体实现类之间产生耦合。”

16.1　动机

在游戏编程中，某些对象或者系统几乎出现在程序的每个角落。在某些时刻，你很难找到一个不需要内存分配、日志记录或者随机数生成的游戏。我们通常认为类似这样的系统是在整个游戏中需要被随时访问的服务。

我使用音频作为例子。虽然它不像内存分配器那么底层，但是仍然涉及了大量游戏系统：石块掉落到地面上，并发出撞击声（物理系统）；一个 NPC 狙击手开枪，会发出短促的枪声（AI 系统）；用户选择一个菜单，并有一个确认的音效（用户交互系统）。

每一处这些场景都需要类似如下代码去调用音频系统：

```
// Use a static class?
AudioSystem::playSound(VERY_LOUD_BANG);

// Or maybe a singleton?
AudioSystem::instance()->playSound(VERY_LOUD_BANG);
```

尽管我们实现了想要的目的，但整个过程中却带来了很多耦合。游戏中每一处调用音频系统的地方，都直接引用了具体的 AudioSystem 类和访问 AudioSystem 类的机制——使用静态类或者单例（第 6 章）。

这些调用音频系统的地方，的确需要耦合到某些东西上以便播放声音，但直接耦合到音频具体实现类上就好像让一百个陌生人知道你家的地址，而仅仅是因为需要他们投递信件。这不仅有些隐私问题，而且当你搬家时你必须告诉每个人你的新地址，这实在是太痛苦了。

这里有个更好的解决办法：电话簿。每一个想要联系我们的人能够通过查找名字来得到我们当前的地址。当我们搬家时，我们告诉电话公司，他们更新电话簿，这样每个人都能得到新的地址了。实际上，我们甚至不必给出我们真正的地址。我们能够列出一个邮政信箱，或者其他能够“代表”我们的东西。通过让访问者查询电话薄来找到我们，我们便有了一个方便的可以控制如何查找我们的地方。

这就是服务定位器模式的简单介绍——它将一个服务的“是什么”（具体实现类型）和“在什么地方”（我们如何得到它的实例）与需要使用这个服务的代码解耦了。

16.2 服务定位器模式

一个服务类为一系列操作定义了一个抽象的接口。一个具体的服务提供器实现这个接口。一个单独的服务定位器通过查找一个合适的提供器来提供这个服务的访问，它同时屏蔽了提供器的具体类型和定位这个服务的过程。

16.3 使用情境

每当你将东西变得全局都能访问的时候，你就是在自找麻烦。这就是单例模式（第 6 章）存在的主要问题，而这个模式存在的问题也没有什么不同。对于何时使用服务定位器，我的简单建议就是：谨慎使用。

与其给需要使用的地方提供一个全局机制来访问一个对象，不如首先考虑将这个对象传递进去。这极其简单易用，而且将耦合变得直观。这可以满足绝大部分需求。

但是，有时手动地将一个对象传来传去显得毫无理由或者使得代码难以阅读。有些系统，比如日志系统或内存管理系统，不应该是某个模块公开 API 的一部分。渲染代码的参数应该必须和渲染相关，而不是像日志系统那样的东西。

同样地，它也适用于一些类似功能的单一系统。你的游戏可能只有一个音频设备或者显示系统让玩家与之打交道。传递的参数是一项环境属性，所以将它传递 10 层函数以便让一个底层的函数能够访问，为代码增加了毫无意义的复杂度。

在这些情况下，这个模式能够起到作用。它用起来像一个更灵活、更可配置的单例模式。当被合理地使用时，它能够让你的代码更有弹性，而且几乎没有运行时的损失。

相反，使用不当时，它会带来单例模式的所有缺点和糟糕的运行时的开销。

16.4 使用须知

服务定位器的关键困难在于，它要有所依赖（连接两份代码），并且在运行时才连接起来。这给与了你弹性，但付出的代价就是阅读代码时比较难以理解依赖的是什么。

16.4.1 服务必须被定位

当使用单例或者一个静态类时，我们需要的实例不可能变得不可用。我们可以放心地调用代码因为它理所当然会在那里。但是，既然这个模式需要定位服务，那么我们可能需要处理定位失败的情况。幸运的是，我们将讨论一个策略来处理这个问题，并且保证我们在使用的时候始终能得到某个服务。

16.4.2 服务不知道被谁定位

既然定位器是全局可访问的，那么游戏中的任何代码都有可能请求一个服务然后操作它。这意味着这个服务在任何情况下都必须能正确工作。举个例子，一个类只希望在游戏循环中的仿真部分使用，而不是在渲染期间，那么该类就不能当做服务——它不能保证自身能在正确的时机被使用。因此，如果一个类希望只在某个特定的上下文中被使用，那么避免用这种模式将它暴露给全局是最安全的。

16.5 示例代码

回到我们的音频系统问题，让我们通过服务定位器来将它暴露给其他部分的代码。

16.5.1 服务

我们从音频 API 开始。这就是我们服务将要暴露的接口：

```
class Audio
{
public:
  virtual ~Audio() {}
  virtual void playSound(int soundID) = 0;
  virtual void stopSound(int soundID) = 0;
  virtual void stopAllSounds() = 0;
};
```

一个真正的音频引擎比这复杂得多，当然，这份代码展示了基本的思想。重要的一点就是它是一个抽象接口类，没有具体实现。

16.5.2 服务提供器

就下面的代码而言，我们的音频接口并没有做什么具体的操作。我们需要一份具体的实现。本书不讨论怎样为一个游戏编写音频代码，所以你只能想象这些函数体中有一些真正可以工作的代码，了解原理就好：

```
class ConsoleAudio : public Audio
{
public:
  virtual void playSound(int soundID)
  {
    // Play sound using console audio api...
  }

  virtual void stopSound(int soundID)
  {
    // Stop sound using console audio api...
  }

  virtual void stopAllSounds()
  {
    // Stop all sounds using console audio api...
  }
};
```

现在我们有了一个接口和一份实现。剩下的部分就是服务定位器了——这个类将两者绑在一起。

16.5.3 简单的定位器

下面的实现是你能够定义的最简单的服务定位器：

```
class Locator
{
public:
  static Audio* getAudio() { return service_; }

  static void provide(Audio* service)
  {
    service_ = service;
  }

private:
  static Audio* service_;
};
```

静态函数 getAudio() 负责定位工作。我们能在代码的任何地方调用它，它能返回一个 Audio 服务的实例供我们使用。

```
Audio *audio = Locator::getAudio();
audio->playSound(VERY_LOUD_BANG);
```

它“定位”的方法十分简单——在使用这个服务之前它依赖一些外部代码来注册一个服务提供器。当游戏启动时，它调用类似下面的代码：

```
ConsoleAudio *audio = new ConsoleAudio();
Locator::provide(audio);
```

这里关键需要注意的地方是调用playSound()的代码对ConsoleAudio具体实现毫不知情。它只知道 Audio 的抽象接口，同样重要的是，甚至是定位器本身和具体服务提供器也没有耦合。代码中唯一知道具体实现类的地方，是提供这个服务的初始化代码。

这里使用的技术叫做依赖注入，这个术语表示了一个基本的思想。假设你有一个类，依赖另外一个类。在我们的例子中，我们的 Locator 类需要 Audio 服务的一个实例。通常，这个定位器应该负责为自己构建这个实例。依赖注入却说外部代码应该负责为这个对象注入它所需要的这个依赖实例。

这里还有更深一层的解耦——通过服务定位器，Audio 接口在绝大多数地方并不知道自己正在被访问。一旦它知道了，它就是一个普通的抽象基类了。这十分有用，因为这意味着我们可以将这个模式应用到一些已经存在的但并不是围绕这个来设计的类上。这和单例有个对比，后者影响了“服务”类本身的设计。

16.5.4 空服务

目前为止，我们的实现还很简单，不过也十分灵活。但是它有一个较大的缺陷：如果我们尝试在一个服务提供器注册之前使用它，那么它会返回一个 NULL。如果调用代码时没有检查这一点，我们的游戏就会崩溃。

我有时听说这叫“时序耦合”——两份单独的代码必须按正确的顺序调用来保证程序正确工作。每个状态软件都有不同程度的“时序耦合”，但是就像其他耦合那样，消除时序耦合会使得代码易于管理。

好在，这里有一个称之为“空对象（NULL Object）”的设计模式来解决这个问题。基本的思想是当我们查找或者创建对象失败需要返回“NULL”时，会返回一个实现同样接口的特殊对象作为代替。它的实现就是什么也不做，但是它能让获得这个对象的代码正确运行下去，就好像它获得了一个“真正的”对象一样。

为了使用它，我们定义另外一个“null”服务提供器。

```
class NullAudio: public Audio
{
public:
  virtual void playSound(int soundID)
  virtual void stopSound(int soundID)
  virtual void stopAllSounds()
};
```

如你所见，它实现了服务接口，但是实际上什么也不做。现在，我们来修改定位器：

```
class Locator
{
public:
  static void initialize()
  {
    service_ = &nullService_;
  }

  static Audio& getAudio() { return *service_; }

  static void provide(Audio* service)
  {
    // Revert to null service.
    if (service == NULL) service = &nullService_;

    service_ = service;
  }

private:
  static Audio* service_;
  static NullAudio nullService_;
};
```

你可能注意到，我们现在返回一个引用而不是一个指针。因为在C++中（理论上）一个引用永远不可能为NULL，返回一个引用可以提示使用者它可以期望任何时候都返回一个有效的对象。

另外需要注意的地方是，我们在provide()函数中检查是否为NULL而不是在访问器中检查。这要求我们尽早调用initialize()函数来保证定位器正确的初始化，默认指向空服务提供器。作为回报，它将这个判断分支从getAudio()中移出，为我们每次访问服务提供器节省了几次CPU循环周期。

调用代码永远也不会知道一个“真”的服务提供器没有被找到，它也不必担心处理NULL。它保证始终返回一个有效的对象。

这也可以用在希望查找服务失败的情况下。如果我们想要暂时禁用一个系统，那么现在能轻易地做到：很简单，不为这个服务注册服务提供器，然后定位器将默认返回一个空服务提供器。

16.5.5 日志装饰器

在开发过程中关闭音频是很便利的，它节约了一些内存和 CPU 周期。更重要的是，它能够保护你的耳膜，免受因为调试时突然播放巨大声音而受到伤害。

在早晨，再也没有什么能比20毫秒的一个满音量的尖叫音效更让你的血液涌动了。

现在我们的系统十分强健，让我们讨论另外一项这个模式的优雅之处——装饰的服务。我将举个例子做说明。

在开发中，一小段有价值的事件日志能够让你估摸出在游戏引擎外表之下发生了什么。如果你在开发 AI 系统，你很乐于知道一个单位的 AI 状态什么时候发生了变化。如果你是音频程序员，你可能想要知道每次声音播放的记录，以便你能够检测其是否在正确的时候被触发。

典型的解决方法是调用一些 log() 函数。遗憾的是，它用另一个问题替代了前一个问题——现在我们有太多日志了。AI 程序员不关心什么时候播放声音，音频程序员不想知道 AI 状态的切换，但是现在他们都必须过滤各自的日志信息。

理想状态下，我们能够选择性开启要关心的事件日志，并在游戏最终构建时，没有任何日志。如果将不同系统的条件日志作为服务暴露出去，那么我们可以使用装饰器模式[1]解决这个问题。让我们像这样定义另外一个音频服务提供器的实现：

```
class LoggedAudio : public Audio
{
public:
  LoggedAudio(Audio &wrapped) : wrapped_(wrapped) {}

  Virtual void playSound(int soundID)
  {
    log("play sound");
    wrapped_.playSound(soundID);
  }

  virtual void stopSound(int soundID)
  {
    log("stop sound");
    wrapped_.stopSound(soundID);
  }

  virtual void stopAllSounds()
  {
    log("stop all sounds");
    wrapped_.stopAllSounds();
```

[1] http://www.c2.com/cgi/wiki?DecoratorPattern。

```
  }

private:
  void log(const char* message)
  {
    // Code to log message...
  }

  Audio &wrapped_;
};
```

如你所见，它包装了另外一个音频提供器并暴露了同样的接口。它将实际的音频操作转发给内嵌的服务提供器，但是它同时记录了每次音频调用。如果一个程序要需要开启音频日志，它可以这样调用代码：

```
void enableAudioLogging()
{
  // Decorate the existing service.
  Audio *service = new LoggedAudio(
      Locator::getAudio());

  // Swap it in.
  Locator::provide(service);
}
```

现在，任何音频服务的调用在运行之前都会被记录。同时，当然，这也和我们的空服务合作良好，所以你可以即关闭音频又仍然开启声音日志，如果声音开启，它将会播放声音。

16.6 设计决策

我们讨论了一个典型的实现，对一些核心问题，不同的答案会有不同的实现。

16.6.1 服务是如何被定位的

- 外部代码注册

这是我们范例中的代码用来定位服务的机制，同时这也是我在游戏中看到的最常见的设计。

- ◆ 它简单快捷。getAudio()函数简单地返回一个指针，它通常被编译器内联，所以我们得到了一个良好的抽象层而且几乎没有性能损失。

◆ 我们控制提供器如何被构建。现在来考虑需要访问游戏控制器（game's controllers）的一个服务。我们有两个具体的服务提供器：一个使用于单机游戏，一个使用于在线游戏。在线提供器通过网络传递控制者输入，这样对于游戏的其他部分而言，远程玩家就像使用本地控制器一样。

为了做到这点，在线具体的提供器实现需要知道其他远程玩家的 IP 地址。如果定位器自己构建这个对象，它如何知道需要传递什么进去呢？`Locator` 这个类对在线情况一无所知，更何况其他用户的 IP 地址了。

外部注册提供器避开了这个问题。与其在定位器中构造这个类，不如在游戏的网络代码中实例化在线服务提供器，将它需要的 IP 地址传递进去。然后将它转给定位器，而定位器只知道这个服务的抽象接口。

◆ 我们可以在游戏运行的时候更换服务提供器。我们可能在最终的游戏中不会使用到这点，但是在开发中这是一个很贴心的技巧。当测试时，我们可以切换服务。举个例子，我们之前讨论的使用空服务的音频服务提供器可以在游戏运行期间暂时禁止播放音频。

◆ 定位器依赖外部代码。这是个缺点。访问服务的任何代码都假设其他代码已经注册过这个服务了。如果没有执行初始化，游戏要么崩溃，要么服务会神秘地无法工作。

- **在编译时绑定**

这里的想法是使用预编译处理宏，使得“定位”这个工作实际上发生在编译期。像这样：

```
class Locator
{
public:
  static Audio&getAudio() { return service_; }

private:
  #if DEBUG
    static  DebugAudio service_;
  #else
    static  ReleaseAudio service_;
  #endif
};
```

像这样定位服务提供器意味着：

◆ 它十分快速。既然所有的实际工作都在编译期完成，那么在运行期就没什么事情了。编译器很可能内联 getAudio()调用，这是我们能够到达的最快的速度。

◆ 你能保证服务可用。既然定位器现在拥有服务并在编译期选择它，我们就能保证如果游戏编译，则不必担心服务不可用。

◆ 你不能方便地更改服务提供器。这是主要的缺点。因为绑定发生在编译期，所以任何时候你想要变动服务，就必须重新编译并且重启游戏。

反射是一些语言在运行期能和类型系统交互的能力。比如，我们能通过给定的名字查找一个类，找到它的构造器，然后调用构造器来创建一个它的实例。

动态类型语言，比如 Lisp，Smalltalk 和 Python 能够十分自然地处理这点，而新的静态类型语言比如 C#和 Java 也支持这点。

- **在运行时配置**

在企业级软件中，如果你说“服务定位器”，运行时配置就能立马浮现在开发工程师脑中。当服务被请求时，定位器通过一些运行时的操作来捕获被请求服务的真实实现。

通常来说，这表示加载一份配置文件来标示服务提供器，然后使用反射来在运行期实例化这个类。这为我们做了一些事情。

◆ 我们不需重编译就能切换服务提供器。这要比编译期绑定更具有弹性，但是比不上一个注册的服务提供器，后者实际上能在游戏运行的时候更换服务提供器。

◆ 非程序员能够更换服务提供器。这在设计人员想要开关游戏的某项特性，但是不能够自信地摆弄代码时十分有用（或者，更可能是，程序员对他们操作代码会感到不安）。

◆ 一份代码库能够同时支持多份配置。因为定位过程被完全移出代码库，所以能够使用同样的代码同时支持多个服务配置文件。

这也是这个模式在企业级 Web 开发中应用的原因：你能够发布单个 App 就能在不同的服务提供器上工作，只需要修改几个配置就可以。历史上，这在游戏中没有什么用处，因为游戏终端硬件都是十分标准化的，但是随着更多游戏开始瞄向杂乱的移动设备，这变得越来越有意义。

◆ 不像前几个解决方案，这方案比较复杂且十分重量级。你必须创建某个配置系统，很可能会写代码去加载解析文件，并通常做某些操作来定位服务。花在写这些代码上的时间就不能用来写别的游戏特性了。

◆ 定位服务需要时间。现在，是到真正皱眉的时候了。使用运行期配置意味着你在定位服务时耗费 CPU 周期。缓存能减缓这点，但是仍然意味着在你第一次使用这个服务的时候，游戏需要挂起花费时间来处理它。游戏程序员痛恨将 CPU 周期浪费在不能提高游戏体验的事情上。

16.6.2 当服务不能被定位时发生了什么

- **让使用者处理**

最简单的解决办法就是转移责任。如果定位器找不到服务，那它就返回 NULL。这意味着：

- ◆ 它让使用者决定如何处理查找失败。有些使用者可能认为服务查找失败是一个严重错误，需要终止游戏。其他人或许可以安全地忽略它并继续进行游戏。如果定位器不能定义一个全面的策略来正确处理每种情况，那么就将失败传递给调用者，来决定正确的对应方法。
- ◆ 服务使用者必须处理查找失败。当然，必然的结果就是每处调用点必须检测查找服务失败。如果几乎每处处理失败的方法都一样，就会在代码库中产生许多重复代码。如果几百处潜在的地方有一次没有做错误检测，我们的游戏就可能会崩溃。

- **终止游戏**

我之前讲到，我们不能证明服务在编译期能始终有效，但这并不意味着我们不能声明可用性是定位器运行的一部分。要做到这一点，最简单的方法是使用一个断言：

如果你之前没有看见过 assert()这个函数，单例模式（第 6 章）介绍了它。

```
class Locator
{
public:
  static Audio& getAudio()
  {
    Audio* service = NULL;
    // Code here to locate service...

    assert(service != NULL);
    return *service;
  }
};
```

如果服务没有被定位到，那么游戏在任何后续代码使用之前就会停止。assert()调用并没有解决服务查找失败的问题，但是它明确了这是谁的问题。通过在这里使用断言，我们认为，“定位服务失败是定位器的一个 bug”。

那么，这对我们来说有什么用呢？

- ◆ 使用者不需要处理一个丢失的服务。因为一个服务可能用到上百处，这能节省很多代码。通过申明定位器总是能够正常提供服务，我们使服务使用者免除了很多不必要的麻烦。

◆ 如果服务没有被找到，游戏将会中断。在极少的情况下，如果服务真的没有被找到，则游戏会关闭。我们不得不去寻找阻止服务被定位的 bug（比如一些初始化代码没有被正确调用），这样做不错，但在 bug 被修复前，这对任何人来说都是一个拖累。对于大型开发团队来说，当这样的事情出现时，你会增加一些痛苦的程序员的停工时间。

- **返回一个空服务**

我们在简单代码中展示了这种优雅的实现。使用它意味着：

◆ 使用者不需要处理丢失的服务。就和之前的做法一样，我们确保始终返回一个有效的服务，简化了使用服务的代码。

◆ 当服务不可用时，游戏还能继续。这有利有弊。好处是允许游戏在没查找到服务的时候也能运行。对于大型团队而言，当依赖的一个特性还没有被其他人开发出来时，这特别有用。

它的缺点就是，在非特意的丢失服务时难以跟踪。假设游戏使用一个服务来访问某些数据然后根据这些数据做一些决定。如果我们没有注册真正的服务，而是让代码得到了一个空服务，则游戏不会像预计那样运作。这需要花费一些时间去发现问题所在：原来是服务没有像我们想的那样可用。

我们可以让空服务在任何使用的时候打印 debug 日志来解决这个问题。

在这些选项中，我见到使用最多的就是断言服务能够找到。当游戏发布时，它已经被频繁地测试过，并会在一个可靠的硬件上运行。届时服务没有被查找到的机会十分渺小。

在大点的团队中，我推荐你使用空服务。它不需要花费什么功夫就能实现，而且可以让你在其他服务不可用时解脱出来。如果这个服务有 bug 或者影响了你的工作，它也会为你提供便利的方式来关闭服务。

16.6.3 服务的作用域多大

到目前为止，我们假设定位器为每个想要使用它的代码提供访问。这是这个模式典型的使用方式，另外一种选择是限制它的访问到单个类和它的依赖类中，比如：

```
class Base
{
  // Methods to locate service and set service_...

protected:
  // Derived classes can use service
  static Audio& getAudio() { return *service_; }
```

```
private:
  static Audio* service_;
};
```

通过这点，访问服务被定向到继承了 Base 的类中。它们各自都有几点优势：

- 如果是全局访问
  - ◆ 它鼓励整个代码库使用同一个服务。大部分服务都趋向是独立的。通过允许整个代码库访问同一个服务，我们能够避免在代码中因为得不到一个“真正”的服务而随机初始化它们各自的提供器。
  - ◆ 我们对何时何地使用服务完全失去了控制。这是将事物全局化付出的代价——任何人都能访问。单例模式（第 6 章）将花费一整章来讨论全局作用域带来的可怕后果。
- 如果访问被限制到类中
  - ◆ 我们控制了耦合。这是主要的优势。通过将服务限制到继承树的一个分支上，我们能确保系统该解耦的地方解耦了。
  - ◆ 它可能导致重复的工作。潜在的缺点是，如果有好几个不相干的类确实需要访问服务，那么它们需要有各自的引用。任何定位和注册服务的工作在这些类中都要重复地处理。（另一个选择就是修改类的继承，给予这些类一个公共的基类，但是相比它的价值而言这会导致更多的问题）。

我的一般原则是，如果服务被限制在游戏的一个单独域中，那么就把服务的作用域限制到类中。比如，获取网络访问的服务就可能被限制在联网的类中。而更广泛使用的服务，比如日志服务应该是全局的。

16.7 其他参考

- 服务定位器模式在很多方面和单例模式（第 6 章）非常相近，所以值得考虑两者来决定哪一个更适合你的需求。
- Unity[1]框架把这个模式和组件模式（第 14 章）结合起来，并使用在了 GetComponent() 方法中。
- Microsoft 的 XNA[2]游戏开发框架将这个模式内嵌到它的核心 Game 类中。每个实例有一个 GameServices 对象，能够用来注册和定位任何类型的服务。

---

[1] http://unity3d.com/。

[2] http://msdn.microsoft.com/en-us/library/microsoft.xna.framework.game.services.aspx。

第 6 篇
优化型模式

随着硬件速度的飞升，大部分软件不用再担心性能问题，但游戏例外。玩家总是希望获得更丰富、更逼真和更刺激的体验。各种各样的游戏充斥着屏幕吸引着玩家的注意力和他们的腰包！而通常获得玩家喜欢的就是那些将硬件性能发挥到极致的游戏。

性能优化是一门很深的艺术，它涉及了软件的各个方面。底层编码人员通晓硬件架构的无数特性，同时，算法研究者用数学来证明程序的高效性。

在这里，我列举了一些经常用来优化加速游戏的几个中级模式。数据局部性向你介绍了现代计算机的存储层次以及如何利用它的优势。脏标记模式帮助你避免不必要的计算，而对象池帮助你避免不必要的内存分配。空间分区会加速虚拟世界和其中元素的空间布局。

本篇模式

- 数据局部性
- 脏标记模型
- 对象池
- 空间分区

第 17 章　数据局部性

17

“通过合理组织数据利用 CPU 的缓存机制来加快内存访问速度。”

17.1　动机

我们被骗了。他们总拿着 CPU 速度增长的年度报表来让人们认为摩尔定律不只是历史观测的结果并且是某种真理！我们这些软件开发者不费吹灰之力，就能使程序凭着新硬件的优势莫名地飞奔起来（图 17-1）！

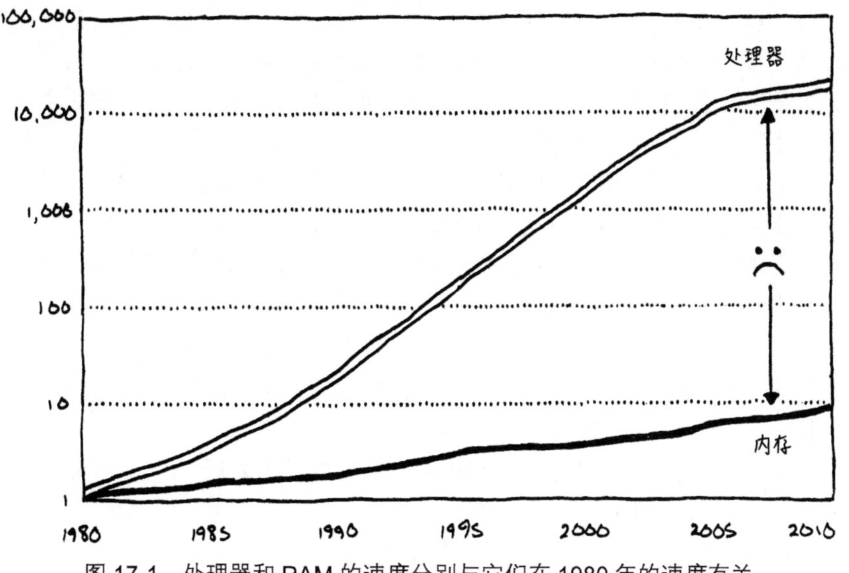

图 17-1　处理器和 RAM 的速度分别与它们在 1980 年的速度有关

如你所见，CPU 的速度飞速增长，但 RAM 访问速度却增长迟缓。图 17-1 数据来自 John L. Hennessy, David A. Patterson, Andrea C. Arpaci-Dusseau 的《Computer Architecture: A Quantitative Approach》，由 Tony Albrecht 的《Pitfalls of Object-Oriented Programming[1]》统计。

[1] http://seven-degrees-of-freedom.blogspot.com/2009/12/pitfalls-of-object-oriented-programming.html。

芯片确实变得更快了（即便现在趋势放缓了），但硬件巨头们并没有提及另一些事情——事实上，我们能更快地处理数据，但我们却不能更快地获取数据。

叫它 RAM（随机存储器）的原因是，不同于光盘驱动器，理论上你可以像其他任何存储介质一样以尽可能快的速度访问到 RAM 中的任何一块内存数据。你无需担心光盘上需要连续读取的问题。

或者至少你至今这么认为。正如我们将看到的，RAM 不再是可以任意地随机访问的了。

为了使极速 CPU 进行大量的计算，实际上它需要从主存中取出数据并置入寄存器中。如你所见，RAM 的存取速度远远跟不上 CPU 的速度，甚至从未接近过。

今天的硬件设备可能要花去数百次的循环来从 RAM 中获取一个字节的数据。假如许多指令需要访问数据，且每次需要数百次循环来获取这些数据，要是我们的 CPU 在等待数据的这段时间里的 99%都没有闲置，又会如何呢？

实际上，当今的 CPU 会花去惊人的时间来等待内存传输数据，但这并不是那么糟糕。为方便解释，让我们从一个比喻开始……

17.1.1 数据仓库

设想你是一个小办公室里的会计。你的工作是采集一盒子的单子并对它们进行一些核查统计或其他的计算。你需要根据一些晦涩的会计专业逻辑来对这些打了特定标签的盒子进行处理。

得益于努力工作、出色的才能以及进取心，你可以在（比方说）一分钟内完成一个盒子里的所有任务。当然，这里有个小问题。这些盒子都被分别存放于一栋楼里的不同地方。为了拿到这些盒子，你必须询问仓储人员来获取这些盒子。他去开来叉车并在过道之间寻找直至找到你想要的那个盒子。

我似乎不该拿这个自己完全不在行的工作来打比方。

他花了一整天的时间来取一个盒子。不像你，他很快就要在这个月结束后走人了，这意味着不论你办事效率有多高，你一天只能搞定一个盒子。而剩余的时间，你就只能坐在办公椅上思考自己怎么就干了这样一份伤神的工作。

某天，一群工业设计师出现了。他们的任务是提高工作效率，比如提高流水线效率之类的工作。在观察你工作了几天之后，他们注意到以下几点：

- 通常情况下，在你完成某个盒子里的任务之后，你所需要的下个盒子就放在仓储间中与这盒子所在的同个架子上。
- 开着叉车来取个小盒子真是蠢哭了。
- 其实在你的办公室角落里有一些空闲的空间。

对刚访问数据的邻近数据进行访问的术语叫做访问局部性（locality of reference）。

他们想到了一个聪明的办法。无论何时当你向仓库管理员提出需要盒子的请求时，他将取来一整托盘的盒子。他为你带来你所要的盒子，并将与它相邻的那些盒子也都一起带来。他并不知道你是否需要他们（当然，基于他的岗位，显然也不会在乎），他只是尽可能多地往托盘上装箱子。

仓库管理员把托盘装满并带给你。先不管工作所在地的安全性，他把叉车直接开进你的办公室并把盒子都卸到那个空闲的角落里。

现在当你需要一个新盒子时，第一件要做的事情就是查看盒子是否在办公室的托盘上。如果在的话，那就太棒了！你只需要几秒的时间把它拿过来然后继续算你的算数。假如一个托盘能容纳 50 个盒子并且碰巧你所需要的 50 个盒子都在其中，你就可以完成比从前多 50 倍的工作了！

但假如你需要的盒子不在托盘里，那你就必须把一个已经处理完的盒子退回去。由于你的办公室只能容纳一个托盘的盒子，所以你的仓管朋友会来帮你带回那个盒子并为你带来一个新的盒子。

17.1.2 CPU 的托盘

尽管很奇怪，但上面的过程与当今计算机的 CPU 工作原理很类似。也许这不太明显，你扮演着 CPU 的角色，你的桌面是 CPU 的寄存器，装着单子的盒子是你所要处理的数据，仓库是机器的 RAM，那个恼人的仓管员是从主存往寄存器中读取数据的总线。

假如我在 30 年前写这一章，比喻恐怕就此结束。但随着芯片速度的加快（以及 RAM 速度的落后），硬件工程师开始寻找解决方案。而他们想到的就是 CPU 缓存技术。

当代计算机在其芯片内部的内存十分有限。CPU 从芯片中读取数据的速度要快于它从主存中读取数据的速度。芯片内存很小，以便嵌入在芯片上，而且由于它使用了更快的内存类型（静态 RAM 或称“SRAM”），所以更加昂贵。

这一小块内存被称为缓存（特别一提的是，芯片上的那块内存便是 L1 缓存），在我那个啰嗦的比喻里，它的角色就是那个装满盒子的托盘。任何时候当芯片需要 RAM 中的数据时，它会自动将一整块连续的内存（通常在 64 到 128 字节之间）取出来并置入缓存中。如图 17-2 所示，这块内存被称为缓存线（cache line）。

当代计算机有多级缓存，也就是你所听到的那些“L1”、“L2”、“L3”等。它们的大小按照其等级递增，但速度却随等级递减。在本章中，我们不用担心内存的层次结构性[1]，但了解这些还是有必要的。

[1] http://en.wikipedia.org/wiki/Memory_hierarchy。

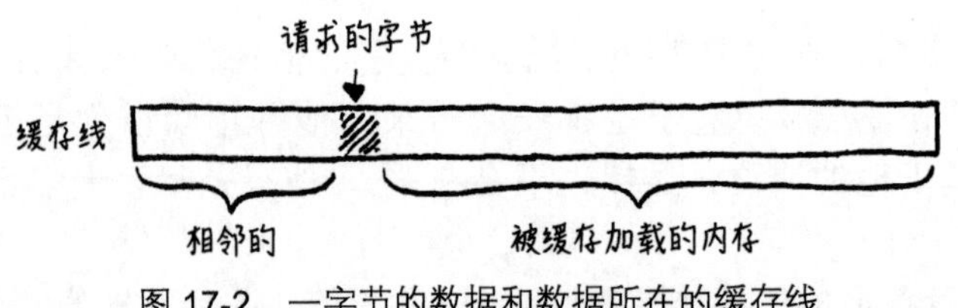

图 17-2　一字节的数据和数据所在的缓存线

假如你需要的下一个数据恰巧在这个块中，那么 CPU 直接从缓存中读取数据，要比命中 RAM 快多了。成功地在缓存中找到数据被称为一次命中。假如它没有找到数据而需要访问主存，则称之为未命中。

让我对比喻中的一些细节做下解释。在你的办公室里，仅有能容纳一辆叉车或者说缓存线的空间。实际中的缓存包含了一系列的缓存线。其工作原理不在此讨论，但你可以搜索“缓存关联性[1]”来了解。

当缓存未命中时，CPU 就“空转”——它因为缺少数据而无法执行下一条指令。CPU 进行着几百次的循环直到取得数据。我们的任务就是避免这一情况发生。设想你正试图通过改进一些关键性的游戏代码来提高性能，比如下面这样：

```
for (int i = 0; i < NUM_THINGS; i++)
{
  sleepFor500Cycles();
  things[i].doStuff();
}
```

对这段代码你首先可以做些什么改变？是的，显然循环里的函数调用开销很大。这样的调用等价于缓存未命中带来的性能损失。每次跳入主存中，就意味着往你的代码里加入了一段延时。

17.1.3　等下，数据即性能

着手写这一章时，我花了些时间整理了一些类似游戏的小程序——这些程序可以触发最好和最坏的缓存使用情况。我想测试缓存失效时的性能，以便能第一时间知晓缓存失效究竟造成了多少性能损失。

当我对一些程序进行测试时，大为吃惊。我无法形容问题之夸张，耳听为虚眼见为实！我写了两段代码来进行相同的运算，二者唯一的差别在于它们造成的缓存未命中次数不同。而较慢者竟然在速度上比另一段代码慢了 50 倍！

你需要注意许多警告。尤其是，不同的计算机有不同的缓存设置，所以我的机器可能与你的不同，而专用的游戏机与 PC 又有很大不同，当然在移动设备上的差别也不言而喻。总之因人而异。

这真让我开了眼界。我曾经以为代码关乎着性能，而非数据。一字节的数据并无快慢之分，它只是一个静态的事物。但由于缓存机制的存在，你组织数据的方式会直接影响性能。

现在的挑战是将上面这些转为本章节的相关内容。对缓存使用的优化

[1] http://en.wikipedia.org/wiki/CPU_cache#Associativity。

是个大话题。我还从没有涉及过指令缓存。请记住，代码也是在内存中的，并且需要被载入到 CPU 中才能够被执行。那些更精通于这课题的人能够为此写出一整本书来。

事实上，就有人为此写了本书：Richard Fabian 的 Data-Oriented Design[1]。

既然你正在阅读本书，那么我在这里介绍一些基本的技巧，以便你在关于数据结构是如何影响程序性能这一问题上展开思考。

这些都可以归结为一件简单的事情：不论芯片何时读取多少内存，它都整块地获取缓存线。你能够在缓存线中使用的数据越多，程序就跑得越快。所以优化的目标就是将你的数据结构进行组织，以使需要处理的数据对象在内存中两两相邻。

这里需要一个关键性的假设：单线程。假如你在多线程中对当前数据附近的内存进行修改，如果每个线程在不同的缓存线上处理数据，那么速度会更快。但如果两个线程对同一缓存线上的数据进行改动，那么两条线程上的代码都不得不花些开销来对它们的缓存进行同步。

换句话说，假如你的代码正在处理 Thing，接着 Another，然后 Also 这三个数据，你希望它们在内存里是这样布局的（图 17-3）：

图 17-3　三个对象在内存中彼此相邻

请注意，并没有指向 Thing，Another 和 Also 的指针。这就是它们的实际数据，按照线性排列在各自的位置上。只要 CPU 读取完 Thing，它将接着开始读取 Another 和 Also（具体取决于它们的大小以及缓存线的尺寸）。当你开始对它们进行处理时，它们已经在缓存中准备就绪了。芯片处理非常方便，而程序也因此受益。

17.2　数据局部性模式

当代 CPU 带有多级缓存以提高内存访问速度。这一机制加快了对最近访问过的数据的邻近内存的访问速度。通过增加数据局部性并利用这一点可以提高性能——保持数据位于连续的内存中以供程序进行处理。

17.3　使用情境

如同多数优化措施，指导我们使用数据局部性模式的第一条准则就是找到出现性能问题的地方。不要在那些代码库里非频繁执行的部分浪费时间，它们不需要本模式。对那些非必要的代码进行优化将使你的人生变得艰难——因为结果总是更加复杂且笨拙。

[1] http://www.dataorienteddesign.com/dodmain/。

由于此模式的特殊性，因此你可能还希望确定你的性能问题是否是由缓存未命中引起的，如果不是，那么这个模式也帮不上忙。

然而不幸的是这些工具多数十分昂贵。假如你在一个主机游戏开发团队里，大概你已经拥有了这些工具的证书。

假如你不在这样的团队里，Cachegrind[1] 是个很不错且免费的选择。它将你的程序置于一个虚拟 CPU 上运行并进行分层级的缓存，最终展示这些缓存的表现。

最简单的估算办法就是人为地添加一系列的测量工具以计量一段代码执行所花费的时间，最好能够使用一些精确的计时器。为了获悉缓存的使用情况，你需要一些更复杂的手段——你希望能够确知有多少次的缓存未命中，并对它们进行定位。

幸运的是，有现成的工具来做这些工作。在正式深入你的数据结构前，花些时间来运行这样一个工具并搞懂那些统计数据的含义（相当复杂！）是值得的。

如上所述，缓存未命中将影响到你的游戏性能。由于你无法花费大量的时间预先对缓存的使用进行优化，因此是该想想在设计的过程中如何让你的数据结构变得对缓存更加友好。

17.4 使用须知

软件架构的一大特征是抽象化。本书的很大一部分讨论的是如何将代码进行分块并相互解耦，以使它们变得更易于修改。在面向对象的语言中，这往往意味着接口化。

接口的另一个要点就是虚方法的调用。而这要求 CPU 检索一个对象的虚表（vtable）并找到表所指向的实际方法以进行函数调用。所以你又得追踪指针了，而这会引起缓存未命中。

在 C++中，使用接口则意味着要通过指针或引用来访问对象。而使用指针进行访问也就是要在内存里来回地跳转，这就会引发本设计模式在极力规避的缓存未命中现象。

为了做到缓存友好，你可能需要牺牲一些之前所做的抽象化。你越是在程序的数据局部性上下工夫，你就越要牺牲继承、接口以及这些手段所带来的好处。这里并没有高招，只有利弊权衡的挑战。而乐趣便在这里。

17.5 示例代码

假如你真的钻研到数据局部性优化的深处，你将发现有无数种办法，将你的数据结构拆解成片段以供 CPU 更好地进行处理。为了让你知道如何下手，我会对几个最常见的组织数据的方法各做一个简单的实例。我们将在特定的游戏引擎环境下来完成它们，但（正如其他设计模式一样）要牢记，只要符合条件，这一技术在任何情境中都是通用的。

[1] http://valgrind.org/docs/manual/cg-manual.html。

17.5.1 连续的数组

让我们从处理一系列游戏实体的游戏循环（第 9 章）开始。每个实体通过组件模式（第 14 章）被拆解为不同的域：AI、物理、渲染。`GameEntity`类如下：

```
class GameEntity
{
public:
  GameEntity(AIComponent* ai,
             PhysicsComponent* physics,
             RenderComponent* render)
  : ai_(ai), physics_(physics), render_(render)
  {}

  AIComponent* ai() { return ai_; }
  PhysicsComponent* physics() { return physics_; }
  RenderComponent* render() { return render_; }

private:
  AIComponent* ai_;
  PhysicsComponent* physics_;
  RenderComponent* render_;
};
```

每个组件都包含一些相对小量的状态，如一些向量或矩阵，且组件包含一个更新这些状态的方法。在此细节并不重要，但我们可以根据这些粗略地设想出如下的组件结构：

正如其名，这些例子正是来自更新方法模式（第 10 章）。甚至连 `render()`方法也采用这一模式，只是换了个名字而已。

```
class AIComponent
{
public:
  void update()
  {
  // Work with and modify state...
  }
private:
  // Goals, mood, etc. ...
};

class PhysicsComponent
{
public:
  void update()  }
  {
  // Work with and modify state...
```

```
private:
  // Rigid body, velocity, mass, etc. ...
};

class RenderComponent
{
public:
  void render()
  {
    // Work with and modify state...
  }

private:
  // Mesh, textures, shaders, etc. ...
};
```

游戏维护着一个很大的指针数组，它们包含了对游戏世界中所有实体的引用。每次游戏循环我们需要做以下工作：

1. 为所有实体更新 AI 组件。
2. 为所有实体更新其物理组件。
3. 使用渲染组件对它们进行渲染。

许多游戏实体将这样进行实现：

```
while (!gameOver)
{
  for (int i = 0; i < numEntities; i++)
  {
    entities[i]->ai()->update();
  }

  for (int i = 0; i < numEntities; i++)
  {
    entities[i]->physics()->update();
  }

  for (int i = 0; i < numEntities; i++)
  {
    entities[i]->render()->render();
  }

  // Other game loop machinery for timing...
}
```

在你耳闻 CPU 缓存机制之前，上面的代码看不出什么毛病。但现在，我想你已经察觉到有些不妥了。这样的代码不仅引起缓存抖动，甚至还将它来回搅成了一团浆糊。看看它都干了些啥吧：

1. 数组存储着指向游戏实体的指针，因此对于数组中的每个元素而言，我们需要遍历这些指针（所指向的内存）——这就引发了缓存未命中。

2. 然后游戏实体又维护着指向组件的指针。再一次缓存未命中。

3. 接着我们更新组件。

4. 现在我们回到步骤 1，对游戏里每个实体的每个组件都这么干。

最可怕的是我们不知道这些对象在内存中的布局情况，完全任由内存管理器摆布。由于实体随着时间被分配、释放，因此堆空间会变得随机离散化。

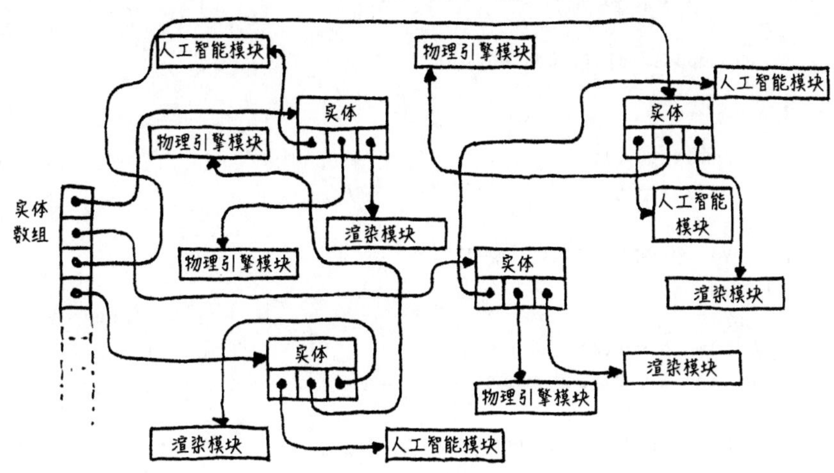

图 17-4　每帧里，游戏循环需要把图中所有的箭头都跑一遍来获取它需要的数据

在每帧里，游戏循环需要把图 17-4 中所有的箭头都跑一遍来获取它所关心的数据。

假如我们的目标是在游戏地址空间进行快速纵览，比如“256 兆 RAM 的四晚廉价游套餐”，那还是蛮划算的。然而我们的目标却是让游戏更快地运转，并且在整个主存中游荡可不是个理想的办法。还记得 `sleepFor500Cycles()` 这个函数吗？上面代码在效率上相当于无时无刻地在调用这家伙！

在遍历一系列指针上耗费时间，可以用术语“指针雕镂”（pointer chasing）来表述。然而它却没有名字听起来那么好笑。

让我们做一些改进吧。首先可以发现的是，我们追踪游戏实体的指针是为了找到这个实体内指向其组件的指针以便访问这些组件。`GameEntity` 类本身并没有什么要紧的状态或者方法。游戏循环仅关心这些组件。

为了对这一堆游戏实体以及散乱在地址空间各个角落的组件做改进，我们将从头来过——我们构造一个容纳着各类组件的大数组——存放所有 AI 组件的一维数组，当然还有存放物理和渲染组件的数组，如下：

```
AIComponent* aiComponents =
    new AIComponent[MAX_ENTITIES];
PhysicsComponent* physicsComponents =
    new PhysicsComponent[MAX_ENTITIES];
RenderComponent* renderComponents =
    new RenderComponent[MAX_ENTITIES];
```

在关于使用组件模式上，我最反感的一点就是 component 这个词的长度……

这里需要强调一下，这些是存储组件的数组而非组件指针的数组。数组里直接包含了所有组件的实际数据，这些数据在内存中逐个字节地进行分布。游戏循环可以直接遍历它们：

```
while (!gameOver)
{
  // Process AI.
  for (int i = 0; i < numEntities; i++)
  {
    aiComponents[i].update();
  }

  // Update physics.
  for (int i = 0; i < numEntities; i++)
  {
    physicsComponents[i].update();
  }

  // Draw to screen.
  for (int i = 0; i < numEntities; i++)
  {
    renderComponents[i].render();
  }

  // Other game loop machinery for timing...
}
```

我们会注意到在新的代码里我们已经不再使用“->”操作符，假如你希望增强数据局部性，就尽可能想办法去掉那些间接性的（尤其是指针的）操作吧。

我们抛弃了所有指针跟踪，直接对三个连续数组进行遍历来取代在内存中跳跃性的访问。

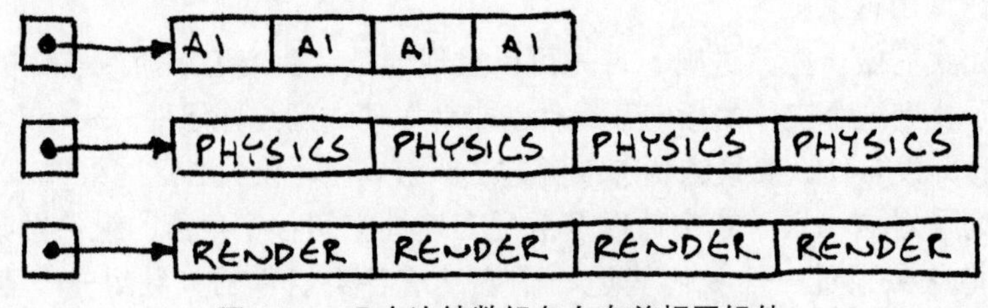

图 17-5　几个连续数组各自有着相同组件

这一方法往空闲的 CPU 中输入了一块连续的字节。在我的测试中，它为更新循环带来了比之前版本快 50 倍的速度。

有趣的是，我们这么做并没有放弃太多的封装性。当然，现在游戏循环直接对组件进行遍历更新而不是遍历游戏实体，但在此之前它还是必须遍历游戏实体来确保它们是按照正确的顺序被更新的。尽管如此，每个组件本身依然具有很好的封装性。它持有自身的数据和方法。我们只是改变了使用它的方式而已。

这也并不意味着我们需要放弃 GameEntity 类。我们可以将它放在一边，并保持对组件指针的持有。它们只是指向这三个数组而已。而当你在游戏的其他部分中需要传入一个类似游戏实体概念的对象及其所有内容时，依然可以使用它们。重要的是减少了性能开销的游戏循环避开了这些游戏实体而直接访问了其内部的数据。

17.5.2 包装数据

假设我们在制作一个粒子系统。顺着上一部分的思路，我们将所有的粒子置入一个大的连续数组中。我们也将它封装成一个管理类来看看：

ParticleSystem 类是对象池模式（第 19 章）的一个例子，用来创建单一类型的对象。

```
class Particle
{
public:
  void update() { /* Gravity, etc. ... */ }
  // Position, velocity, etc. ...
};

class ParticleSystem
{
public:
  ParticleSystem()
  : numParticles_(0)
  {}

  void update();
private:
  static const int MAX_PARTICLES = 100000;

  int numParticles_;
  Particle particles_[MAX_PARTICLES];
};
```

同时粒子系统的一个简单的更新方法如下：

```
void ParticleSystem::update()
{
  for (int i = 0; i < numParticles_; i++)
  {
    particles_[i].update();
```

```
  }
}
```

但实际上我们并不需要总是更新所有的粒子。粒子系统维护一个固定大小的对象池，但它们并不总是同时都被激活而在屏幕上闪烁。下面的方法会更加合适：

```
for (int i = 0; i < numParticles_; i++)
{
  if (particles_[i].isActive())
  {
    particles_[i].update();
  }
}
```

懂得底层编程的人也许能看到更多的问题。为所有的粒子执行 if 判断将会引发 CPU 的分支预测失准[1]和流水线停顿[2]。当代 CPU 中，单条指令实际上需要好几次时钟周期来完成。为了让 CPU 保持忙碌，指令被处理成流水线模式以便多条指令可以被并行地处理。

为实现流水线模式，CPU 必须猜测哪些指令接下来将会被执行。在顺序结构的代码中这很简单，但在控制流结构中就麻烦了。当它执行相关的 if 语句时，它该猜测粒子是处于激活状态继而为其调用 update() 方法呢，还是猜测它未被激活而跳过它呢？

为了回答这个问题，芯片就进行分支预测——它分析前一次你的代码走向，然后猜想这次也该这么走。但要是这些粒子按顺序一个激活一个未激活穿插地排列，那么预测就总是会失败。

当预测失败时，CPU 要对先前投机执行的指令进行撤销（流水线清理）并重新执行正确的指令，这样的性能损耗在计算机运转过程中是很常见的，而这也是为什么你有时也会看到开发者们在关键代码中避开控制流语句的原因。

我们赋予 Particle 类一个标志来表示其是否处于激活状态。在更新循环中，我们挨个粒子地检查其标志。这使得该标志随着对应粒子的其他数据一起被加载到缓存中。假如粒子并未被激活，那么我们就跳向下一个。这时将该粒子的其他数据加载到缓存中就是一种浪费。

活跃的粒子越少，我们就会越多次地在内存中跳转。假如粒子数组太大而活跃的粒子又太少，我们又会抖动缓存。

当我们实际处理的对象并不连续时，将对象存入连续的数组，这个办法就无效了。假如为了这些非活跃的粒子而要在内存中跳来跳去，那么我们就回到了问题的起点。

再看看这小节的标题，我想你可能已经猜到了答案。我们将根据这个标志对粒子进行排序，而不是去判断这些标志。我们总是将那些被激活的粒子维持在列表的前端。假如我们知道它们都处于激活状态，就根本不必去检测标志了。

我们也可以时刻跟踪被激活粒子的数目。这样我们就可以美化一下代码了：

```
for (int i = 0; i < numActive_; i++)
{
  particles[i].update();
}
```

现在我们不略过任何数据。每个塞进缓存的粒子都是被激活的，也都正是我们要处理的。

当然我可没说你得在每帧对整个粒子集合进行快速排序，这样得不偿

---

[1] http://en.wikipedia.org/wiki/Branch_misprediction。

[2] http://publib.boulder.ibm.com/infocenter/zvm/v5r4/index.jsp?topic=/com.ibm.zvm.v54.dmsc5/stall.htm。

失。我们希望时刻保持数组有序。

假设数组已经排好序——并且一开始所有的粒子都处于非激活状态。数组仅当某个粒子被激活或者反激活时处于乱序状态。我们很容易就能对这两种情况进行处理：当粒子被激活时，我们通过把它与数组中第一个未激活的粒子进行交换来将其移动到所有激活粒子的末端：

```
void ParticleSystem::activateParticle(int index)
{
  // Shouldn't already be active!
  assert(index >= numActive_);

  // Swap it with the first inactive particle right
  // after the active ones.
  Particle temp = particles_[numActive_];
  particles_[numActive_] = particles_[index];
  particles_[index] = temp;

  numActive_++;
}
```

反激活粒子只需以相反的方式处理：

```
void ParticleSystem::deactivateParticle(int index)
{
  // Shouldn't already be inactive!
  assert(index < numActive_);

  numActive_--;

  // Swap it with the last active particle right
  // before the inactive ones.
  Particle temp = particles_[numActive_];
  particles_[numActive_] = particles_[index];
  particles_[index] = temp;
}
```

许多程序员（包括我在内）都很厌恶在内存中移动数据。把内存里的字节移来移去让人觉得比为指针分配内存开销更大。但当你再加上遍历指针的开销时，会发现我们的直觉有时会失灵。在某些情况下，假如你能提高缓存数据命中率，相比之下，在内存中移动数据的开销是很小的。

结论就是，我们可以保持粒子依照其激活状态有序排列，而无需保存激活状态本身。这可以通过粒子在数组中的位置和 numActive_ 计数器来确定。这使得我们的粒子结构变小，也就意味着缓存线上能存储更多数据，

这将是当你做这类决定时可以参考的一个提示。

从而提高速度。

当然并非万事都能称心如意。正如你从 API 文档中看到的，我们在此放弃了许多面向对象的思想。Particle 类不再控制其自身的状态，你也无法对粒子对象调用诸如 activate()之类的方法，因为它无法确定自身在数组内的索引。而所有与激活粒子相关的代码都必须通过粒子系统来执行。

对于这样的情况，我倒是不介意 ParticleSystem 和 Particle 之间的紧关联。概念上我将它们视为由两个物理类组成的一个整体。当然这么说来，生成和销毁粒子都是粒子系统的工作。

17.5.3 热/冷分解

这是最后一个帮助你将代码变得缓存友好的技术案例。假设我们为某个游戏实体配置了 AI 组件，其中包含了一些状态：它当前所播放的动画，它当前所走向的目标位置、能量值等，总之这些是它在每帧都要检查和修改的变量。如下：

```
class AIComponent
{
public:
  void update() { /* ... */ }

private:
  Animation* animation_;
  double energy_;
  Vector goalPos_;
};
```

而它还存储着一些并非每帧都用到的处理意外情况的变量。比如存储一些关于当这家伙被开枪打死后掉落宝物的数据。掉落数据仅仅在实体的生命周期结束时才被使用，我们将其置于上面的那些状态属性之后：

```
class AIComponent
{
public:
  void update() { /* ... */ }

private:
  // Previous fields...
  LootType drop_;
  int minDrops_;
  int maxDrops_;
  double chanceOfDrop_;
};
```

假设我们采用前述方法，当更新这些 AI 组件时，我们遍历一个已经包装好且连续的数组中的数据。然而这些数据中包含着所有的掉落信息。这使得每个组件都变得更庞大，也就导致我们在一条缓存线上能放入的组件更少。我们将引发更多的缓存未命中，因为我们遍历的总内存增加了。对每帧的每个组件，其掉落物品的数据都要被置入缓存，尽管我们根本不会去碰它们。

对此问题的解决办法我们称之为“热/冷分解”。其思路是将我们的数据结构划分为两部分。第一个部分为“热数据”，也就是我们每帧需要用到的数据，另一个部分为“冷数据”，也就是那些并不会被频繁用到的剩余数据。

这里我们的热数据主要是 AI 组件。它是我们处理的关键，所以我们不希望通过指针来访问它。冷组件可以放到一边，但我们还是需要访问它，所以就为它分配一个指针，如下：

```
class AIComponent
{
public:
  // Methods...
private:
  Animation* animation_;
  double energy_;
  Vector goalPos_;

  LootDrop* loot_;
};

class LootDrop
{
  friend class AIComponent;
  LootType drop_;
  int minDrops_;
  int maxDrops_;
  double chanceOfDrop_;
};
```

现在当我们每帧遍历 AI 组件时，载入到缓存中的那些数据就是我们实际要处理的了（指向冷数据的指针是例外）。

可以通过维护两个平行的数组分别存放冷热数据，来抛弃这个指针，接着我们可以让两个数组中同一组件的索引保持一致，以便通过热数据数组的索引来访问对应的冷数据。

然而你将会对冷热变得有些迷惑。我这里的例子其数据的冷热之分是明显的，但实际游戏中很少有这样鲜明的划分。如果某些实体在某个模式下需要这部分数据而在其他模式下无需这些数据该怎么办？或者它们只是在某个等级阶段使用这些数据呢？

做冷热分解这样的优化有时候让人困惑。我们很容易在对数据与速度的测试上花费无尽的时间，但要相信你的努力总会换来收获的。

17.6 设计决策

这种设计模式更适合叫做一种思维模式。它提醒着你，数据的组织方式是游戏性能的一个关键部分。这一块的实际拓展空间很大，你可以让你的数据局部性影响到游戏的整个架构，又或者它只是应用在一些核心模块的数据结构上。

Noel Llopis 在他的著作[1]中称此为“面向数据的设计模式”，这让许多人开始思考如何在游戏中利用缓存。

对这一模式的应用，你最需要关心的就是该何时何地使用它。而随着这个问题我们也会看到一些新的顾虑。

17.6.1 你如何处理多态

就这一点，我们此前避开了子类进程和虚方法，并假设我们已经将同质的对象都很好地置入了数组，此时我们知道它们每个的尺寸都一样大。然而多态和方法的动态调用也是非常有用的工具，我们如何在二者之间进行协调？

- **避开继承**

最简单的方法就是避开子类化，或者说至少在你进行缓存优化的地方避开继承。软件工程中也较为排斥重度的继承。

如果想避开子类继承而保持多态的灵活性，那么可以使用类型对象模式（第 13 章）。

- ◆ 安全而容易。你知道自己正在处理什么类，而且显然所有的对象其大小都是一样的。
- ◆ 速度更快。方法的动态调用意味着在 vtable 中寻找实际需要调用的方法，并通过指针来访问实际代码，由于此操作在不同硬件平台呈现很大的性能差异，故动态调用意味着一些开销。
- ◆ 灵活性差。当然，我们使用动态调用的原因正是在于它能够给予我们强大的对象多态能力，让对象表现出不同的行为。假如你希望游戏中的不同实体拥有各自的渲染风格或者特殊的移动与攻击等表现，那么虚方法正是为此而准备的。若想要避免使用虚方法而做到这一点，那你可能需要维护一个庞大的 switch 逻辑块，并很快陷入混乱。

当然还是那句话，凡事没有绝对。在许多情况下，C++编译器需要使用间接引用来调用一个虚函数。但在某些情况下，当编译器知道调用者的确切类型时，它会进行非虚拟化来静态调用正确的方法。非虚拟化在诸如 Java 和 JavaScript 这类实时编译语言中更为常见。

- **为不同的对象类型使用相互独立的数组**

我们使用多态来实现在对象类型未知的情况下调用其行为。换句话

[1] http://gamesfromwithin.com/data-oriented-design。

说，我们有个装着一堆对象的包，我们希望当一声令下时它们能够各做各的事情。

但这带来的问题是，为什么要从一个龙蛇混杂的背包开始，而不是维护一系列按照类型分放的集合呢？

◆ 这样的一系列集合让对象紧密地封包。由于每个数组仅包含一个类型的对象，也就不存在填充或者其他古怪了。

◆ 你可以进行静态地调用分发。你能按照类型将对象划分，也就不再需要多态了。你可以进行常规的、非虚方法调用。

◆ 你必须时刻追踪这些集合。假如你有许多不同类型的对象，那么维护单独数组集合的开销和复杂性将是件苦差事。

◆ 你必须注意每一个类型，由于你要维护每个类型的对象集合，因此无法从这些类型集合中解耦它们。多态的一个神奇作用就在于它是可扩展的，通过使用接口来进行外部操作，多态将调用这些接口的代码从潜在的那些类型（它们均实现这一接口）中完全地解耦出来。

- **使用指针集合**

假如你不担心缓存，那么这自然是个好办法。你只需维护一个指向基类或接口的指针数组。你可以很好地利用多态性，而且对象的大小也无须一致。

◆ 这样做灵活性高。只要能适配接口，访问这个集合的代码就能够处理你关心的任何类型的对象。这是完全可扩展的。

◆ 这样做并不缓存友好。我们在此讨论其他方案的原因就在于解决这样指针间接访问数据的缓存不友好局面。然而请记住，如果这些代码对性能并不苛求，那么使用多态是完全没问题的。

17.6.2 游戏实体是如何定义的

假如你将本模式与组件模式（第 14 章）一起使用，则会拥有一系列相邻的组件数组来组成你的游戏实体。游戏循环直接对组件数组进行迭代，也就是说实体本身是不重要的，当然在游戏的其他代码模块你还是可能会需要这些概念性的实体。

接下来的问题是这该如何表现？实体如何跟踪自己的组件？

- **假如游戏实体通过类中的指针来索引其组件**

我们的第一个例子看起来就是如此。这是相对普通的面向对象的办法。你有一个 `GameEntity` 类，而它内部有指向其组件的指针。由于它们只是指针，故它们并不知道那些组件在内存中的确切位置或者它们是如何组织的。

- ◆ 你可以将组件存于相邻的数组中。由于游戏实体并不关心组件的存储，因此你可以将它们组织到一个封包过的数组中来对迭代过程进行优化。
- ◆ 对于给定实体，你可以很容易地获取它的组件。只需通过指针访问即可。
- ◆ 在内存中移动组件很困难。当组件被启用或禁用时，你可能会希望将这些组件进行移动以保持那些激活的组件总排在数组的前端并彼此相邻。假如你移动一个与某实体通过原始指针关联的组件，则可能一不小心就破坏了这一指针关联。你必须确保同时对实体的相应指针进行更新。

- **假如游戏实体通过一系列 ID 来索引其组件**

在内存中移动指向组件的原始指针是一大挑战。你可以使用更抽象的表示来取代指针：一个能够检索到指定组件的 ID 或索引。

ID 的实际语义以及索引的过程完全取决于你。可能是简单地为每个组件存储一个唯一 ID 并进行数组遍历，也可能是在一个哈希表上将 ID 对组件所在的数组索引进行映射。

- ◆ 这更加复杂。你的 ID 系统也许无需过度复杂，但总得比直接使用指针要麻烦。你需要实现并调试它，当然用 ID 记录也需要额外的内存空间。
- ◆ 这样做更慢。要想比遍历原始指针速度更快是很难的。通过实体获取其组件的过程将涉及到哈希查找等问题。
- ◆ 你需要访问组件管理器。最简单的想法就是用一些抽象的 ID 来定义组件。你可以通过它来获取实际的组件对象。但为了做到正确索引，你必须让这些 ID 有办法对应到组件上。这也正是存储着你组件数组的那个管理类所要做的。

你可能会想，我只需要写个单例就完事了！嗯，只能说部分情况是的。你可以先看看单例模式（第 6 章）。

使用原始指针，假如你有一个游戏实体，你就可以找到其组件。而使用 ID 的方法，你则需要同时对游戏实体和组件进行注册。

- **假如游戏实体本身就只是个 ID**

这是一些新的游戏引擎所采用的风格。一旦你将游戏实体的所有行为和状态从主类移动到组件中，那么游戏实体还剩什么呢？结果是剩不了什么，游戏实体唯一做的就是将自己与其组件绑定。它的存在就意味着其 AI、物理、渲染组件构成了这个游戏世界中的实体。

这一点很重要，因为组件之间要进行交互。渲染组件需要知道实体位于何处，而这个位置信息就很可能位于其物理组件中。AI 希望移动实体，于是它需要对物理组件施加一个力。在一个实体内，需要为每个组件提供一个访问其兄弟组件的办法。

某些聪明人意识到我们所需要的就是个 ID。这使得组件能知道它所属的实体是哪个，而不是让实体来确定其组件位置。当 AI 组件需要其同属实体的物理组件时，它只需访问与自身相同实体 ID 的那个物理组件即可。

- ◆ 你的游戏实体类完全消失了，取而代之的是一个优雅的数值包装。实体变得很小。当你需要传入一个实体的引用时，你只需传入一个数值。
- ◆ 实体类本身是空的。当然这一方法的弊端是你必须把所有东西都扫出游戏实体。你不再有地方来存放那些非组件构成的实体状态和行为。这样做更加依赖于组件模式（第 14 章）。
- ◆ 你无须管理其生命周期。由于现在实体只是某些内置类型的值，因此它们无需进行显式的分配或释放。实际上当某个实体的所有组件都销毁时，这个实体也就随之隐式地“消亡”了。
- ◆ 检索一个实体的所有组件会很慢。这与前一个方案的问题类似，但处于相反的一面。为某个实体寻找其组件，你需要对一个对象进行 ID 映射，这个过程会带来开销。

这一次性能方面也存在着问题。组件在更新过程中频繁与其兄弟组件交互，于是你需要频繁地检索组件。一个解决方案是将实体的 ID 对应为其组件所在数组的索引。

假如所有的实体都包含相同的组件集，那么你的组件数组之间是完全平行的。AI 组件数组中的第三个组件将与物理组件数组中的第三个组件对应着同一个实体。

请牢记，这个办法迫使你保持这些数组平行。当你希望对数组进行排序或者按照某种规则进行封包时就很难做到平行了，你的某些实体可能禁用了物理引擎，而其他的实体不可见。在保持它们平行的情况下，你无法兼顾物理组件和渲染组件来同时满足这两种情况。

17.7 参考

- 本章节的许多内容涉及到组件模式（第 14 章），而组件模式中的数据结构是在优化缓存使用时几乎最常用的。事实上，使用组件模式使得这一优化变得更加简单。因为实体一次只是更新它们的一个域（AI 模块和物理模块等），所以将这些模块划分为组件使得你可以将一系列实体合理地划为缓存友好的几部分。

但这并不意味着你只能选择组件模式实现本模式！不论何时你遇到涉及大量数据的性能问题，考虑数据的局部性都是很重要的。

- Tony Albrecht 写作的《Pitfalls of Object-Oriented Programming》[1]一书被广泛阅读，这本书介绍了如何通过游戏的数据结构设计来实现缓存友好性。它使得许多人（包括我!）意识到数据结构的设计对性能有多么地重要。
- 与此同时，Noel Lopis 就同一话题撰写了一篇广为流传的博客[2]。
- 本设计模式几乎完全地利用了同类型对象的连续数组的优点。随着时间推移，你将会往这个数组中添加和移除对象。对象池模式（第 19 章）恰恰阐释了这一内容。
- Artemis[3]游戏引擎是首个也是最为知名的对游戏实体使用简单 ID 的框架。

---

[1] http://research.scee.net/files/presentations/gcapaustralia09/Pitfalls_of_Object_Oriented_Programming_GCAP_09.pdf。

[2] http://gamesfromwithin.com/data-oriented-design。

[3] http://gamadu.com/artemis/。

第 18 章　脏标记模式

18

“将工作推迟到必要时进行以避免不必要的工作。”

18.1　动机

许多游戏都有一个称之为场景图的东西。这是一个庞大的数据结构，包含了游戏世界中所有的物体。渲染引擎使用它来决定将物体绘制到屏幕的什么地方。

就最简单的来说，一个场景图只是包含多个物体的列表。每个物体都含有一个模型（或其他图元）和一个“变换”。变换描述了物体在世界中的位置、旋转角度和缩放大小。想要移动或者旋转物体，我们可以简单地修改它的变换。

变换是如何存储和应用的，不在我们这里的讨论范围之内。概括地说它是一个 4×4 的矩阵。你可以将两个变换——举个例子，移动再旋转一个物体——通过矩阵相乘合并为一个。

这么做的方法和原理作为一个练习留给读者。

当渲染器绘制一个物体时，它将这个物体的变换作用到这个物体的模型上，然后将它渲染出来。如果我们有的是一个场景“袋”而不是场景“图”的话，事情会变得简单很多。

然而，许多场景图是分层的。场景中的一个物体会绑定在一个父物体上。在这种情况下，它的变换就依赖于其父物体的位置，而不是游戏世界中的一个绝对位置。

举个例子，想象我们的游戏中有一艘海盗船在海上。桅杆的顶部是一个瞭望塔，一个海盗靠在这个瞭望塔上，抓在海盗肩膀上的是一只鹦鹉（图 18-1）。这艘船的局部变换标记了它在海中的位置。瞭望塔的变换标记了它在船上的位置，等等。

图 18-1　呀！

这样，当一个父物体移动时，它的子物体也会自动地跟着移动。如果我们修改船的局部变换，瞭望塔、海盗、鹦鹉也会随之变动。如果在船移动时我们必须手动调整船上所有物体的变换来防止相对滑动，那会是一件很头疼的事情。

老实说，当你在海里时，你确实需要手动调整你的位置来防止滑动。或许我应该选一个“干燥”的例子。

但是要真的将海盗绘制到屏幕上，我们需要知道它在世界中的绝对位置。我们将相对于父物体的变换称为这个物体的“局部变换”。为了渲染一个物体，我们需要知道它的“世界变换”。

18.1.1　局部变换和世界变换

在简单的情况下，当物体没有父物体时，它的局部变换和世界变换相等。

计算一个物体的世界变换是相当直观的——只要从根节点沿着它的父链将变换组合起来就行。也就是说，鹦鹉的世界变换就是（图 18-2）：

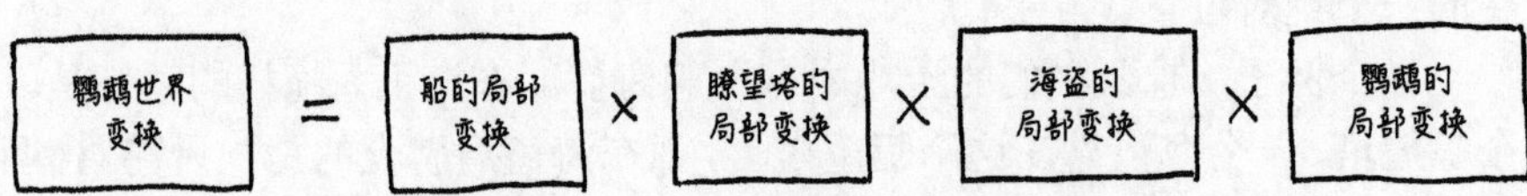

图 18-2　从鹦鹉父节点的局部变换来计算鹦鹉的世界变换

我们每帧都需要世界中每个物体的世界变换。所以即使每个模型中只有少数的几个矩阵相乘，却也是代码中影响性能的关键所在。保持它们及时更新是棘手的，因为当一个父物体移动，这会影响它自己和它所有的子物体，以及子物体的子物体等的世界变化。

最简单的途径是在渲染的过程中计算变换。每一帧中，我们从顶层开始，递归地遍历场景图。对每个物体，我们计算它们的世界变换并立刻绘制它。

但是这对我们宝贵的 CPU 资源是一种可怕的浪费。许多物体并不是每一帧都移动。想想关卡中那些静止的几何体，它们没有移动，但每一帧都要重计算它们的世界变换是一种多么大的浪费。

18.1.2 缓存世界变换

一个明显的解决方法是将它“缓存”起来。在每个物体中，我们保存它的局部变换和它派生物体的世界变换。当我们渲染时，我们只使用预先计算好的世界变换。如果物体从不移动，那么缓存的变换始终是最新的，一切都很美好。

当一个物体确实移动了，简单的方法就是立即刷新它的世界变换。但是不要忘了继承链！当一个父物体移动时，我们需要重计算它的世界变换并递归地计算它所有子物体的世界变换。

想象某些比较繁重的游戏场景。在一个单独帧中，船被扔进海里，瞭望塔在风中晃动，海盗斜靠在边上，鹦鹉跳到他的头上。我们修改了 4 个局部变换。如果我们在每个局部变换变动时都匆忙地重新计算世界变换，结果会发生什么（图 18-3）？

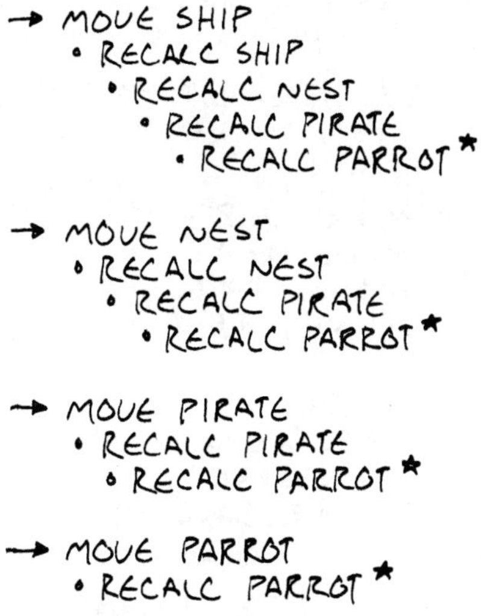

图 18-3 大量冗余的计算

Recalc：重新计算，如 Recalc PIRATE 在这里指重新计算海盗的（局部变换）。

我们可以看到标记了★的行。我们重新计算了 4 次鹦鹉的世界变换，而我们只需要最后一个结果。

我们只移动了 4 个物体，但是我们做了 10 次世界变换计算。这 6 次无意义的计算在渲染器使用之前就被扔掉了。我们计算了 4 次鹦鹉的世界变换，但是只渲染了一次。

问题的关键是一个世界变换可能依赖于好几个局部变换。由于我们在每个这些变换变化时都立刻重计算，所以最后当一帧内有好几个关联的局部变换改变时，我们就将这个变换重新计算了好多遍。

18.1.3 延时重算

我们通过将修改局部变换和更新世界变换解耦来解决这个问题。这让我们在单次渲染中修改多个局部变换，然后在所有变动完成之后，在实际渲染器使用之前仅需要计算一次世界变换。

比较有趣的一件事是，软件架构究竟在多大程度上是有意略微偏离设计的？

要做到这点，我们为图中每个物体添加一个“flag”。“flag”和“bit”在编程中是同义词——它们都表示单个小单元数据，能够储存两种状态中的一个。我们称之为“true”和“false”，有时也叫“set”和“cleared”。我会交叉地使用它们。

我们在局部变换改动时设置它。当我们需要这个物体的世界变换时，我们检查这个 flag。如果它被标记为“set”了，我们计算这个世界变换，然后将这个 flag 置为“clear”。这个 flag 代表，“这个世界变换是不是过期了？”由于某些原因，传统上这个“过期的”被称作“脏的”。也就是“脏标记”，“Dirty bit”也是这个模式常见的名字。但是我想我会坚持使用那种看起来没那么“污秽”[1]的名字。

维基百科的编辑没有我这么强的自制力，所以将它称之为 dirty bit[2]。

如果我们运用这个模式，然后将我们上个例子中的所有物体都移动，那么游戏看起来如下：

图 18-4　不再包含冗余的运算了

这是你能期望的最好的办法。每个被影响的物体的世界变换只需要计

[1] 译者注：英文中“Dirty bit”看起来和“Dirty bitch”相似。
[2] https://en.wikipedia.org/wiki/Dirty_bit。

算一次。只需要一个简单的位数据，这个模式为我们做了不少事：

- 它将父链上物体的多个局部变换的改动分解为每个物体的一次重计算。
- 它避免了没有移动的物体的重计算。
- 一个额外的好处：如果一个物体在渲染之前移除了，那就根本不用计算它的世界变换。

18.2 脏标记模式

一组原始数据随时间变化。一组衍生数据经过一些代价昂贵的操作由这些数据确定。一个脏标记跟踪这个衍生数据是否和原始数据同步。它在原始数据改变时被设置。如果它被设置了，那么当需要衍生数据时，它们就会被重新计算并且标记被清除。否则就使用缓存的数据。

18.3 使用情境

相对于本书中的其他模式，这个模式解决一个相当特定的问题。同时，就像大多数优化那样，仅当性能问题严重到值得增加代码复杂度时才使用它。

脏位标记涉及两个关键词："计算"和"同步"。在这两种情况下，处理原始数据到衍生数据的过程在时间或其他方面会有很大的开销。

在我们的场景图例子中，过程很慢是因为计算量很大。相反，当使用这个模式做同步时，派生数据通常在别的地方——也许在磁盘上，也许在网络上的其他机器上——光是简单地把它从 A 移动到 B 就很费力。

这里也有些其他的要求：

- **原始数据的修改次数比衍生数据的使用次数多**。衍生数据在使用之前会被接下来的原始数据改动而失效，这个模式通过避免处理这些操作来运作。如果你在每次改动原始数据时都立刻需要衍生数据，那么这个模式就没有效果。
- **递增地更新数据十分困难**。我们假设游戏的小船能运载众多的战利品。我们需要知道所有东西的总重量。我们能够使用这个模式，为总量设置一个脏标记。每当我们增加或者减少战利品时，我们设置这个标记。当我们需要总量时，我们将所有战利品的重量加起来并清除标记。
    - ◆ 但是一个更简单的方法是保持一个动态的总量。当我们增加或者减少物品时，就从总量上增加或者减去这个物体的重量。像这样保持衍生数据更新时，这种方法要比使用这个模式要好。

这些要求听起来让人觉得脏标记很少有合适使用的时候，但是你总能发现它有能帮上忙的地方。通常在你游戏的代码中搜索“dirty”这个单词，就能找到这个模式的应用之处。

我的调查来看，同时也会搜到很多批评“脏”技巧的评论。

18.4 使用须知

即使当你有相当的自信认为这个模式十分适用，这里还是有一些小的瑕疵会让你感到不便。

18.4.1 延时太长会有代价

这个模式把某些耗时的工作推迟到真正需要时才进行，而到有需要时，往往刻不容缓。但是，我们使用这个模式的原因是计算出结果的过程很慢。

这在我们的例子中不是问题，因为计算世界坐标足够在一帧内完成。但是你可以想象其他情景，当工作量大到需要一个能够察觉的时间才能完成时，如果游戏直到玩家想要看到结果时才开始计算，这会导致一个不友好的视觉卡顿。

这也反映出自动内存管理系统中不同的垃圾回收策略。引用计数在不再使用时释放内存，但是每次引用变动时都立马刷新计数，这会十分消耗 CPU 时间。

简单垃圾回收策略将内存回收推迟到需要时再进行，但是代价是可怕的“GC 暂停”，它将整个游戏冻结起来，直到回收器清理完了堆数据。

在这两者之间的是更复杂的系统，如延时引用计数和增量式 GC。它们比纯粹的引用计数更少地回收内存，但是比暂停世界的回收器更加频繁。

另外一个延时的问题是如果某个东西出错，你可能完全无法工作。当你将状态保存在一个更加持久化的形式中时，使用这个模式，问题会尤其突出。

举个例子，文本编辑器知道文档是否还有“未保存的修改”。在你文件标题栏上的小子弹或者星星表示这个脏标记（图 18-5）。原始数据是在内存中的打开文档，衍生数据是磁盘上的文件。

图 18-5　脏标记在用户图形接口上的一个应用

许多程序都仅在文档关闭或者程序退出时才会自动存盘。这在大部分情况下都运行良好，但是如果你意外地将电源线缆踢出，那么你的工作就付之东流了。

编辑器为了减缓这种损失会在后台自动保存一个备份。自动保存的频率是在既不丢失太多数据，也不造成文件系统繁忙之间取一个折中点。

18.4.2 必须保证每次状态改动时都设置脏标记

既然衍生数据是通过原始数据计算而来，那它本质上就是一份缓存。当你获取缓存数据时，棘手的问题是缓存失效——当缓存和原始数据不同步时，什么都不正确了。在这个模式中，它意味着当任何原始数据变动时，都要设置脏标记。

Phil Karlton 有句名言："在计算机科学中只有两件难事：缓存失效和命名。"

在一个地方忘记了，你的程序就会不正确地使用失效的衍生数据。这会导致玩家的困惑和十分难以跟踪的 bug。当你使用这个模式时，你需要小心，在任何改动原始数据的地方都要设置脏标记。

一个解决问题的方法是将原始数据的改动封装起来。任何可能的变动都通过单一 API 入口来修改，你可以在这里设置脏标记，并且不用担心会有遗漏。

18.4.3 必须在内存中保存上次的衍生数据

当需要衍生数据而脏标记没有设置时，就会使用之前计算的数据。这是显而易见的，但是这意味着你必须将衍生数据保存在内存中以备不时之需。

当你使用这个模式来同步原数据到其他地方时，这不是什么问题。只是在这种情况下，衍生数据通常根本不在内存中。

如果你没有使用这个模式，那么你可以在需要的过程中计算衍生数据，然后在使用完之后丢弃。这避免了将它缓存在内存中的开销，代价是每次需要结果时都要计算一次。

就像其他优化那样。这个模式会在空间和时间上做平衡。当返回内存中之前计算的数据时，会避免对未修改数据的重计算，这在内存便宜而计算费时的情况下是合算的。当内存比时间更加宝贵时，在需要时计算会比较好。

相反地，压缩算法做了相反的取舍，它利用耗时的解码来优化空间大小。

18.5 示例代码

假设我们满足了超长的要求列表，让我们来看看这个模式在代码中是怎样的。如同我之前提到的，矩形计算的数学原理不是本书目标，所以我把它封装在类里，你可以假设它的实现在其他什么地方。

```
class Transform
{
public:
  static Transform origin();

  Transform combine(Transform& other);
};
```

这里我需要的唯一操作就是“combine()”，这样我们可以通过组合父链中所有的局部变换得到它的世界变换。它还有一个方法用来得到一个"原始"的变换——一个简单的单位矩阵表示没有移动、旋转或者缩放。

接下来，我们来定义场景图中的物体类。这是我们运用这个模式之前的基础。

```
class GraphNode
{
public:
GraphNode(Mesh* mesh)
  : mesh_(mesh),
    local_(Transform::origin()) {}

private:
  Transform local_;
  Mesh* mesh_;

  GraphNode* children_[MAX_CHILDREN];
  Int numChildren_;
};
```

每一个节点包含一个局部变换，描述它相对于父物体的位置。它还有一个 mesh，代表这个物体的真正图元（我们允许"mesh_"为"NULL"来处理只是为了组合子物体的不可见的节点）。最后，每个节点都包含一个可能为空的子物体集合。

有了这个，一个"场景图"是一个单一的根节点"GraphNode"，它的子节点（子子节点，等等）就是世界中的所有物体。

```
GraphNode* graph_ = new GraphNode(NULL);
// Add children to root graph node...
```

为了绘制一个场景图，我们需要做的就是遍历节点树，从根节点开始，通过正确的世界变换为每个节点图元调用下面的方法。

```
void renderMesh(Mesh* mesh, Transform transform);
```

我们这里不实现它，但是如果要实现的话，则都是一些将图元在给定的地方绘制出来的工作。如果我们能正确并高效地在每个节点上调用它，那就皆大欢喜了。

18.5.1 未优化的遍历

让我们动手开始做吧，我们通过基本的遍历并动态计算世界坐标来渲染场景图。它不会进行优化，但是却很简单。我们为"GraphNode"添加一个新方法。

```
void GraphNode::render(Transform parentWorld)
{
  Transform world = local_.combine(parentWorld);
  if (mesh_) renderMesh(mesh_, world);

  for (inti = 0; i<numChildren_; i++)
  {
    children_[i]->render(world);
  }
}
```

我们通过“parentWorld”将父节点的世界变换传给它。有了这个，剩下的工作就是将它和局部变换结合起来得到正确的世界变换。我们不需要回溯到父节点去计算世界坐标，因为我们沿着父链下来已经计算过了。

我们计算节点的世界变换并保存到“world”中，然后如果我们有图元的话，就渲染它。最后我们递归地进入子节点中，将当前节点的世界变换传递进去。总之，这是一个紧凑、简单的递归方法。

为了绘制整个场景图，我们从空根节点开始渲染：

```
graph_->render(Transform::origin());
```

18.5.2 让我们“脏”起来

这份代码做了正确的操作——在正确的地方渲染图元——但并不高效。它每帧都在每个“node”上调用“local_.combine(parentWorld)”。让我们看脏标记模式是如何修正这点的。首先我们需要添两个成员到“GraphNode”中：

```
class GraphNode
{
public:
GraphNode(Mesh* mesh)
  : mesh_(mesh),
    local_(Transform::origin()),
    dirty_(true)
  {}

  // Other methods...

private:
  Transform world_;
  bool dirty_;

  // Other fields...
};
```

"world_" 成员缓存了上次计算了的世界变换，"dirty_" 成员就是脏标记。注意，这个标记用 "true" 初始化。当我们创建一个新节点时，我们没有计算过它的世界变换。在开始，它就没有和局部变换同步。

我们需要这个模式的唯一理由是物体能够移动，所以我们来提供这个功能：

```
void GraphNode::setTransform(Transform local)
{
  local_ = local;
  dirty_ = true;
}
```

这里重要的一点是同时设置脏标记。我们忘记什么了吗？哦，子节点。

当一个父节点移动时，它所有的子节点的世界坐标就都失效了。但是这里，我们不设置它们的脏标记。我们能做到这点，但是这需要递归而且缓慢。相反，我们在渲染时做点聪明的事。来看：

```
void GraphNode::render(Transform parentWorld, bool dirty)
{
  dirty |= dirty_;
  if (dirty)
  {
    world_ = local_.combine(parentWorld);
    dirty_ = false;
  }

  if (mesh_) renderMesh(mesh_, world_);

  for (inti = 0; i<numChildren_; i++)
  {
    children_[i]->render(world_, dirty);
  }
}
```

这里有一个微妙的假设，if 检查要比矩阵乘法快。这是一个直观的想法：毫无疑问单个位测试要比一批浮点数计算快。

然而，现代 CPU 十分复杂，它们严重依赖流水线操作——把一系列的操作指令加入队列。我们这里的一个 if 分支可能会导致分支预测错误，强制 CPU 丢失周期并重新填充流水线。

数据局部性（第 17 章）中有更多关于现代 CPU 是如何加快运行和避免像这样妨碍它快速运行的细节的内容。

注意，这个聪明的技巧能奏效是因为"render()"是"GraphNode"中唯一需要实时世界变换的操作。如果其他操作访问它，则我们需要做一些不同的操作。

这和之前的原始实现很相似。关键的不同在于在计算世界变换之前，我们先检查脏标记，并且我们将结果保存在成员中而不是局部变量中。当节点没有改动时，我们完全跳过 "combine()"，使用旧的但是仍然正确的 "world_" 值。

这里的技巧就是"dirty"参数。如果父链中它之上的任何物体标记为脏，则它将被置为"true"。在我们递归的时候用相同的方式通过"parentWorld"渐进地更新世界变换。"dirty" 参数跟踪父链变换是否改变。

这让我们避免在 "setTransform()" 中递归地标记每个子节点的"dirty_"位。相反，我们在渲染时传递父节点的脏标记到它的子节点中，并检查传递的标记来确认是否有需要重新计算世界变换。

最终结果就是我们想要的：修改一个节点的局部变换只是几条赋值语

句，渲染世界时只计算了自上一帧以来最少的变动的世界变换。

18.6 设计抉择

这个模式是相当特定的，所以只需要注意几点。

18.6.1 何时清除脏标记

- **当需要计算结果时**
  - ◆ 当计算结果从不使用时，它完全避免了计算。当原始数据变动的频率远大于衍生数据访问的频率时，优化效果更显著。
  - ◆ 如果计算十分耗时，会造成明显的卡顿。把计算工作推迟到玩家需要查看结果时才做会影响游戏体验。这在计算足够快的情况下没什么问题，但是一旦计算十分耗时，则最好提前开始计算。
- **在精心设定的检查点**

有时，在游戏过程中有一个时间点十分适合做延时计算工作。举个例子，我们可能只想在船靠岸时才存档。或者存档点就是游戏机制的一部分。我们可能在一个加载界面或者一个切图下做这些工作。

  - ◆ 这些工作并不影响用户体验。不同于之前的选项，当游戏忙于处理时你可以通过其他东西分散玩家的注意力。
  - ◆ 当工作执行时，你失去了控制权。这和之前一点有些相反。在处理时，你能轻微地控制，保证游戏优雅的处理。

你“不能确保”玩家真正到达检查点，或者达到任何你设定的标准。如果他们迷失了或者游戏进入了奇怪的状态，你可以将预期的操作进一步延迟。

- **在后台**

通常，你可以在最初变动的时候启动一个固定的计时器，并在计时器到达时处理之间的所有变动。

  - ◆ 你可以调整工作执行的频率。通过调整定时器的间隔，你可以按照你想要的频率进行处理。
  - ◆ 你可以做更多冗余的工作。如果在定时器期间原始状态的改动很少，那么你最终会处理大部分没有修改的数据。
  - ◆ 需要支持异步操作。在后台处理数据意味着玩家可以同时做其他事情。这意味着你需要线程或者其他并发支持，以便能够在游戏进行时处理数据。

术语“滞后”[1]在人机交互中指，人为地将用户的输入和计算机响应推迟一段时间。

因为玩家有可能同时与你正在处理的原始数据交互，所以你也要考虑并行修改数据的安全性。

18.6.2 脏标记追踪的粒度多大

想象一下我们的海盗游戏允许玩家建造和定制他们的海盗船。船会自动线上保存以便在玩家离线之后能恢复。我们使用脏标记来决定船的哪些甲板被改动了并需要发送到服务器。每一份我们发送给服务器的数据包含了一些船的改动数据和一份元数据，该元数据描述这份改动是在什么地方发生的。

- **更精细的粒度**

你将甲板上的每一份小木块加上脏标记。

  - ◆ 你只需要处理真正变动了的数据，你将船的真正变动的木块数据发送给服务器。

- **更粗糙的粒度**

另外，我们可以为每一个甲板关联一个脏标记。在它之上的每份改动将整个甲板标记为脏。

对此，我可以讲一个不合时宜的可怕笑话，但是我忍住了。

  - ◆ 你最终需要处理未变动的数据。当在甲板上放置一个酒桶时，你需要把整个甲板上的数据发送给服务器。
  - ◆ 存储脏标记消耗更少的内存。添加 10 个酒桶在甲板上只需要一个位来跟踪它们。
  - ◆ 固定开销花费的时间要更少。当处理修改后的数据时，通常有一套固定的流程要预先处理这些数据。在这个例子中，就是标识船上哪些是改动了的数据。处理块越大，处理块就越少，也意味着通用开支越少。

18.7 参考

- 这种模式在游戏外的领域也是常见的，比如在 Angular[2]这种 BS（browser-side）框架中。它利用脏标记来跟踪浏览器中有变动并需要提交到服务端的数据。
- 物理引擎跟踪着物体的运动和空闲状态。一个空闲的物体直到受到力的作用才会移动，它在受力之前不需要处理。这个“是否在移动”就是一个脏标记，用来标记哪些物体受到了力的作用并需要计算它们的物理状态。

---

[1] http://en.wikipedia.org/wiki/Hysteresis。

[2] http://angularjs.org/。

第 19 章　对象池

19

“使用固定的对象池重用对象，取代单独地分配和释放对象，以此来达到提升性能和优化内存使用的目的。”

19.1　动机

我们正致力于游戏的视觉效果优化。当英雄施放魔法时，我们想让一个闪烁的火花在屏幕中炸裂。这一特效将调用粒子系统——一个用来生成微小发光图形并在它们生存周期内产生动画的引擎。

仅仅是一个魔棒就会生成数以百计的粒子，所以我们的系统需要非常快速地生成它们。更重要的是，我们需要确保创建和销毁它们时不会产生内存碎片。

19.1.1　碎片化的害处

为游戏机和移动设备编程在多方面都比传统的 PC 编程要更接近于嵌入式编程。就像嵌入式编程一样，内存是稀缺的，用户希望游戏稳定运行，但是极少有高效的内存压缩管理器可以使用。在这样的环境下，内存碎片往往是致命的。

这就像在一条杂乱散布着车辆的热闹街区里尝试停车一样，如果它们首尾紧挨着，那么就能腾得出空间，但在乱停放的情况下这些空间却只是众车辆之间的碎片空间。

碎片化意味着我们空闲着的堆空间分裂成了许多小的内存碎片，而不是一整块连续的内存块。或许这些小碎片构成的可访问内存总量很大，但其中最长的、连续的区域却可能小得可怜。假如我们有 14 字节的空闲内存，但它被一段已使用内存分割为了两个 7 字节的片段。假如我们尝试分配一个 12 字节的对象，那么便会失败。屏幕上将不再出理任何闪烁的火花。

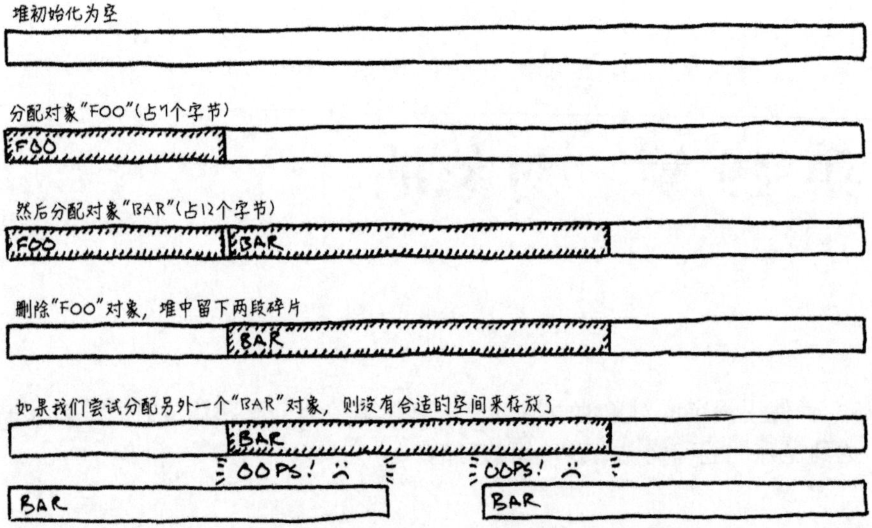
堆初始化为空
分配对象"FOO"(占7个字节)
FOO
然后分配对象"BAR"(占12个字节)
FOO
BAR
删除"FOO"对象，堆中留下两段碎片
BAR
如果我们尝试分配另外一个"BAR"对象，则没有合适的空间来存放了
BAR
OOPS!
OOPS!
BAR
BAR

图 19-1　总量充足的内存，其连续内存却十分匮乏

大多数游戏制造商都要求游戏通过“浸泡测试”（“soak tests”）——他们将游戏置于demo模式连续地跑上好几天。假如游戏崩溃了，则他们不会让游戏投入市场。尽管浸泡测试的失败有时会来自极罕见的意外bug，但多数情况下，碎片化的扩张或者内存泄露才是导致游戏宕机的原因。

图 19-1 解释了一个堆如何变得碎片化，以及内存分配失败是因何导致的（尽管在理论上有足够的空间供其分配）。

即使碎片化的情况很少，它也仍然在削减着堆内存并使其成为一个千疮百孔而不可用的泡沫块，严重局限了整个游戏的表现力。

19.1.2　二者兼顾

由于碎片化，以及内存分配缓慢的缘故，在游戏中何时以及如何管理内存需要十分小心。一个常用而有效的办法是：在游戏启动时分配一大块内存，直到游戏结束才释放它。但如此一来，在游戏运行过程中创建或销毁东西，对系统来说将是一个巨大的负担。

使用对象池使得我们能二者兼顾：对于内存管理器而言，我们仅分配一大块内存直到游戏结束才释放它，对于内存池的使用者而言，我们可以按照自己的意愿来分配和释放对象。

19.2　对象池模式

定义一个保持着可重用对象集合的对象池类。其中的每个对象支持对其“使用（in use）”状态的访问，以确定这一对象目前是否“存活（alive）”。在对象池初始化时，它预先创建整个对象的集合（通常为一块连续堆区域），并将它们都置为“未使用（not in use）”状态。

当你想要创建一个新对象时就向对象池请求。它将搜索到一个可用的对象，将其初始化为“使用中（in use）”状态并返回给你。当该对象不再被使用时，它将被置回“未使用（not in use）”状态。使用该方法，对象便可以在无需进行内存或其他资源分配的情况下进行任意的创建和销毁。

19.3 使用情境

这一设计模式被广泛地应用于游戏中的可见物体，如游戏实体对象、各种视觉特效，但同时也被使用于非可见的数据结构中，如当前播放的声音。我们在以下情况使用对象池：

- 当你需要频繁地创建和销毁对象时。
- 对象的大小一致时。
- 在堆上进行对象内存分配较慢或者会产生内存碎片时。
- 每个对象封装着获取代价昂贵且可重用的资源，如数据库、网络的连接。

19.4 使用须知

你一般依赖于一个垃圾回收器或只是简单地通过`new`和`delete`来进行内存管理。而通过使用对象池，你就是在告诉系统：“我更明白这些字节应该如何处理。”也就意味这个模式的规则完全由你来负责制定。

19.4.1 对象池可能在闲置的对象上浪费内存

对象池的大小需要根据游戏的需求量身定制。在确定大小时，分配过小的情况往往很明显（没有什么比游戏崩溃更令你注意的了），但也要注意不能让池子太大。一个适当小的内存池可以腾出空余的内存供其他模块使用。

19.4.2 任意时刻处于存活状态的对象数目恒定

从某些角度上说这是件好事。将内存划分为几个独立的对象池用于不同类型的对象管理，这一点会确保下面的情况不会发生：例如，一大连串的爆炸动画不会致使你的粒子系统把所有的可用内存全部占用，从而防止一些更严重的情况发生，比如无法创建新的敌人。

然而，这也意味着你要为如下情况做好准备：当你希望向对象池申请重用某个对象时，可能会失败，因为它们都在被使用。以下是一些针对此问题的常见对策：

- 阻止其发生。这也是最常见"修复方法"：调整对象池的大小，这样无论使用者如何分配都不会造成溢出。对于重要的对象池，如怪物或游戏道具池，这往往是行之有效的。并没有什么所谓"正确"的方法来处理当玩家到达关卡尾部时没有任何空闲的空间来创建"大 Boss"这样的情况，所以最聪明的办法还是从根本上避免其发生。

上述方法的副作用是，它会令你仅仅为了十分罕见的边际情况而腾出许多空闲的对象空间。鉴于此，单一的固定大小的对象池并不适用于所有的游戏状态。例如，有些关卡显著偏重于特效而另一些则偏重于音效。在此情况下，可以考虑针对不同的场景将池调整至不同尺寸。

- 不创建对象。这听起来很残忍，但它在诸如粒子系统中十分奏效。假如所有的粒子对象都处于使用状态，那么屏幕将可能被闪光的图元所覆盖。玩家将不会注意到下一次的爆炸效果是否和当前的效果一样炫。

- 强行清理现存对象。以一个音效对象池为例，并假设你想要播放新的一段音效但对象池满了。你并不希望直接忽视掉这个新的音效：玩家会注意到他们的魔杖在施法时有时带着咒语而有时却不听话地沉默了。解决方案是，检索当前播放的音效中最不引人注意的并以我们的新音效替换之。新的音效将掩盖旧音效的中断。

一般来说，如果新对象的出现能让我们无法觉察到既有对象的消失，那么清理现存对象的方法会是一个好选择。

- 增加对象池的大小。假如游戏允许你调配更多的内存，那么你可以在运行时对对象池扩容，或者增设一个二级的溢出池。假如你通过上述任何一种方法获取到更多内存，那么当这些额外空间不再被占用时你就必须考虑是否将池的大小恢复到扩容之前。

19.4.3 每个对象的内存大小是固定的

多数对象池在实现时将对象原地存入一个数组中。假如你的所有对象都属于同一类型，那么这没问题。然而假如你希望在池中存入不同类型的对象，或者子类型（带有额外的类成员），那么你就必须保证对象池中的每个槽都有足够的内存能容纳最大的对象。否则一个未知的大对象将占去相邻对象的空间，并导致内存崩溃。

另外来讲，当你的对象大小不一时，将浪费内存。对象池中的每个槽需要足够大来容纳最大的对象。假如对象内存很少占用那么大，那么每当你置入一个小对象时就是在浪费内存。就像你在过机场安检时为自己的钱包拉了个大托运箱一样。

这是一个实现快速高效的内存管理器的通用设计模式。管理器持有许多块尺寸不同的池。当你向它们申请一块时，管理器将从池里挑选合适大小的块并返回给你。

当你发现自己像这样浪费掉许多内存时，可以考虑根据对象的尺寸将一个池划分为多个大小不同的池——大的装行李，小的装口袋里的杂物。

19.4.4 重用对象不会被自动清理

多数内存管理器都有一个排错特性：它们会将刚分配或者刚释放的内存置成某些特定值（比如 0xdeadbeef）。这一做法将帮助你找到那些由“未初始化的变量”或者“使用了已释放的内存”引发的致命错误。

由于我们的对象池并不通过内存管理器来重用对象，所以我们丧失了这层安全保障。更可怕的是，这些“新”对象使用的内存先前存储着另一个同类型的对象。这将使你几乎无法分辨自己是否在创建对象时已将它们初始化——这块存储新对象的内存可能在其先前的生命周期中已经包含了几乎完全相同的数据。

鉴于此，需要特别注意用于初始化对象池中新对象的代码是否完整地初始化了对象。甚至值得花些工夫为回收对象槽内存增设一个排错功能。

推荐清空后将其内存值置为 0x1deadb0b。

19.4.5 未使用的对象将占用内存

对象池在那些支持垃圾回收机制的系统中较少被使用，因为内存管理器通常会替你进行内存碎片处理。当然对象池在节省内存分配和释放开销方面依然有所作为，在 CPU 处理速度较慢且回收机制简单的移动平台上尤为如此。

假如你使用了对象池，请注意一个潜在的矛盾：由于对象池在对象不再被使用时并不真正地释放它们，故它们仍将占用内存。假如它们包含了指向其他对象的引用，那么这也将阻碍回收器对它们进行回收。为避免这些问题，当对象池中的对象不再被需要时，应当清空对象指向其他任何对象的引用。

19.5 示例代码

模拟现实的粒子系统常常会使用重力、风力、摩擦力以及其他物理效果。在简化的示例中，我们只是在几帧的时间内将粒子沿着直线移动一些距离，并在结束后销毁它们。这虽不比标准的电影水准，但足以为我们展示对象池的应用。

让我们从最简单的实现开始，首先是粒子类：

```
class Particle
{
public:
  Particle()
  : framesLeft_(0)
  {}

  void init(double x, double y,
            double xVel, double yVel, int lifetime);

  void animate();

  bool inUse() const { return framesLeft_ > 0; }

private:
  int framesLeft_;
  double x_, y_;
  double xVel_, yVel_;
};
```

默认构造函数将粒子初始化为“未使用”状态。接下来调用 init() 将其状态置为“使用中”。粒子随着时间播放动画，并逐帧调用函数 animate()。

```
void Particle::init(double x, double y,
      double xVel, double yVel, int lifetime)
{
  x_ = x;
  y_ = y;
  xVel_ = xVel;
  yVel_ = yVel;
  framesLeft_ = lifetime;
}
```

粒子随着时间播放动画，并逐帧调用函数 animate()。

```
void Particle::animate()
{
  if (!inUse()) return;

  framesLeft_--;
  x_ += xVel_;
  y_ += yVel_;
}
```

这里的 animate() 方法是更新方法模式（第 10 章）的一个例子。

对象池需要知道哪些粒子可被重用——通过粒子实例的 inUse()方法来获取粒子的状态。它利用粒子的生命周期有限这一点，使用变量 framesLeft_来检查哪些粒子正在被使用，而不是使用一个单独的标志位。

对象池类也很简单：

```
class ParticlePool
{
public:
  void create(double x, double y,
              double xVel, double yVel,
              int lifetime);

  void animate();

private:
  static const int POOL_SIZE = 100;
  Particle particles_[POOL_SIZE];
};
```

create()函数使用外部代码创建新的粒子。游戏逐帧调用对象池的 animate()方法，它会遍历池中所有粒子并调用它们的 animate()函数。

```
void ParticlePool::animate()
{
  for (int i = 0; i < POOL_SIZE; i++)
  {
    particles_[i].animate();
  }
}
```

对象池简单地使用一个固定大小的数组来存储粒子。在本例的实现中，这个数组的大小在其类声明中被硬编码固定，当然也可以通过根据给定的大小使用动态数组，或者使用值模板参数来定义。

可以很直接地创建新的粒子：

```
void ParticlePool::create(double x, double y,
                          double xVel, double yVel,
                          int lifetime)
{
  for (int i = 0; i < POOL_SIZE; i++)
  {
    if (!particles_[i].inUse())
    {
      particles_[i].init(x, y, xVel, yVel, lifetime);
      return;
```

```
    }
  }
}
```

我们通过遍历池来寻找首个可用（闲置）的粒子。一旦找到，我们就将它初始化并立即返回。注意在这个版本的实现中，假如没有找到可用的粒子，则不再创建新粒子。

以上全部就是一个简单的粒子系统，当然并不包括粒子的渲染。我们现在可以创建一个粒子池，并通过它创建一些粒子。当粒子的生命周期结束时它们会自动地将自己闲置下来。

创建一个粒子的时间复杂度为 $O(n)$，上过算法课的你一定还记得吧。

这已经足以在游戏中使用了，但细心的读者会发现，创建一个新粒子需要在池内部遍历粒子数组直到找到一个空槽。假设这个池数组很大且几乎已满，则此时创建粒子将会十分缓慢。让我们来看看如何提升性能。

空闲表

如果我们不想浪费时间去检索空闲的粒子，那么显然我们得跟踪它们。我们可以单独维护一个指向每个未被使用粒子的指针列表。那么，当我们需要创建粒子时，我们只需移除这个列表的第一项并将这第一项指针指向的粒子进行重用即可。

不幸的是，这可能要求我们管理如同整个对象池对象数组一样庞大的指针列表。毕竟，当我们首次创建对象池时，所有的粒子都是未被使用的，也就是说此时这个列表包含了指向对象池中每个粒子的指针。

假如不牺牲任何内存就可以解决我们遇到的性能问题那就太好了。方便的是，我们身边就有一些可利用的资源：正是那些未被利用的粒子自身。

当某个粒子未被使用时，它的大部分状态是异常的。它的位置和速度都未被使用。它唯一需要的状态就是用于表示自身是否被销毁的标记，也就是我们例子中的 `framesLeft` 成员。除此之外的其他空间都是可利用的，修改后的例子如下：

```
class Particle
{
public:
  // Previous stuff...
  Particle* getNext() const { return state_.next; }
  void setNext(Particle* next)
  {
    state_.next = next;
  }
```

```
private:
  int framesLeft_;

  union
  {
    // State when it's in use.
    struct
    {
      double x, y, xVel, yVel;
    } live;

    // State when it's available.
    Particle* next;
  } state_;
};
```

我们把除了 framesLeft_之外的成员变量移动到一个 live 结构体中，并将它置入一个 state_联合体中。该结构包括了粒子在播放动画时的状态。当粒子未被使用时，也就是联合体的其他情况，成员 next 将被激活。next 存储了一个指向下一个可用粒子的指针。

在今天，联合体似乎并不那么常用，所以这个语法可能对你而言有些陌生。假如你在一个游戏团队工作，那么你可能会遇到“内存专家”：他们能够在游戏遇到内存压力时提出解决方案。向他们请教下关于联合体的一些问题吧。他们对联合体了解的很透彻，并且还有一些其他有趣的节省字节的小技巧。

我们可以利用这些指针（next 成员）来创建一个对象池中未被使用的粒子列表。我们持有所需的可用粒子列表，且无需额外的内存——我们将那些已死亡粒子占用的空间划分过来以存储这个列表。

这个巧妙的解决办法被称作空闲表（free list)，为使其正常运作，我们需要确保正确地初始化指针以及在创建和销毁粒子时保持住指针。当然，我们也需要时刻跟踪这个列表的头指针：

```
class ParticlePool
{
  // Previous stuff...
private:
  Particle* firstAvailable_;
};
```

当对象池首次被创建时，所有的粒子均处于可用状态，故我们的空闲表贯穿了整个对象池。对象池的构造函数如下：

```
ParticlePool::ParticlePool()
{
  // The first one is available.
  firstAvailable_ = &particles_[0];

  // Each particle points to the next.
```

```
  for (int i = 0; i < POOL_SIZE - 1; i++)
  {
    particles_[i].setNext(&particles_[i + 1]);
  }

  // The last one terminates the list.
  particles_[POOL_SIZE - 1].setNext(NULL);
}
```

O(1)复杂度，宝贝！万事顺利！

现在创建一个新粒子时我们跳转到第一个空闲的粒子：

```
void ParticlePool::create(double x, double y,
                          double xVel, double yVel,
                          int lifetime)
{
  // Make sure the pool isn't full.
  assert(firstAvailable_ != NULL);

  // Remove it from the available list.
  Particle* newParticle = firstAvailable_;
  firstAvailable_ = newParticle->getNext();

  newParticle->init(x, y, xVel, yVel, lifetime);
}
```

我们需要获知粒子何时死亡以将它置回空闲表中。于是我们将粒子类中的 animate()改为当这个存活的粒子在某一帧死掉时函数返回 true。

```
bool Particle::animate()
{
  if (!inUse()) return false;

  framesLeft_--;
  x_ += xVel_;
  y_ += yVel_;

  return framesLeft_ == 0;
}
```

当粒子在某帧中死掉时，我们就把这个粒子添加回空闲表：

```
void ParticlePool::animate()
{
  for (int i = 0; i < POOL_SIZE; i++)
  {
    if (particles_[i].animate())
    {
```

```
        // Add this particle to the front of the list.
        particles_[i].setNext(firstAvailable_);
        firstAvailable_ = &particles_[i];
      }
    }
  }
```

这就是了，我们实现了一个漂亮的小型对象池，该对象池在创建和删除对象时具有常量时间开销。

19.6 设计决策

如你所见，最简单的对象池实现几乎没什么特别的：创建一个对象数组并在它们被需要时重新初始化。实际项目中的代码可不会这么简单。还有许多扩展对象池的方法，来使其更加通用、安全、便于管理。当你在自己的游戏中使用对象池时，你需要回答以下问题。

19.6.1 对象是否被加入对象池

当你在编写一个对象池时，首先要问的一个问题就是这些对象自身是否能知道自己处于一个对象池中。多数时间它们是知道的，但你不需要在一个可以存储任意对象的通用对象池类中做这项工作。

- **假如对象与对象池耦合。**
  - 实现很简单，你可以简单地为那些池中的对象增加一个“使用中”的标志位或者函数，这就能解决问题了。
  - 你可以保证对象只能通过对象池创建。在 C++中，只需简单地将对象池类作为对象类的友元类，并将对象的构造函数私有化即可：

```
class Particle
{
  friend class ParticlePool;

private:
  Particle(): inUse_(false) {}

  bool inUse_;
};

class ParticlePool
```

```
{
  Particle pool_[100];
};
```

上述代码中表述的关系指出了使用该对象类的方法（只能通过对象池创建对象），确保了开发者不会创建出脱离对象池管理的对象。

- ◆ 你可以避免存储一个“使用中”的标志位，许多对象已经维护了可以表示自身是否仍然存活的状态。例如，粒子可以通过“位置已离开屏幕范围”来表示自身可被重用。假如对象类知道自己可能被对象池使用，则它可以提供 inUse()方法来检查这一状态。这避免了对象池使用额外的空间来存储那些“使用中”的标志位。

- **假如对象独立于对象池**
  - ◆ 任意类型的对象可以被置入池中。这是个巨大的优点。通过对象与对象池的解绑，你将能够实现一个通用、可重用的对象池类。
  - ◆ “使用中”状态必须能够在对象外部被追踪。最简单的做法是在对象池中额外创建一块独立的空间：

```
template <class TObject>
class GenericPool
{
private:
  static const int POOL_SIZE = 100;

  TObject pool_[POOL_SIZE];
  bool    inUse_[POOL_SIZE];
};
```

19.6.2 谁来初始化那些被重用的对象

为了重用现存的对象，它需要被重新初始化成新的状态。一个关键的问题在于是在对象池中初始化对象还是在外部初始化对象。

- **假如在对象池内部初始化重用对象**
  - ◆ 对象池可以完全封装它管理的对象。这取决于你定义的对象类的其他功能，你或许能够将它们完全置于对象池内部。这样可以确保外部代码不会引用到这些对象而引起意外的重用。
  - ◆ 对象池与对象如何被初始化密切相关。一个置入池中的对象可能会提供多个初始化函数。

```
class Particle
{
public:
  // Multiple ways to initialize.
  void init(double x, double y);
  void init(double x, double y, double angle);
  void init(double x, double y,
            double xVel, double yVel);
};
```

假如由对象池进行初始化管理，那么其接口必须支持所有的对象初始化方法，并相应地初始化对象。

```
class ParticlePool
{
public:
  void create(double x, double y)
  {
    // Forward to Particle...
  }

  void create(double x, double y, double angle)
  {
    // Forward to Particle...
  }

  void create(double x, double y,
              double xVel, double yVel)
  {
    // Forward to Particle...
  }
};
```

- 假如对象在外部被初始化
  - ◆ 此时对象池的接口会简单一些。对象池只需简单地返回新对象的引用即可，而无需像上面那样提供不同的初始化接口来处理对象不同的初始化方法。

```
class Particle
{
public:
  // Multiple ways to initialize.
  void init(double x, double y);
  void init(double x, double y, double angle);
  void init(double x, double y, double xVel,
  double yVel);
};
```

```
class ParticlePool
{
public:
  Particle* create()
  {
    // Return reference to available particle...
  }
private:
  Particle pool_[100];
};
```

调用者可以使用粒子类暴露的任何初始化接口来初始化对象：

```
ParticlePool pool;

pool.create()->init(1, 2);
pool.create()->init(1, 2, 0.3);
pool.create()->init(1, 2, 3.3, 4.4);
```

- 外部编码可能需要处理新对象创建失败的情况。先前的例子假设了 create() 函数总会成功地返回一个指向对象的指针。假如对象池已经满了，那么它应当返回 NULL。安全起见，你需要在初始化对象之前检查指向新对象的指针是否为空：

```
Particle* particle = pool.create();
if (particle != NULL) particle->init(1, 2);
```

19.7 参考

- 对象池模式与享元模式看起来很相似。它们都管理着一系列可重用对象。其差异在于“重用”的含义。享元模式中的对象通过在多个持有者中并发地共享相同的实例以实现重用。它避免了因在不同上下文中使用相同对象而导致的重复内存使用。

对象池中的对象也被重用，但此“重用”是针对一段时间而言的。在对象池中，“重用”意味着在原对象持有者使用完对象之后，将其内存回收。对象池里的对象在其生命周期中不存在着因为被共享而引致的异常。

- 将那些类型相同的对象在内存上整合，能够帮助你在遍历这些对象时利用好 CPU 的缓存区。数据局部性设计模式（第 17 章）阐释了这一点。

第 20 章　空间分区

20

"将对象存储在根据位置组织的数据结构中来高效地定位它们。"

20.1　动机

游戏使我们能够探寻其他世界，但这些世界和我们的世界往往并无太大差异。其中的基本物理规则和确切性常常与我们世界的互通。这正是这些由比特和像素构成的世界看上去如此真实的原因。

我们在这虚拟现实中将要关注的一点就是位置。游戏世界具有空间感，对象则分布于空间之中。这一点从多方面展现出了游戏世界：一个明显的例子就是物理——对象的移动、碰撞和相互影响，但也有其他的例子。比如音频引擎会考虑声源与角色的相对位置，因而更远的声音要相对安静点。在线聊天可能被限制在附近的玩家之间。

这意味着你的游戏引擎通常需要解决这个问题："对象的附近有什么物体？"如果在每一帧中它不得不对此进行反复检测的话，那么它可能成为性能瓶颈。

20.1.1　战场上的部队

假设我们在制作一款即时策略游戏。对立阵营的上百个单位将在战场上相互厮杀。勇士们需要知道该攻击他们附近的哪个敌人，简单的方式处理就是查看每一对单位看看他们彼此距离的远近。

```
void handleMelee(Unit* units[], int numUnits)
{
  for (int a = 0; a < numUnits - 1; a++)
  {
```

```
    for (int b = a + 1; b < numUnits; b++)
    {
      if (units[a]->position() ==
          units[b]->position())
      {
        handleAttack(units[a], units[b]);
      }
    }
  }
}
```

内循环并没有遍历所有的单位。它只是遍历了外循环还没有访问过的单位。这样就避免了对每一对单位进行两次比较，正着比一次，反着再比一次。如果我们已经处理过了 A 和 B 之间的碰撞，我们就不再需要再次检测 B 和 A 之间的碰撞了。

用 Big-O 的术语来说，这么做依然具有 $O(n^2)$ 的复杂度。

这里我们用了一个双重循环，每层循环都遍历了战场上的所有单位。这意味着我们每一帧成对检验的次数随着单位个数的平方增加。每增加一个额外的单位，都要与前面的所有单位进行比较。当单位数目非常大时，局面便会失控。

20.1.2 绘制战线

我们所处的困境在于单位数组无秩序可循。为了找到某位置附近的单位，我们不得不遍历整个数组。现在，设想将游戏简化一下。我们将战场想象成 1 维战场线，而不是 2 维的战场（图 20-1）。

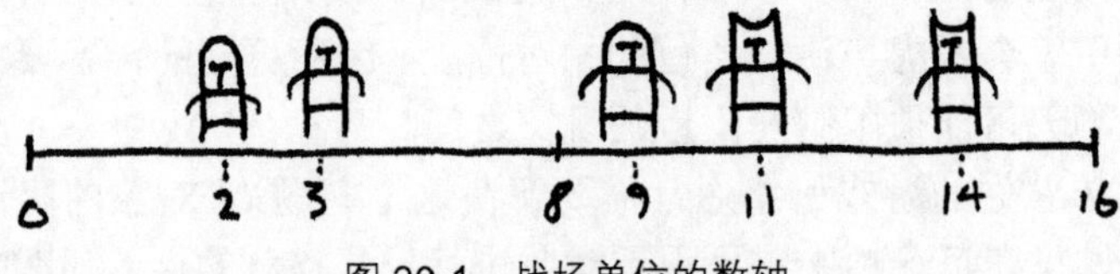

图 20-1 战场单位的数轴

在这种情况下，我们通过单位在战场线上的位置来将数组排序，可以让事情变得更简单点。一旦我们做到了这点，我们便可以使用类似二分查找[1]的方式来寻找附近的单位而不是遍历扫描整个数组。

二分查找的复杂度为 $O(\log n)$，意味着检索所有战场单位的复杂度从 $O(n^2)$ 降到了 $O(n\log n)$。类似鸽巢排序[2]的算法可以将复杂度降到 $O(n)$。

我们来总结一下：如果我们将对象根据它们的位置信息来组织并存储为一个数据结构，我们就能更快地查找到它们。这个模式便是将这个想法应用到了 1 维以上的的空间。

[1] http://en.wikipedia.org/wiki/Binary_search。
[2] http://en.wikipedia.org/wiki/Pigeonhole_sort。

20.2 空间分区模式

对于一组对象而言，每一个对象在空间都有一个位置。将对象存储在一个根据对象的位置来组织的数据结构中，该数据结构可以让你高效地查询位于或靠近某处的对象。当对象的位置变化时，应更新该空间数据结构以便可以继续这样查找对象。

20.3 使用情境

这是一个用来存储活跃的、移动的游戏对象以及静态图像和游戏世界的几何形状等对象的常见模式。复杂的游戏常常有多个空间分区来应对不同类型的存储内容。

该模式的基本要求是你有一组对象，每个对象都具备某种位置信息，而你因为要根据位置做大量的查询来查找对象从而遇到了性能问题。

20.4 使用须知

空间分区将 $O(n)$或者 $O(n^2)$复杂度的操作拆解为更易于管理的结构。对象越多，模式的价值就越大。相反，如果你的 n 值很小，则可能不值得使用该模式。

由于该模式要根据对象的位置来组织对象，故对象位置的改变就变得难以处理了。你必须重新组织数据结构来跟踪物体的新位置，这会增加代码的复杂性并产生额外的 CPU 周期开销。你必须确保这么做是值得的。

想象一下，如果一个哈希表哈希对象的键可以自发地改变，那你就会感觉到为什么棘手了。

空间分区会使用额外的内存来保存数据结构。就像许多的优化一样，它是以空间换取速度的。如果你的内存比时钟周期更吃紧的话，这可能是个亏本生意。

20.5 示例代码

模式的本质就在于它们的变化性——每一个实现都有所不同，当然本模式也不例外，虽然它不像其他的模式那样为各种变化都配备了丰富的文档。学术界喜欢发表论文以此来证明模式在性能上的提升空间。因为我只关心模式背后的概念，所以我准备为你展示最简单的空间分区：一个固定的网格。

查看本章节最后一部分列举的游戏中最常见的一些空间分区结构。

20.5.1 一张方格纸

设想一下战场的整个区域。现在，往上铺一张方格大小固定的网，就像盖张方格纸那样。我们用这些网格中的单元格来取代一维数组以存储单位。每个单元格存储那些处于其边界之内的单位列表（图 20-2）。

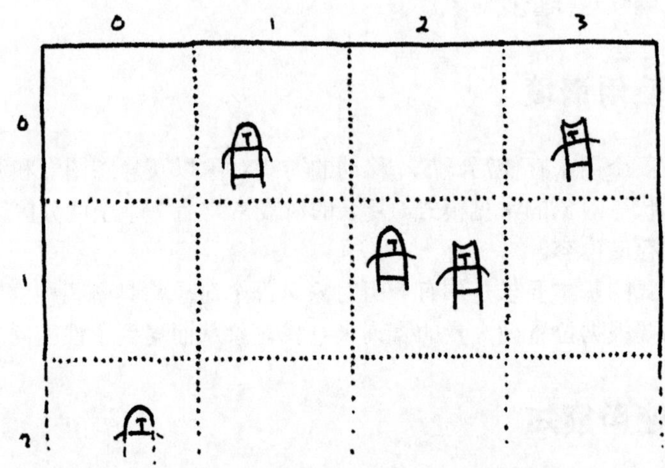

图 20-2 被切分成小正方形的战场

我们在处理战斗时，只考虑在同一个单元格内的单位。我们不会将每个单位与游戏中的其他单位一一比较，取而代之的是，我们已经将战场划分成了一堆更小的小型战场，每一个小战场里的单位要少很多。

20.5.2 相连单位的网格

好的。让我们开始编码。首先，做些准备工作。下面是 Unit 类：

```
class Unit
{
  friend class Grid;

public:
  Unit(Grid* grid, double x, double y)
  : grid_(grid),
    x_(x),
    y_(y)
  {}
```

```
  void move(double x, double y);

private:
  double x_, y_;
  Grid* grid_;
};
```

每一个单位都有一个位置（二维空间）和一个指向其所处 Grid 的指针。我们将 Grid 作为友元类，就像我们看到的，当一个单位的位置发生改变时，我们不得不对网格进行处理确保一切都正常地更新。

下面是 Grid 的大体样子：

```
class Grid
{
public:
  Grid()
  {
    // Clear the grid.
    for (int x = 0; x < NUM_CELLS; x++)
    {
      for (int y = 0; y < NUM_CELLS; y++)
      {
        cells_[x][y] = NULL;
      }
    }
  }

  static const int NUM_CELLS = 10;
  static const int CELL_SIZE = 20;

private:
  Unit* cells_[NUM_CELLS][NUM_SIZE];
};
```

注意到每一个单元格都是指向一个 unit 的指针。下面我们将用 next 和 prev 指针来扩展 Unit：

```
class Unit
{
  // Previous code...

private:
  Unit* prev_;
  Unit* next_;
};
```

这下我们就能用一个双重链表[1]来组织 Unit 以取代数组了（图 20-3）。

在这本书中，我避免了使用 C++标准库的任何内建集合类型。我想要用尽可能少的外部知识来令这些例子易于理解，而且，就像魔术师的“妙手空空”（nothing up my sleeve）一样，我想更清楚地展示代码实质上做了什么。细节很重要，尤其是对于那些与性能相关的模式来说。

但这是我解释模式时的一个选择。在实际编码中使用时，你可以直接采用相应的内建集合类型以免为此伤神。生命短暂，无需从头开始编写链表。

网格 → 单位 ↔ 单位 ↔ 单位

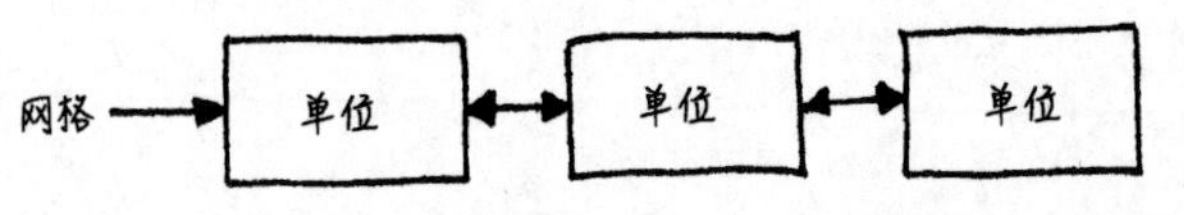

图 20-3　一个单元格（Cell）是一个指向单位链表头的指针

网格中的每个单元格都会指向单元格之内 Unit 列表的第一个 Unit，而其后每个 Unit 都有指针用来指向列表中之前和之后的 Unit。我们很快就能明白为什么要这么做。

20.5.3　进入战场

我们需要做的第一件事就是确保单位被创建时就被置入网格之中。我们在 `Unit` 类的构造函数中处理：

```
Unit::Unit(Grid* grid, double x, double y)
: grid_(grid),
  x_(x),
  y_(y),
  prev_(NULL),
  next_(NULL)
{
  grid_->add(this);
}
```

`add()`方法实现如下：

```
void Grid::add(Unit* unit)
{
  // Determine which grid cell it's in.
  int cellX = (int)(unit->x_ / Grid::CELL_SIZE);
  int cellY = (int)(unit->y_ / Grid::CELL_SIZE);

  // Add to the front of list for the cell it's in.
  unit->prev_ = NULL;
  unit->next_ = cells_[cellX][cellY];
  cells_[cellX][cellY] = unit;

  if (unit->next_ != NULL)
  {
    unit->next_->prev_ = unit;
  }
}
```

除以单元格的尺寸将世界坐标转换到了单元格坐标。然后使用 `int` 类型来截断小数部分，就得到了单元格的索引。

[1] http://en.wikipedia.org/wiki/Doubly_linked_list。

代码有点像链表代码一样繁琐，但基本思想很简单。我们找到单位所处的单元格然后将它添加到链表的前面。如果单位列表已经存在，则将其后的单位与之链接起来。

20.5.4 刀光剑影的战斗

当所有单位被置入单元格后，我们便让它们开始相互攻击。在 Grid 类中，处理战斗的主要函数如下：

```
void Grid::handleMelee()
{
  for (int x = 0; x < NUM_CELLS; x++)
  {
    for (int y = 0; y < NUM_CELLS; y++)
    {
      handleCell(cells_[x][y]);
    }
  }
}
```

上面的方法遍历了每一个单元格，并且逐一调用其 `handleCell()` 方法。正如你所见，我们确实已经将大战场切分成了一些孤立的小规模冲突。每个单元格处理战斗函数如下：

```
void Grid::handleCell(Unit* unit)
{
  while (unit != NULL)
  {
    Unit* other = unit->next_;
    while (other != NULL)
    {
      if (unit->x_ == other->x_ &&
          unit->y_ == other->y_)
      {
        handleAttack(unit, other);
      }
      other = other->next_;
    }

    unit = unit->next_;
  }
}
```

注意，除了处理指针遍历链表的把戏外，这和原来我们处理战斗的简易方法别无二致。它会比较每对单位，看看它们是否处在了相同的位置。

唯一的区别是，我们不再需要比较战斗中的所有对方单位——只是比较在同一个单元格内、足够接近的单位。这便是优化的核心所在。

简单分析下，看上去我们这么做使得性能变得更差了。我们将单元格遍历一个双重嵌套循环变成了遍历三重嵌套循环。但这里的窍门是，这两个内部循环现在都只在小数目的单位内进行遍历，这将足以抵消外部循环遍历的单元格的开销。

不过，这尤其取决于我们单元格的颗粒度。单元格尺寸过小，则外部循环将开始对性能产生影响。

20.5.5 冲锋陷阵

我们已经解决了性能问题，但却遇到了一个新的问题：单位现在都呆在单元格里面。如果将单位从它所在的单元格移动出去，那么这个单元格中的其他单位将不会再看到这个单位，而其他任何单位也不会再看到。我们对战场划分过头了。

为了修正这个问题，我们还需要在单位每次移动的时候做一点工作。如果单位越过了单元格的边界线，则需要将单位从单元格移除掉并且添加到新的单元格中。首先，我们给 Unit 类添加一个方法来改变它的位置：

```
void Unit::move(double x, double y)
{
  grid_->move(this, x, y);
}
```

从调用的角度上看，这段代码可以被计算机控制单位的 AI 代码调用，也可以被玩家控制单位的用户输入代码调用。它所做就是将控制权交给网格类，网格类的 move 方法如下：

```
void Grid::move(Unit* unit, double x, double y)
{
  // See which cell it was in.
  int oldCellX = (int)(unit->x_ / Grid::CELL_SIZE);
  int oldCellY = (int)(unit->y_ / Grid::CELL_SIZE);

  // See which cell it's moving to.
  int cellX = (int)(x / Grid::CELL_SIZE);
  int cellY = (int)(y / Grid::CELL_SIZE);

  unit->x_ = x;
  unit->y_ = y;

  // If it didn't change cells, we're done.
  if (oldCellX == cellX && oldCellY == cellY) return;

  // Unlink it from the list of its old cell.
  if (unit->prev_ != NULL)
  {
    unit->prev_->next_ = unit->next_;
```

```
  }

  if (unit->next_ != NULL)
  {
    unit->next_->prev_ = unit->prev_;
  }

  // If it's the head of a list, remove it.
  if (cells_[oldCellX][oldCellY] == unit)
  {
    cells_[oldCellX][oldCellY] = unit->next_;
  }

  // Add it back to the grid at its new cell.
  add(unit);
}
```

上面代码较多，但是却很简单。我们首先检查单位是否越过了单元格的边界。如果没有，那么只需要更新单位的位置就完成了。

如果单位离开了所在的单元格，那么我们将它从单元格的链表中移除掉，然后将之添加回网格中恰当的单元格里。就像添加一个新单位一样，这样会将单位插入到新单元格的单位链表之中。

这就是为什么我们会使用一个双重链表——我们通过设定少量几个指针就可以非常快速地从链表中添加和移除单位。在每一帧有着大量的单位移动时，这样就显得非常重要。

20.5.6 近在咫尺，短兵相接

这个似乎看起来很简单，但是我在某些地方作了弊。在例子中，当单位出现在完全相同的位置时才会相互作用。这对于跳棋和国际象棋是没问题的，但是对于更逼真的游戏来说就不适用了。那些游戏通常要考虑到攻击距离。

这种模式仍然工作良好。不需要检查位置是否精确匹配时，这么做：

```
if (distance(unit, other) < ATTACK_DISTANCE)
{
  handleAttack(unit, other);
}
```

当进入攻击范围时，我们需要考虑到一种边界情况：在不同的单元格内的单位也可以足够靠近从而相互作用。

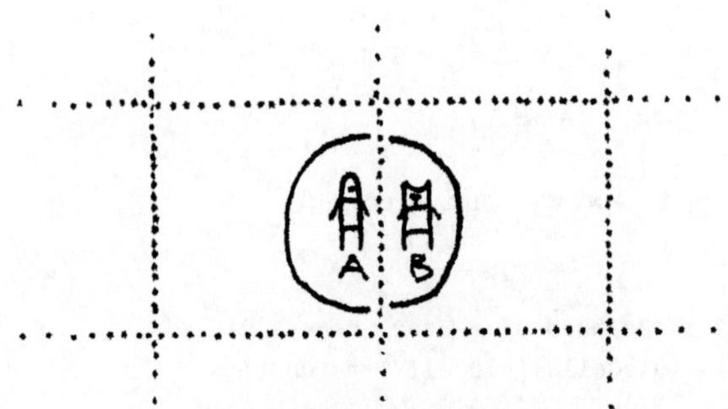

图 20-4 近在眼前，远在天边

图 20-4 中，B 在 A 的攻击范围内，即便它们的中心点位于不同的单元格。为了处理这种情况，我们不仅需要比较相同单元格的单位，还要比较相邻单元格的单位。为此，首先我们将 handleCell()的内循环拆分出来。

```
void Grid::handleUnit(Unit* unit, Unit* other)
{
  while (other != NULL)
  {
    if (distance(unit, other) < ATTACK_DISTANCE)
    {
      handleAttack(unit, other);
    }

    other = other->next_;
  }
}
```

现在我们的函数对一个单一的单位与另一链表的其他单位逐个判断是否有相互作用。然后我们用 handleCell()这么做：

```
void Grid::handleCell(int x, int y)
{
  Unit* unit = cells_[x][y];
  while (unit != NULL)
  {
    // Handle other units in this cell.
    handleUnit(unit, unit->next_);
    unit = unit->next_;
  }
}
```

注意，我们将单元格的坐标也传入了进去，而不只是单位链表。眼下，这个和上面的例子做的事情没有什么不同，但我们将会稍微扩展一下：

```
void Grid::handleCell(int x, int y)
{
  Unit* unit = cells_[x][y];
  while (unit != NULL)
  {
    // Handle other units in this cell.
    handleUnit(unit, unit->next_);

    // Also try the neighboring cells.
    if (x > 0) handleUnit(unit, cells_[x - 1][y]);
    if (y > 0) handleUnit(unit, cells_[x][y - 1]);
    if (x > 0 && y > 0)
       handleUnit(unit, cells_[x - 1][y - 1]);
    if (x > 0 && y < NUM_CELLS - 1)
       handleUnit(unit, cells_[x - 1][y + 1]);

    unit = unit->next_;
  }
}
```

handleUnit()函数用来处理当前单位和相邻 8 个单元格其中 4 个单元格之内单位之间的战斗。如果在相邻单元格中的任何单位离当前单位的攻击半径足够近，它将会处理战斗。

单位所在的单元格标记为U，相邻单元格标记为了 X（图 20-5）。

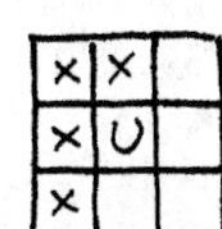

图 20-5 单元格的邻接单元格（左上半部分）

我们只查看一半相邻的单元格，这与之前的原因一样，因为内部循环是从当前单位开始的——为了避免对同对单位比较两次。考虑一下如果我们对 8 个相邻单元格全部进行检查会发生什么。

比方说，就像前面的例子一样，在相邻的单元格内，我们有两个接近至足以相互攻击的单位。如果我们查看单位周围所有的 8 个单元格，以下就是会发生的事情：

1. 当要寻找 A 的攻击对象时，我们会查看它右边相邻单元格，并且发现了 B。所以我们为 AB 登记一次战斗。

2. 然后，当寻找 B 的攻击对象时，我们会查看它左边的相邻单元格，并且发现了 A，所以我们登记下了 A 和 B 之间的第二次战斗。

仅仅查看一半的相邻单元格便可修复这个问题。至于哪一半并不要紧。

还有个边界情况我们也需要考虑一下。在这里，我们假设最大的攻击距离要比一个单元格小。当我们有着较小的单元格以及较大的攻击距离时，则需要扫描一系列相邻的单元格，它们可能横跨了好几行（列）。

20.6 设计决策

关于明确定义的空间分区的数据结构可以列个简表，这里本可逐一探讨。但我试图根据它们的本质特征来组织。我希望一旦你接触到四叉树和二叉空间分割（BSP）之类时，这将有助于你了解它们的工作过程和原理，并在它们之间择优选用。

20.6.1 分区是层级的还是扁平的

在网格例子中，我们将网格划分成了一个单一扁平的单元格集合。与此相反，层级空间分区则是将空间划分成几个区域。然后，如果这些区域中仍然包含着许多的对象，就会继续划分。这个递归过程持续到每个区域的对象数目都少于某个约定的最大对象数量为止。

它们通常会被切分成2、4、8个区域，这些整数对程序员而言非常漂亮。

- **如果它是一个扁平的分区**
  - ◆ 相对简单。扁平的数据结构相对来说更易于推理和实现。
  - ◆ 内存使用量恒定。由于添加新对象不需要创建新的分区，所以空间分区使用的内存通常可以提前确定。
  - ◆ 当对象改变位置时可以更为快速地更新。当一个对象移动时，数据结构需要更新以便在新的位置找到对象。使用层级空间分区，这可能意味着调整层次结构中的若干层。

我几乎在每个章节中都会提到这点，理由也是充分的。无论何时，都应采取相对简单点的方案。软件工程的大部分工作都是在和复杂性做对抗。

- **如果它是一个层级的分区**
  - ◆ 它可以更有效地处理空白的空间。想象一下，在我们前面的例子中，如果战场的一整侧是空白的，那么就会产生大量的空白单元格，而我们不得不在每帧中为它们分配内存并进行遍历。

    因为层级空间分区不会细分稀疏区域，所以一个大的空白空间仍然是一个单独的分区，而不是大量细小的分区。
  - ◆ 它在处理对象稠密区域时更为有效。这是硬币的另一面：如果你有一堆对象成群的在一起，非层级分区是低效的。你最终会有一个包含着许多对象的、可能根本没有分区的分割。层级分区将会自适应地将其细分成更小的分区，使得你一次只需考虑少数几个对象。

20.6.2 分区依赖于对象集合吗

在我们的示例代码中，网格的间距是预先固定的，并且我们将单位放置进了单元格中。其他的分区方案是自适应的，它们根据实际的对象集合及其在世界中的位置来选择分区的边界。

我们的目标是实现一个均衡的分区，每一个分区都有着大致相同的对象个数以获得最佳的性能。以我们的网格为例考虑下，如果所有单位都集中在了战场的一个角落，那么它们将会处在同一个单元格内，找寻单位间攻击的代码又会回到原来我们要试图解决的 $O(n^2)$问题这一原点。

- **如果分区依赖于对象**
  - ◆ 对象可以被逐步地添加。添加一个对象意味着要找到正确的分区并且将对象放置进去，所以你可以在不影响性能的情况下一次性完成这个动作。
  - ◆ 对象可以快速地移动。对于固定的分区，移动一个单位意味着将单位从一个单元格中移除然后添加到另外一个单元格。如果分区边界本身基于对象集合来改变，那么移动对象会引起边界的移动，从而可能需要将大量的其他对象移动至其他分区。

这很类似于红黑树或者 AVL 树这样的二叉搜索树：当你添加一个单一的元素时，你可能最终需要对整棵树进行重新排序并且对周围的一堆节点进行移动调整。

  - ◆ 分区可以不平衡。当然，这么做的硬伤在于你对最终呈现的非均匀分区的掌控力会很薄弱。如果对象拥挤到一起，那么你会因为在空白区域浪费了内存而令其性能变得很糟糕。
- **如果分区自适应于对象集合**

像二叉空间分割（BSPs）和 k-d 树（k-d trees）这样的空间分区方式会递归地将世界分割开来，以使得每部分包含着数目几乎相同的对象。要做到这点，在选取要进行分区的层级前，你必须计算每个阵营包含的对象数目。边界体积层次结构（Bounding volume hierarchies）是空间分区中的另外一种类型，用于优化世界中的特定对象集合。

  - ◆ 你可以确保分区间的平衡。这不仅仅带来优秀的性能表现，而且会是持续稳定的表现：如果每个分区有着相同数量的对象，你便可以确保对世界中的任意分区的查询时间开销均等。当需要维持稳定的帧速率时，这种稳定性比原始性能更为重要。
  - ◆ 对整个对象集合进行一次性的分区时更为高效。当对象集合影响到边界时，最好在分区之前对所有对象进行审视。这就是为什么这种类型的分区越来越多地应用于游戏过程中保持不变的事物诸如美术和静态几何。

四叉树分割了 2 维空间。3 维模拟的是八叉树（octree），它作用于体积并将之分割成 8 个立方体。除了额外的一个维度，它工作的原理和四叉树一样。

- 如果分区不依赖于对象，而层级却依赖于对象

有一个空间分区特别值得一提，因为它同时具备了固定分区和自适应性分区的优良性质：四叉树（quadtrees）。

四叉树从将整个空间作为一个单一的分区开始。如果空间中对象的数目超过了某一个阈值，则空间便被切分成四个较小的正方形。这些正方形的边界是固定的：它们总是将空间对半切分。

然后，对于四个正方形中的每一个而言，我们重复同样的过程，递归下去直到每一个正方形内部只有少量的对象。由于我们只是递归地将高密度对象区域切分开，因此这个分区会自适应于对象集合，但分区是不会移动的。

在图 20-6 中，从左往右阅读，你可以看到分区的过程：

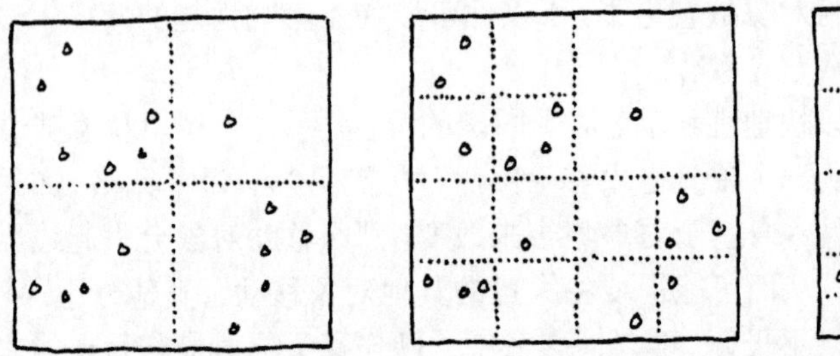

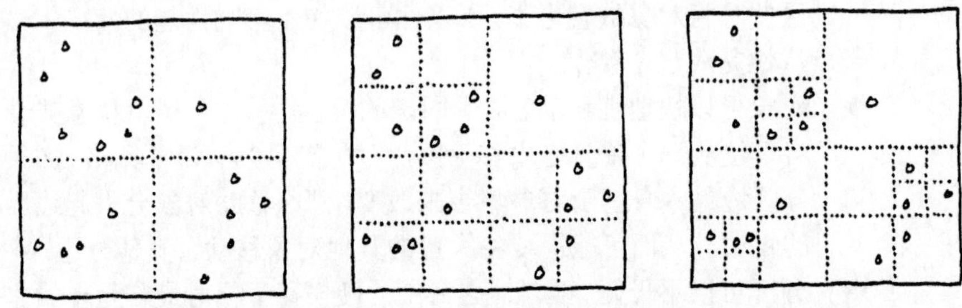

图 20-6　每个内含 2 个以上单位的单元格都被递归地进一步划分

- ◆ 可以逐步地增加对象。添加一个新对象意味着要寻找合适的区域并且放置进去。如果对象放入区域时超过了最大对象数，那么该区域会被继续细分。在区域中的其他对象也会被分到更细小的区域中去。这需要一些工作，但工作量是固定的：你要移动的对象数始终要比最大的对象数少。添加单个对象永远也不会触发一次以上的拆分动作。

  删除对象同样简单。你将对象从它所在区域中移除，如果它的父区域的对象总数低于了一个阈值，那么你就可以合并这些细分的区域。
- ◆ 对象可以快速地移动。这个当然，和上面一样。“移动”一个对象只是一次添加和一次删除，两者在四叉树模式下速度很快。
- ◆ 分区是平衡的。由于任何给定的区域中的对象数目都比最大对象数要小，因此即使对象聚集在一起，也不会存在容纳着大量对象的单一分区。

20.6.3 对象只存储在分区中吗

你可以将空间分区看作是游戏中对象存活的地方，或者你可以只将它看作是二级缓存，相比直接持有对象列表的集合而言，查询能够更快速。

- **如果它是对象唯一存储的地方**
  - ◆ 这避免了两个集合的内存开销和复杂性。当然，将东西存成一份比两份的代价要小。另外，如果你有两个集合，那么你必须确保集合间的同步。每次当一个对象被创建或者被删除时，将不得不从两者中对其进行添加或者删除。
- 如果存在存储对象的另外一个集合
  - ◆ 遍历所有的对象会更为快速。如果问题中对象是“存活”的并且它们需要做一些处理，则你可能会发现自己要频繁地访问每一个对象，无论对象的位置在哪。试想一下，在我们前面的例子中，大部分单元格都是空的。遍历网格中所有单元格来找到那些非空单元格是在浪费时间。

    第二个仅用于存储对象的集合令你可以直接对全部对象进行遍历。你有两个数据结构，其中一个针对每个用例进行了优化。

20.7 参考

在这章中我避开对具体空间分区结构的详细讨论，以保持章节的高层次概括性（并且也不会太长!），但是下一步你应该要去了解一些常见的结构。尽管它们的名字吓人，但却出奇的简单明了。常见的有：

- 网格[Grid（spatial_index）][1]。
- 四叉树[2]。
- 二叉空间分割[3]。
- k-dimensional 树[4]。
- 层次包围盒[5]。

1 http://en.wikipedia.org/wiki/Grid_(spatial_index)。
2 http://en.wikipedia.org/wiki/Quad_tree。
3 http://en.wikipedia.org/wiki/Binary_space_partitioning。
4 http://en.wikipedia.org/wiki/Kd-tree。
5 http://en.wikipedia.org/wiki/Bounding_volume_hierarchy。

每一个空间数据结构基本都是从一个现有已知的一维数据结构扩展到多维，了解它们的线性结构会帮助你判断它们是否适合于解决你的问题：

- 网格是一个连续的桶排序[1]。
- 二叉空间分割，k-d 树，以及层次包围盒都是二叉查找树[2]。
- 四叉树和八叉树都是 Trie 树[3]。

[1] http://en.wikipedia.org/wiki/Bucket_sort。

[2] http://en.wikipedia.org/wiki/Binary_search_tree。

[3] http://en.wikipedia.org/wiki/Trie（译者注：Trie 树是哈希树的变种）。